EM
Eine Chance für unsere Erde

Ein praktisches Anwenderbuch
für alle

Unseren
grossartigen Helfern,
den Kleinstlebewesen,
gewidmet

Anne Lorch

EM

EINE CHANCE FÜR UNSERE ERDE

Effektive Mikroorganismen

Wirkungsweise und Praxis

Kapitel Ernährung
Dr. Anne Katharina Zschocke

Beratende Mitarbeit
Susanne Schütz
Dr. Anne Katharina Zschocke
Adolf Daenecke

OLV Fachverlag für Garten und Ökologie

OLV Organischer Landbau Verlag

Bibliographische Information der Deutschen Bibliothek:
Die Deutsche Bibliothek verzeichnet diese Publikation in der Deutschen Nationalbibliographie; detaillierte bibliographische Daten sind im Internet über **http://dnb.ddb.de** abrufbar.

Lektorat	Barbara Talmon
Layoutentwurf	Heidi Schuler-Alder
Layout	Lars Ruf, Anne Lorch
Umschlaggestaltung	Annukka Lindberg, Frank Maurer
Cartoons:	Pfuschi-Cartoon, Heinz Pfister
Druckvorstufe, Druck	Rub Graf-Lehmann AG, CH-3001 Bern
Einband	Schlatter AG, CH-3097 Bern
	Printed In Switzerland
Vertrieb	Organischer Landbau Verlag Kurt Walter Lau Mölleweg 5, D-46509 Xanten; Telefon: 02801 71 701, Fax: 02801 71 703 E-Mail: info@olv-verlag.de www.olv-verlag.de
Vertrieb Schweiz	Über den Buchhandel und EMaphon, 3625 Heiligenschwendi E-Mail: a-s-lorch@solnet.ch, www.emaphon.ch

ISBN 3-922201-61-X

Inhaltsübersicht

Mikrobiologie allgemein

Effektive Mikroorganismen

Teil 2: EM in der Praxis

EM-Keramik

EMa-Herstellung

Bokashi

Garten

Gewerbe, Industrie und Kommunale Anlagen

Erfahrungsberichte

Die EM-Technologie ist eine echte Hilfe, uns «aus den Verstrickungen» von Umweltbelastungen zu lösen.
Foto: Hornveilchen (Viola cornuta)

Einführung

Bis heute sind Mikroorganismen in allen Bereichen des Lebens unentbehrlich. Trotzdem werden sie kaum gewürdigt. Im Boden, bei Pflanze, Tier und Mensch ermöglichen sie den Stoffwechsel und dadurch deren Existenz.[1]

Hinter der Bezeichnung «Effektive Mikroorganismen» steht eine authentische* Technologie, die ein grundlegendes, natürliches System darstellt: Mit EM wird der Stoff- und Lebenskreislauf unserer Umwelt aus dem Abbau wieder in die aufbauende Richtung gelenkt.

EM ist ein wunderbares Mittel, Umweltschutz aktiv und wirksam zu tätigen. Der von EM-Technologie ausgehende positive Einfluss verbessert die Nahrungsqualitäten und trägt zur Gesundung alles Lebendigen bei. Die Bewahrung der Umwelt ist Ansporn für Befriedigung und Bestätigung unseres Selbstbewusstseins, wobei die Kraft der kleinen Lebewesen in diesem Prozess praktische und ideelle Hilfe ist und durch deren Einsatz sich sehr schnell ansprechende Ergebnisse zeigen.

EM-Anbaumethoden unterscheiden sich so grundlegend von den konventionellen, dass sich ein «Neuling» – ohne das Wissen und die Erfahrungen aus bisherigen Anbauweisen – oft besser zurechtfindet als die «alten Hasen», denn EM-Technologie erfordert unübliche Vorgehensweisen, die häufig so simpel sind, dass es anfangs kaum zu glauben ist:

- mit EM-Einsatz reduziert sich in der Landwirtschaft die Vielzahl von Düngerkompositionen, Pestiziden und Ergänzungsmitteln oder entfallen ganz. Dadurch werden die hohen Betriebsmittelkosten erheblich gesenkt. Die Erträge aus Anbau mit EM legen an Menge ordentlich zu. Viele Arbeiten werden einfacher und überschaubarer. Gleiches gilt auch für den Hausgarten
- Lebensmittel aus EM-Anbau weisen im Vergleich zu anderen Nahrungsmitteln die grössten Mengen an Vitalstoffen aus und bringen mit antioxidativen Qualitäten Gesundheit in den Speiseplan. Heilmittelkosten für Tiere und Menschen gehen erheblich zurück.
- mit EM bleibt der Reinigungsmittel-Vorrat im Haushalt übersichtlich, es ist kaum noch Anderes nötig. Die Effektiven Mikro-

1 Zschocke, www.emater.de

organismen binden Gerüche und vertreiben in Haus und Hof die kleinen Plagegeister wie Fliegen oder Hausstaubmilben.
- Was auf kleinem Areal wie im Haushalt gilt, hat auch im grossen Umfang von Industrien Gültigkeit: Effektive Mikroorganismen erleichtern viele Arbeiten ohne die Umwelt zu belasten.

Was schwer fällt, ist die Tatsache, alte Gewohnheiten ablegen zu müssen und sich mit der noch ungewohnten EM-Technologie mit lebendigen Mikroben auseinanderzusetzen. Im eingespielten Denkschema haben sich zu viele Abläufe eingenistet, die beim Einstieg in die EM-Praxis ein Umdenken erfordern.

Das Grundlagenwissen im Teil 1 des Buches und die EM-Praxis im Teil 2 sollen einen Überblick verschaffen, über alles, was mit den Effektiven Mikroorganismen möglich ist.

Wie mit dem Buch umgehen?

Es ist so abgefasst, dass jeder einsteigen kann, wo sie/er möchte, ohne vorgängig geschriebene Themen lesen zu müssen. Jedes Kapitel ist so in sich abgeschlossen, dass LeserInnen sich das herauspicken, was sie interessiert. Die «Schnell-LeserInnen» finden im Teil 1 am Schluss der Kapitel eine Kurzfassung des jeweiligen Themas.

Teil 1: Grundlagen zu Wirksamkeiten von EM

Dieser Buchabschnitt spannt einen Bogen von der Umweltsituation über die Zusammenhänge im Boden zur Mikrobiologie und Ernährung bis zu den Effektiven Mikroorganismen. Das hat seinen Grund: Unsere Lebensgrundlage Boden verdient mehr Aufmerksamkeit und darf nicht weiterhin wie eine Ware gehandelt werden, die nach Belieben genutzt und ausgebeutet werden kann, bis sie ausgedient hat und zum Müll abgeliefert wird. Ich möchte interessierten Menschen den Horizont unter unseren Füssen mit seiner faszinierenden Lebendigkeit ein Stück weit öffnen und das geheimnisvolle Innenleben des Bodens beleuchten.

Im Kapitel «Die grossartigen kleinen Helfer» habe ich versucht, die allgemein negativ besetzten Mikroben ins rechte Bild zu rücken, damit ein respektvoller Umgang mit ihnen möglich wird.

Oft wird gesagt, dass die Effektiven Mikroorganismen funktionieren, egal wie damit umgegangen wird. Mir kam dabei das Bild vom Sklaven, der dienen muss, ob er will, oder nicht. Wie schön wäre es doch, wenn die Effektiven Mikroorganismen liebevoll bedacht würden und wir ihnen dienen, damit sie ihre Aufgaben nicht sklavisch, sondern freudig machen könnten (vielleicht sogar noch eifriger?)

Das Kapitel Ernährung hat die Ärztin Dr. Anne Katharina Zschocke verfasst. Sie hat auch zu den anderen Kapiteln ihr Fachwissen beigetragen.

Ganz bewusst habe ich das Hauptthema «Effektive Mikroorganismen» an den Schluss des ersten Buchteiles gestellt. So wird der LeserIn mit viel Wissen vorweg in die EM-Technologie eingeführt, damit er aufgrund der vorangegangenen Kapitel das Wesen dieser nützlichen Mikroben besser erfassen kann.

Professor Teruo Higa spricht vom Geist der EM-Bewegung, und sein Postulat für die 4 EM-Aktivitäten lautet:

Der Geist von EM vereint und das Wesen von EM ist

1. der Geist der Wohltätigkeit. Die Grundlage der Bewegung sind spontane Freiwillige. EM muss sich «graswurzelhaft» ausbreiten
2. stete Aufrichtigkeit und Ehrlichkeit in den eigenen Handlungen und der Informationsweitergabe. Ein Geist also, der gute Dinge nicht selbst vereinnahmt, sondern hinausträgt
3. der kritische Geist gegenüber den eigenen Handlungen und dem aktuellen Zustand
4. stets frei und offen zu bleiben und spontan Selbstverantwortung zu übernehmen[2]

Projekte in allen Kontinenten zeigen auf, dass die EM-Technologie weltweit eingesetzt wird und die Hoffnung auf einen heilbaren Globus nicht in den Sternen hängt, sondern zu unseren Füssen im Boden liegt.

Teil 2: EM-Praxis

Dieser Buchabschnitt ist der EM-Praxis gewidmet. LeserInnen werden in die EM-Technologie eingeführt. Die Themen «Bokashi- und EMa-Herstellung» als Grundlagen der EM-Praxis sind ausführlich abgehandelt, mit vielen erklärenden Fotos oder Skizzen, bevor es zum Garten und zum Wasser geht. Das weite Thema Landwirtschaft wird im grossen Bogen und so allgemein wie möglich abgehandelt, ohne auf alle kleinsten Differenzierungen einzugehen, da die einzel-

2 Higa 1998, S.118

nen Betriebe in ihren Voraussetzungen sehr unterschiedlich gelagert sind und eine individuelle Beratung erfordern. Für Haushalt, Tiere und Mensch gibt es viele EM-Anwendungs-Beispiele. Industrie und kommunale Anlagen werden nur gestreift. Eine ausführliche Abhandlung auf diesem Gebiet würde auch hier den Rahmen eines handlichen Anwenderbuches überdehnen. Hier sollen die angeführten Beispiele als Anregung dienen.

Auf der hinteren Umschlagsklappe sind die Begriffs-Abkürzungen mit Mengenangaben aufgeschlüsselt. In den Kapiteln fordern viele Tipps und Varianten zu Gebrauchsanweisungen heraus, eigene Ideen zu kreieren.

Auch dieser 2. Teil des Buches ist so aufgebaut, dass LeserInnen sich das Thema herausnehmen können, welches gerade für sie aktuell ist. So kann sich jeder als «Quereinsteiger» im Buch zurechtfinden und sich erst später – nach und nach – auch an die Kapitel wagen, die am Anfang noch nicht zur Debatte standen, aber doch lohnenswert sein könnten und um Hintergründe zur EM-Technologie zu erfahren.

Erfahrungen, die mir bei den vielen Kontakten und Reisen zum Thema EM berichtet wurden, möchte ich dem Leser nicht vorenthalten. Das Glück in den Augen dieser Anwender strahlte mir so intensiv entgegen, dass ich es nie vergessen werde.

Im Glossar sind alle Begriffe erklärt, die im Text mit einem * gekennzeichnet sind. Zwei ** verweisen auf einen Zulassungs-Index auf der hinteren Umschlagsklappe hin, der zum Zeitpunkt der Buchveröffentlichung Gültigkeit hatte (auch Seite 310). Wer sich intensiver und ausführlicher in eine Materie vertiefen will, dem ist das Literaturverzeichnis sicher eine gute Hilfe. Ein Stichwortregister führt unkompliziert zum gesuchten Themen-Abschnitt.

Februar 2006 Anne Lorch

Teil 1

Grundlagenkenntnisse zu Wirksamkeiten von EM

EM macht Mut zur Zukunft: Trotz der Nähe von Autobahn, Starkstromleitungen, Müllverbrennungsanlage und Atomkraftwerk (weisse Kühlwasserwolke) ist es möglich, dass EM-gepflegte Kühe bei bester Gesundheit und ohne Belastungen auf der EM-Weide eines zertifizierten Biolandbetriebes grasen können.

Ein Blick auf unsere Lebensgrundlage

Die Urmutter Erde ist ein Organismus, den kein Wissenschaftler realisieren kann. Alles, was auf ihr kreucht und fleucht, ist von ihr abhängig. Und rettungslos muss alles zugrunde gehen, wenn jene Erde stirbt, die uns nährt.[1]

Natur ist in allen Teilen ihres Daseins konsequent und wir sind ein Teil von ihr. Doch haben wir diese Konsequenz im jetzigen technischen Zeitalter oft übersehen oder ausser Acht gelassen. Wir haben uns leichtfertig über dieses Gesetz hinweg gesetzt und werden jetzt mit den Folgen konfrontiert. Dagegen haben alle alten Kulturen, bis hinein in die christliche, einst grossen Wert darauf gelegt, die Erde und ihre gesamte Schöpfung voller Respekt zu behandeln, sie zu pflegen und zu bewahren. Heute sind wir dabei, die uns anvertraute Lebensgrundlage zu zerstören, und das wird auf fast allen Ebenen unseres Planeten sichtbar:

- aus grosser Höhe oder vom Himmel aus betrachtet, haben sich schmutzige, graue Schleier über die grossen Zivilisationszentren der Menschen gelegt. Viele Menschen leiden deshalb ernsthaft unter Atemnot
- die Flüsse als das Blutbahnensystem unserer Erde ergiessen trübe Suppe ins Meer
- Satelliten und Radioaktivität aus oberirdischen Atom-Versuchen verstrahlen die Ionosphäre* und damit das aufsteigende Wasser
- jeder Wassertropfen nimmt Partikel aus der Luftverschmutzung der Atmosphäre (Industrie, Abgase aus Verkehr und Landwirtschaft) auf und regnet sauer und ätzend wieder auf uns herab
- das einst von der Erdumhüllung so köstliche, gereinigte, energetisierte und Leben spendende Nass nimmt in Mutter Erde seinen weiteren Lauf durch chemisierte, versalzte Böden, von wo es reich befrachtet wiederum zum Kosmos aufsteigt

Zum Glück wird dieser allumfassende Naturkreislauf beim Aufstieg in die Atmosphäre durch Sonnenkraft und Ozon von den schlimmsten Informationen befreit, bevor er aufs Neue belastet seinen Weg zurück zur Erde nimmt.
Viele der verschiedenen Naturkreisläufe wurden von uns in zerstörende Bahnen gelenkt und führen, wenn wir in unserem Verhalten nichts ändern, in eine noch grössere Katastrophe.

1 Schauberger 1936, S. 11

Die Menschheit mag als Resultat der Umweltverschmutzung verschwinden. Die Mikroorganismen werden unseren Dreck aufräumen und die nächste Phase der Evolution einleiten.[2]

Wir haben uns an unsere derzeitige Wirtschaftweise und den bequemen Einsatz von allerlei Chemie gewöhnt. Die mag ihre Berechtigung haben. Doch die Gesundheit der Natur fördert sie nicht. Es ist an der Zeit, mit achselzuckender Resignation und willenlosem Weitermachen nach dem Motto «man kann ja doch nichts tun», aufzuhören. Eine grosse Hilfe sind uns dabei die Effektiven Mikroorganismen. Sie können uns zu Menschen werden lassen, die sich mit freudiger Begeisterung für eine gesunde Natur einsetzen.

Wissenschaft, Wirtschaft und wir

Raubbau findet heute noch statt, als gäbe es keine Gefahren für den herrlichen blauen Planeten, wie er sich aus der Mondfähre auf dem Weg zum Erdtrabanten zeigte, denn «Landwirtschaft und Chemie sind eine Ehe eingegangen, die immer unheimlicher wird».[3] Noch folgt die Mehrheit einer Wissenschaft, die uns technisch und chemisch eine verbesserte Zukunft verspricht. Doch unser Glaube an die Machbarkeit aller Dinge gerät ins Wanken.

Die Wissenschaft greift in vielen Forschungsaufträgen aus komplizierten Lebensvorgängen einzelne Prozesse heraus, die aus ihrem Zusammenhang herausgerissen und isoliert betrachtet, auf einen Nenner gebracht und in verständliche, einleuchtende Form gefasst werden. So entstehen schnell einmal verzerrte «Wirklichkeiten», (bewusst und unbewusst) in ungezählten Variationen, bis sie zu

2 Higa 1994, S. 98
3 Hennig 1983, S. 31

unangreifbaren Dogmen reifen. So können sich Fehlgänge zu anerkannten Lehrmeinungen entwickeln, die in Schule und Studium als irgendeine der vielen Theorien vertreten sind. Aber wir dürfen heute eigenen Gedanken folgen und Dogmen in Frage stellen, ohne befürchten zu müssen, wie einst als Ketzer auf dem Scheiterhaufen verbrannt zu werden.

«Das Schicksal, das wir dem Boden bereiten, ist auch unser Schicksal» stand bereits vor 40 Jahren (1965) in der Grünen Charta der Mainau.[3]

Zum viel diskutierten Thema «Ertragsmaximierung» schreibt Herwig Pommeresche: «Die alten Erfahrungen der Landwirte, das Wissen und das Gefühl für die Mutter Erde, für den Humus und für das gerade entdeckte Bodenleben (Albrecht D. Thaer, um 1800) wurde vor 200 Jahren an die Chemiekonzerne abgeliefert und von ihnen mit der Zeit untergraben und beiseite geschoben. Dafür erhielt der Landwirt für seine magersüchtige Scholle einen Sack Kunstdünger. Züchter (einschliesslich der genetischen Manipulation) verlegten ihr Augenmerk auf Ertragserhöhung, haben auf den Gehalt der lebenswichtigen Mineralien wie Spurenelemente und Vitalstoffe auf allen Kontinenten keinen Wert gelegt.» [4]

Eine Studie am UNO Earth Summit Report in Rio (1992) zeigt, wie drastisch der Anteil an Mineralien, Spurenelementen und Vitalstoffen in unseren gewachsenen Nahrungsmitteln innerhalb von 10 Jahren gesunken ist. In Nordamerika betrug er nur noch 15%:

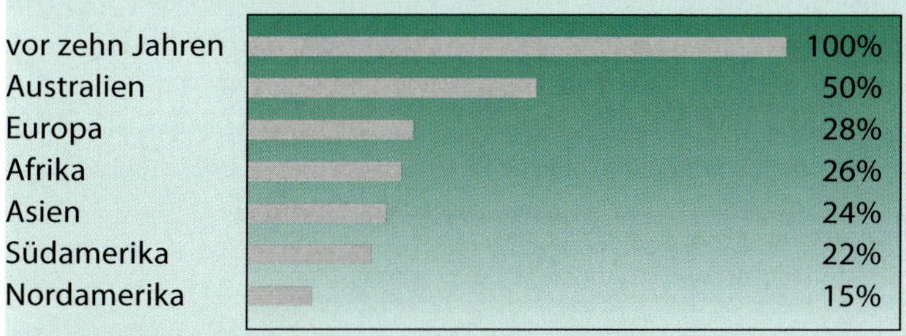

Das bedeutet auch die Abnahme unserer Vitalität und Gesundheit. Wir sind weniger belastbar und schneller müde, greifen zu Stimulanzien wie Kaffee, Süssigkeiten oder Zigaretten. Depressionen machen sich breit.[5]

Wir haben die Natur versklavt, ohne die ganze Tragweite der Folgen zu erkennen. Sie dient uns zwangsernährt durch Kunstdünger und keimfrei durch Hygiene. Zudem ist der Mensch träge und hat es schwer, eingefahrene Arbeitsweisen aufzugeben. Neuen, «spektakulären» Forschungsergebnissen gegenüber ist er skeptisch, weil

4 Pommeresche 2004, S. 43
5 Zerluth/Gienger 2004, S. 133

ihm im Laufe der Jahre viele Wundermittel angeboten wurden, die sich oft als leere Versprechungen entpuppten.

Die stets um neue Errungenschaften bemühten Wissenschaftler sind auf der Schmalspur der Spezialisierung ungewollt in eine Sackgasse geraten. Gewohnt, die energetisch-materiellen Vorgänge einer Naturerscheinung mit technisch ausgerichtetem Denken anzugehen, stossen sie immer häufiger an die Grenze zu «unerklärbaren» Phänomenen.

Mehrere forschende Menschen erkannten, dass zukünftig subtiler vorgegangen werden muss, um Leben und Lebendigkeit zu erfassen. Das ist ein hoffnungsvoller Schritt zum ganzheitlichen Denkansatz, denn die Zukunft ist nur mit biologisch (lebensgesetzlich) ausgerichteten Arbeitsweisen und nicht aus einseitigen Gesichtspunkten heraus zu gewinnen. Aufgrund dieser Erfahrung fühlen sich viele Menschen aufgerufen, die Natur wieder als gleichberechtigte Partnerin zu achten, wie es einst in alten Kulturen gepflegt wurde. Als Resultat daraus haben einige der bisherigen Thesen ihre Gültigkeit verloren. Zudem wurden neue Methoden erarbeitet, die sich nicht mehr in die Lebensvorgänge des zu Untersuchenden einmischen und es unbedacht zerstören könnten.

Mit dem Blick zurück auf gute Erfahrungen und den Möglichkeiten von heute eine Zukunft neu einzurichten, – mit Weitsicht, Umsicht und Rücksicht auf unsere Umwelt – wird ein langer, eingreifender Prozess für unsere und die kommenden Generationen sein.

Einige aufrüttelnde Zitate von Forschern, die ihre grosse Sorge um unseren Planeten mitteilen und Zusammenhänge aufdecken:

- Hans Peter Rusch fordert bereits1968: «Der Giftkampf gegen Krankheiten und Schädlinge ist nicht nur gefährlich, er ist primitiv und dumm. Er muss vollständig und radikal aufgegeben werden. Wer ihn fortsetzt, wird sich dereinst vor seinen Kindern und Enkeln, vor der lebendigen Schöpfung verantworten müssen.»[6]
- Herwig Pommeresche macht aus seiner Sicht drastische Aussagen wie «Landwirte, Politiker und Verbraucher sind inkompetent und ausführende Lakaien der freien Wirtschaftskräfte», denn Nahrung anzubauen, ist so kompliziert geworden, dass nur noch beratende Fachleute Durchblick für die Anwendung der vorgeschriebenen Rezepturen haben. Obwohl jeder heutige Arbeitsplatz einen Teil unserer Umwelt verschleisst, haben wirtschaftliche und arbeitsmarktwirtschaftliche Interessen immer noch erste Priorität. «Behauptungen, ohne Kunstdünger, Biozide*, ohne Genmanipulation verhungert die Welt, sind reine Zwecklügen…[…]… Hungern hat in erster Linie mit Geld

6 Rush 2004, S. 23
7 Pommeresche 2004, S. 145 und S. 16
8 Higa 2000, S. 74
9 Higa 1994, S. 150
10 Higa 1994, S. 90

zu tun, nicht mit Ernten und Essen, denn ohne Geld gibt es in unserem System kein Essen mehr.»[7]

- Teruo Higa fügt an: «Doch die moderne Landwirtschaft kauft weiterhin Unsummen an Kunstdünger und Pestiziden ein und versinkt im Sumpf der selbst erzeugten Umweltkatastrophe.»[8]

Ozonlöcher: Ausser Treibgase sind Kohlenstoffe wie Methan*, Ethylen und Acetylen die Verursacher. Hauptanteil trägt die Landwirtschaft mit 70%.[10]

Es braucht nicht nur gesunden Menschenverstand, sondern auch Geist und Seele, um das aus den Fugen geratene Wirtschaftssystem zu ändern. Es braucht die Bereitschaft, auch schmerzhafte Umlenkungsprozesse durchzusetzen. Professor Teruo Higa fordert: «Wir müssen den Mut und die Ehrlichkeit oder die Fähigkeit haben, Lösungen auf einer Ebene zu suchen, die über das normale Selbstinteresse oder den Wunsch des Egos hinausgeht. Es ist nicht die Frage des Wissens oder der Erfahrungen, sondern wie kreativ eine Sache angegangen wird.»[9]

Was einmal war

Vor Milliarden von Jahren begannen Mikroorganismen mit Hilfe des Lichtes damit, die Ammonium-Salpeter-Stickstoffatmospähre unseres jungen Planeten mit einer sauerstoffhaltigen Schutzhülle einzukleiden. Mit ihren Stoffwechsel-Ausscheidungen ermöglichten sie weiteres Leben. Verwitterung durch Säuren und die Lithobionten* (die sich vom Stein ernährenden Mikroorganismen) haben unsere dünne Erdkruste für mannigfaltiges Leben vorbereitet.

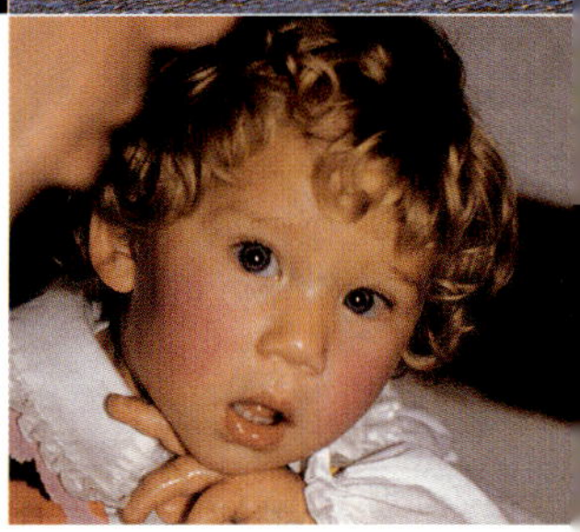

Aus den Einzellern entwickelten sich die Mehrzeller. Aus niedrigen Pflanzen wie Flechten und Moose entstanden Pflanzen mit Blüten und Früchten. Es gab eine Zeit üppigster Vegetation mit gigantischen Urweltbäumen und Riesenfarnen. Dinosaurier bevölkerten nicht nur tropisch warme Kontinente, sondern auch Europa. Vulkane schleuderten spurenstoffreiche, fruchtbare Asche über grosse Regionen hinweg. Weiter bis zu den sehr differenzierten, vielfältigen

> **In alten Kulturen war das Bewusstsein noch vorhanden, mit und nicht gegen die Natur zu handeln. Im [gegenwärtigen] informationsorientierten Zeitalter wird an einem Tag das geleistet, wofür [einst] viele Jahre nötig waren. Die Welt von Morgen wird das Zeitalter des schöpferischen Bewusstseins sein.[11]**

Lebewesen (einschliesslich dem Menschen) – wie sie die Schöpfung heute kennt – war es ein langer Weg. Es entstand das Ökosystem, in dem die uns umgebende Biosphäre* im fliessenden, d.h. ständigen Gleichgewicht lebt, denn die Natur produziert nichts Schädliches, sondern

- reine Atemluft
- unbelastetes Wasser
- milde, Leben spendende Strahlung

die das wundersame Pflanzen- und Tierleben im Einklang mit dem Mensch fördert und weiterentwickelt. «Frühere» Kulturen nutzten das Naturgeschenk Edaphon*, das mit Hilfe von Sonne und Wasser aus

- der Steinsubstanz der Gletschermilch
- Vulkan- und Erosionsstaub
- und Algen

reiche Ernten hervor brachte. Der Flussschlamm in den Tälern des Yangtze, des Ganges, des Nils, des Euphrat und Tigris, die schwimmenden Gärten der Azteken oder die Terrassenfelder Asiens waren die Quellen der Nahrung, die gepflegt wurden. Auf dieser Grundlage konnten sich mächtige Dynastien entwickeln, lebten vitale, intelligente und kreative Völker, waren Wissenschaften, Technologien und Künste möglich, vor denen wir uns auch heute noch verbeugen müssen.

Die Neuzeit

Der Lebensraum des Menschen wurde mit fruchtbarem Boden ausgestattet: Eine sehr dünne und sehr sensible Schicht der Erdkruste, in der ein unglaublich reges Leben herrschte, war ein perfekter Mikrokosmos im Makrokosmos – unabhängig vom Mensch. Doch gibt es kaum einen Flecken auf der Erde, wo diese Wunderwelt noch vollkommen ist, denn – obwohl der Mensch wie Tier und Pflanze vom Boden abhängig ist – greift er fortwährend und massiv in die Kreisläufe seiner Nahrungsgrundlage ein und zwingt natürliche Abläufe in die zerstörende Richtung, mit katastrophalen Folgen für alles Leben.

Natur ist eine Gemeinschaft lebensnotwendiger Bindungen und Bedingungen. Dieses Gesetz wird ohne Ausnahme befolgt. Es ist ein Urprinzip, das bedacht werden sollte. Stattdessen zerpflückt die Wissenschaft gerne die Ganzheit in ihre Einzelteile. Es werden synthetische* Stoffe zur hochwirksamen Schädlings- und Krankheitsabwehr entwickelt, die von der Natur nicht vorgesehen sind und somit von ihr nicht zurückgebaut werden können oder erst nach sehr langer Umbauphase wieder in den natürlichen Stoffkreislauf eingehen.

Giftstoffe können untereinander oder auch mit natürlich vorkommenden Substanzen neue chemische Verbindungen bilden und damit ihre Giftigkeit immens erhöhen. Im fortwährenden Kreislauf «Boden–Pflanze–Tier–Mensch–Boden» sammeln sich diese Stoffe an, häufen sich zu ungeahnten Mengen und verbreiten sich über Wasserwege auf der ganzen Welt.

Hochkarätige Biozide* wie DDT* (Dichloritdiphenyltrichloräthan und PCB* (Polychloride Biphenyle) sind in jeder Muttermilch von Mensch und Tier nachweisbar. Die erste Nahrung unserer Kinder ist bereits Gift tragende Muttermilch. An die 70 000 bis 100 000 synthetische Stoffe sind schon im Umlauf. Sie ergeben – einst einzeln ausgebracht – rechnerisch 2,5 Milliarden mögliche neue Verbindungen.

Man muss verstehen, wie die Natur funktioniert, sich nach ihr richten und darf natürliche Prozesse nicht stören.[12]

Dioxine*, ein Sammelbegriff für verschiedene Unkrautvernichtungsmittel, sind die stärksten Krebs erzeugenden Herbizide und wegen des Giftunfalles in Seveso (Italien) noch in Erinnerung.

Mit zunehmendem Hausmüll steigt auch der Auswurf von Dioxin in den Verbrennungsanlagen. Schwermetallverbindungen aus Industrie und Landwirtschaft verseuchen unseren Boden und finden sich im Klärschlamm. Sondermülldeponien ticken als Zeitbombe. Sterilisationsvorschriften töten alle Mikroben (auch die erwünschten).

Saurer Regen und andere Säuren aus der Umwelt werden vom Erdboden zwar neutralisiert, denn die aggressiven Säuremoleküle verbinden sich mit vorhandenen Mineralteilchen des Bodens und bilden eine Salzform. Der bisher an Spurenstoffen reiche Boden verliert aber durch diese Reaktionen immer mehr der wertvollen, bodenbürtigen Mineralien, weil sie in dieser gebundenen Form von Mikroben nur in geringen Mengen oder gar nicht für Pflanzen aufgeschlossen werden können.

Alle Nahrungsprodukte, die industriell verarbeitet werden, sind dem Gesetz der Keimfreiheit untergeordnet und mit keimtötenden Konservierungsmitteln ausgestattet. Was macht unsere Darmflora damit? Wie verdaut sie diese vergifteten Nahrungsmittel?

11 Higa 2000, S. 126
12 Higa 1994, S. 98

Technisch-lineare Produktion

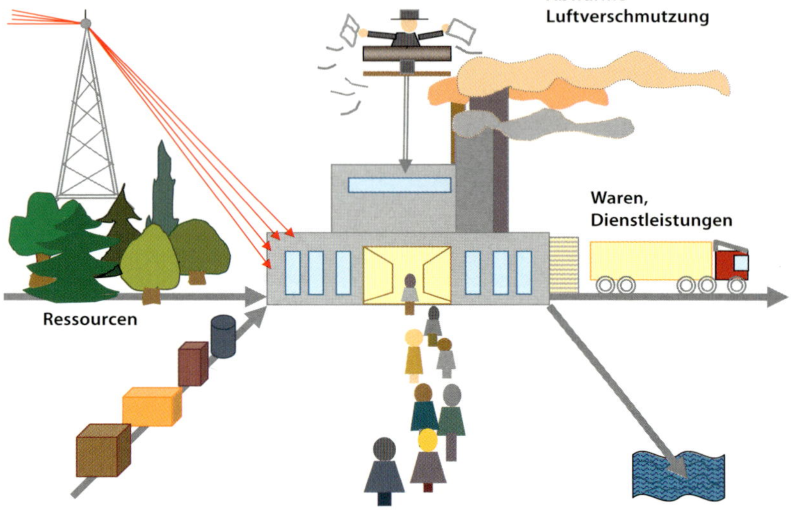

Raubbau statt Aufbau: In der linearen Produktion werden vielerlei Naturressourcen verbraucht. Der Abfall daraus wird als Müll entsorgt, Abgase und Abwärme entweichen in die Luft.

Es gab noch nie so viele Kranke, es wurde noch nie soviel Geld für das Gesundheitswesen ausgegeben. Wer hat sich schon Gedanken darüber gemacht, was mit an Krebs verstorbenen Menschen nach traditioneller Bestattung passiert? Was geschieht mit den hoffnungsvoll auf Höchstdosis verabreichten Zytostatika (Chemotherapie), wenn diese Körper wieder zu Staub der Erde werden? Gehen die starken Gifte ungefiltert über das Grundwasser in den Wasserkreislauf? Hier könnten noch tausende von Beispielen aufgeführt werden.

Genmanipulationen sorgen für Schlagzeilen in den Medien, werden von der Wissenschaft und Wirtschaft bejubelt und ab und zu auch verteufelt.
Ein oft angeführtes Beispiel ist der genmanipulierte Mais. Insekten und Wind tragen seine Pollen mit den veränderten Chromosomen weiter zu allen anderen Maissorten, auch dorthin, wo das nicht erwünscht ist. Schon ein einzelnes manipuliertes Maiskorn reicht aus, um die Nahrungskette auf allen Ebenen zu besetzen, denn als Teil der lebenden Organismen kann sich Genprotein selbständig unendliche Male vervielfältigen. Somit hat der «horizontale Gentransfer» bereits begonnen. Wo er endet, steht noch in den Sternen.

13 Rusch 2004, S. 37
14 Pommeresche 2004, S. 61
15 Pommeresche 2004, S. 157
16 Pommeresche 2004, S. 108

Doch Allergien und sinkende Immunkräfte sind heute schon nachweisbar.

Es ist dem Einzelnen unmöglich geworden, sich aus der toxischen Gesamtsituation herauszuhalten.[13]

Kunstdüngersalze zerstören die Erdkruste zu erodierenden Flächen. Viele Unwetterkatastrophen sind mit Erdrutschen und Schlammlawinen das Resultat dieser instabilen Flächen. Nicht nur der Boden, auch unsere Wasserreservoirs sind mit Phosphaten und Nitrat versalzen.

Vor 500 Jahren hat ein Hektar Ackerland fünf Menschen ernährt. Heute wird in den USA nur einer davon satt, trotz aller erdenklicher technologischer Einsatzmittel. «Im 20. Jahrhundert ist in intensiver Gartenwirtschaft vielfältige Nahrung für 30 Menschen pro Hektar erreicht worden. Die ‹ungeheuren Ertragssteigerungen›, mit denen der Gebrauch von überdimensionierten Kunstdüngermengen und die Anwendung von bis zu 800 synthetischen Giften gerechtfertigt wird, beträgt nach leicht kontrollierbaren Quellen 50 Prozent (Faktor 1,5). Schäden durch falschen Gebrauch von technischen Einsatzmitteln führen nicht selten schon zu 30 Prozent Ertragsverlust.»[14] Anders ausgedrückt: Es wird 50 Prozent mehr Aufwand betrieben, als letztendlich für Nahrung dabei herauskommt. Das ist eine teure Angelegenheit und wird von vielen Konsumenten klaglos hingenommen.

«Wir zertreten immer noch alles mit unseren Füssen, zermalmen mit schweren Maschinen diese Mikrowelt, peinigen sie mit Kunstdünger und Chemikalien mit einer Übermacht an Energie bis fast zur Ausrottung.»[15]

Bodenerosion als warnendes Zeichen des Humusschwundes macht sich breit, was in letzter Instanz zur Wüste führt, wo kein oder nur noch ganz begrenztes Leben möglich ist. Herwig Pommeresche stellt uns in seinen rebellischen Gedanken vor die Alternativen: «Entleerte, weil technologische, oder vollwertige, weil biologische Ernährung? Weiter vorwärts mit zunehmender Fahrt in den Abgrund, oder ein Stopp zur Besinnung auf eine Zusammenarbeit mit der Natur?»[16]

Doch noch Hoffnung?

Die biologisch anbauenden Pioniere der jetzigen Zeit haben es etwas leichter als einst unsere rebellischen Ahnen, um neue Denkansätze mit Geduld und Beharrlichkeit durchzusetzen, bis sie von allen Institutionen anerkannt werden. Dabei ist es so logisch,

- sich an die Naturgesetze zu halten
- sich an alten, erprobten Methoden zu orientieren
- durch Beobachtung selber Erfahrungen zu sammeln
- die Hilfe moderner Techniken sinnvoll einzusetzen

Mit dem kombinierten Gerät (Grubber und Scheibenegge) wird der Boden nur oberflächlich durchmischt. Das schont das Bodenleben.

«Wir Deutschen brauchen 100 Jahre, um neue Erkenntnisse durchzusetzen: 50 Jahre zum Nachdenken und 50 Jahre, um eine Neuerung zu realisieren» sagte einst Alexander v. Humboldt (18. Jahrhundert.)[17]

Die chemisch ausgerichteten Anbaumethoden sind ein kummervolles Erbe. Mit den Grundprinzipien der Natur zusammenzuarbeiten, kann nur in die Praxis umgesetzt werden, wenn wir vom Bewusstsein für biologische Prozesse durchdrungen sind, und die Kraft der uns helfenden und zur Seite stehenden kleinen Bodenlebewesen in unsere Arbeit mit einbeziehen. Denn die Mikrobiologie in der Welt der Humussphäre ist eine der grossartigen Einrichtungen der Schöpfung. Sie bietet uns Lösungen an, die unsere Nahrung und uns wieder gesunden lassen kann. Wir brauchen uns nur auf diese Bedingungen einzustellen, um wieder zu lernen, im achtsamen und respektierenden Umgang mit dem Edaphon* des Bodens, des Wassers und der Luft zu walten, ohne Angst, dabei ins Steinzeitalter zurückzufallen. Im Gegenteil: es ist – nebenbei bemerkt – sehr schick und modern geworden und braucht nicht mehr den handgestrickten Strumpf «alternaiver» Muster.

Es gilt, die enge Verbindung zwischen Erde und Pflanze zu begreifen, und ihre Symbiose* zu unterstützen, um die strapazierte Erdstruktur mit der Wiederverwendung organischer Materialien zu neuem Leben zu erwecken. Das bedeutet 100 kg lebende Mikroorganismen pro 100 Quadratmeter Boden erst mit optimalen Lebensbedingungen zu versorgen, ehe überhaupt der Anbau von Gemüse und Obst beginnt. Dann hat die chemisch befreite, rein mikrobiologische Bewirtschaftung beste Aussichten, mit einem Minimum an finanziellem Aufwand gute, gesunde und wohlschmeckende Ernte einzufahren, die auch im Ertrag weit über dem üblichen Durchschnitt liegt. Dazu sind Offenheit und Unvoreingenommenheit und

17 Hennig 1983, S. 101
18 Tompkins/Bird 1989, S. 286

ein mit Liebe bedachtes Verständnis von uns allen gefordert; denn Heilung ist nur im Zusammenspiel mit der belebten Natur möglich.

«Netzwerk»
Foto: Enzian (Gentiana acaulis im Böschungssicherungsnetz)

Weil die Natur immer versucht, alles perfekt nahe ans Gleichgewicht zu bringen, gibt es keine ausufernde Selbstzerstörung, wenn sich der Mensch in dieses empfindliche Netzwerk einfügt.

Uns ist nur ein Bruchteil dieser Lebensvorgänge bekannt. Doch sind die ungewollten Nebenwirkungen von Antibiotika, Pestiziden und Kunstdünger in der Wissenschaft zum Thema geworden. Es ist allen Regierungen der Mut zu wünschen, alte Gesetze zu ändern, die einst notwendig waren und die sich nun durch neue Erkenntnisse selbst widersprechen Dazu einige Beispiele für umweltgesunde Lösungsansätze:

- in europäischen Wassereinzugsgebieten erkennen viele Wasserversorgungsunternehmen den biologischen Landbau als aktiven Umwelt- und Wasserschutzbeitrag an, weil keine Chemie angewendet wird. Es werden mehrere Hundert Euro pro Hektar Land dafür bezahlt
- die Molekularbiologie* (Stammzellenforschung) wendet sich seit 30 bis 40 Jahren der Lebendstoff-Theorie (Endosymbionten-Theorie*) zu und schöpft aus alten und neuen Kenntnissen
- der Botaniker James A. Duke, Mitarbeiter des US-Landwirtschaftsministeriums, erarbeitete eine Liste für erneuerbare Energien aus nachwachsenden Rohstoffen, um von der fossilen Ölgewinnung weg zu kommen
- Daryl Kollmann möchte die Produktion von Blaualgen fördern. Er sieht darin ein geeignetes Mittel, den Überschuss an CO_2 zu binden, um die Ozonbelastung zu mindern. Diese schnell wachsenden Algen sind zudem ein wertvolles Nahrungsmittel, um Hungersnöte in Drittweltländern zu mildern
- die Humuspflege in der biologisch-organischen Anbauweise nach Dr. Hans Müller/Dr. Hans Peter Rusch wird nicht mehr belächelt, sondern zunehmend ernst genommen. Die Produkte daraus finden immer mehr bewusste Käufer
- Biologisch-dynamischer Anbau bringt gehaltvolles Gemüse auf den Markt. Obwohl die Methode nach Rudolf Steiner erhebliches Wissen voraussetzt und hohen persönlichen Einsatz in der Praxis erfordert, gibt es immer mehr junge Menschen, die sich dieser Aufgabe stellen
- die Fähigkeit alter Indianerstämme, mit den Energien aus dem Kosmos, von Sonne, Mond, Planeten und der Erde Pflanzen-

Wenn wir unseren Planeten wirklich retten wollen, dann ist es höchste Zeit, mit den Kräften der Natur [Elementarwesen] Kontakt aufzunehmen und mit ihnen zusammen zu arbeiten.[18]

Das biologische Gleichgewicht oder Fliessgleichgewicht* bedeutet biologische innere Qualität und Fruchtbarkeit, in der Heilkunde bedeutet es Gesundheit.

Das Leben bedeutet variabler Rhythmus, Technik mechanische Gleichförmigkeit.[19]

wachstum anzuregen, wurde von dem amerikanischen Ehepaar Hieronymus mit moderner Technologie weiter entwickelt. Die feinstofflichen Energien aus ihren Reagenzien heilen Erde, eliminieren Schadstoffe, halten Insekten schadlos und erhöhen die Bodenproduktivität

- Die hinduistische Agnihotra-Methode arbeitet mit den Resonanz-Schwingungen der Lebenskräfte und wirkt über gesungene Mantras auf die Auswirkungen der Umweltverschmutzungen positiv ein
- Die Pflanzungen der Lebensgemeinschaft Findhorn in Schottland ergeben durch geistige Zuwendungen auf kargem Boden reiche Ernte.

«Zuwendung»
Foto: Lichtblume (Bulbocodium vernum).

- Permakultur, ein Begriff für dauerhafte Landwirtschaft, brachte Bill Mollison aus Australien von den Aborigines in alle Welt. Das Prinzip der Selbstversorgung in kleinen Einheiten ist auf vielerlei Art möglich und umfasst eine ganze Lebensphilosophie. Der Japaner Masanobu Fukuoka kam unabhängig und zur gleichen Zeit wie Bill Mollison auf den natürlichen Anbau, wie es die Permakultur vertritt

19 Zerluth/Gienger 2004, S. 182
20 Higa 1994, S. 93

- die kalifornische Regierung verbietet seit dem Jahr 2000 Desinfektionsmittel, seit 2002 Pestizide* und auch Kunstdünger. Viehzüchter sind dort für Umweltverschmutzung sensibilisiert und in Süd-Dakota werden sie mit bis zu 10 000 Dollar pro Tag geahndet, wenn sie Nitrate* durch Mist und Gülle im Unmass ausbringen
- der japanische Professor Teruo Higa will seine authentische* Technologie mit Hilfe der Effektive Mikroorganismen allen Menschen zugänglich machen. Es ist ein grundlegendes, natürliches System, das den Stoff- und Lebenskreislauf unserer Umwelt aus dem Abbau (Entropie*) wieder in die aufbauende Richtung (Syntropie*) lenkt und ist ein wunderbares Mittel, Umweltschutz aktiv und wirksam zu tätigen. Der von EM-Technologie ausgehende positive Einfluss verbessert die Nahrungsqualitäten und trägt zur Gesundung alles Lebendigen bei
- die Bewahrung der Umwelt ist auch Ansporn für Befriedigung und Bestätigung unseres Selbstbewusstseins, wobei die Kraft der kleinen Lebewesen in diesem Prozess praktische und ideelle Hilfe ist und durch ihren Einsatz sich sehr schnell ermunternde Ergebnisse zeigen.

Mut zur Zukunft

Das Erfolgsmodell der Zukunft wäre, die erforschten Einzelfelder der Naturwissenschaften mit den Erfahrungen der biologischen Ganzheitserkenntnisse zu verknüpfen und untereinander in Beziehung zu setzen. Die Ergebnisse beider Ansichten mit Achtung und Respekt zu überprüfen und nutzbringend anzuwenden, ist fruchtbares Wirken miteinander statt gegeneinander, ist Motor für rasche Gesundung unserer gebeutelten Umwelt.

In Zukunft werden wir den Zustand eines Landes nicht nach heutigen Standards von Wirtschaft und Technologie messen, sondern an der Produktivität der Landwirtschaft, seiner Effizienz beim Umweltschutz und daran, wie gesund die Menschen tatsächlich sind.[20]

Mit EM gepflegtes Gemüse in Mischkultur.

Jeder EM-Anwender kann auf positive Weise seinen Beitrag leisten, indem er liebevoll und achtsam mit der Erde und allem, was aus ihr wächst, umgeht. Jeder Einsatz von EM, und sei er noch so klein, ist ein Beitrag zur globalen Gesundung unserer Sorgenkinder «Boden und Umwelt». Denn viele Wenige machen ein Viel, machen Mut für eine hoffnungsvolle Zukunft.

Zusammenfassung

Wir sind dabei, unsere Lebensgrundlage zu zerstören. Doch können mit viel gutem Willen machbare Wege aus der Misère führen.

Der Gehalt an lebenswichtigen Mineralien, Spurenelementen und Vitalstoffen in unserer Nahrung ist in den letzten Jahren dramatisch gesunken, und damit auch unsere Vitalität und der damit verbundene Gesundheitszustand. Lösungen, die aus dieser Sackgasse hinausführen, erfordern Mut und Durchsetzungskraft.

Mikroben waren vor uns da und haben das Leben auf der Erde vorbereitet. Durch sie konnten sich Einzeller zu Mehrzellern entwickeln und weiter bis hin zum Menschen. Die «Abfallprodukte» dieses Naturkonzeptes sind reine Atemluft, Wasser und Leben spendende Strahlung. Alte Kulturen pflegten diese Kräfte der Natur und erzielten reiche Ernten.

Seit etwa 200 Jahren, bis in die Gegenwart hinein greift der konventionell ausgerichtete Mensch fortlaufend schädigend in den Kreislauf seiner Nahrungsgrundlage ein. Er stellt synthetische Stoffe her, die in der Natur nicht vorkommen. Sie belasten Boden, Luft und Wasser mit hochgradig wirksamen Giften. Immer häufiger auftretende Naturkatastrophen werden als Folge von Bodenerosionen und Klimaveränderung durch Luftverschmutzung gesehen.

Ein einzelnes genmanipuliertes Maiskorn reicht aus, um die Information in die Nahrungskette auf alle Ebenen zu übertragen und Erbanlagen zu verändern. Allergien und sinkende Immunkräfte sind nachweisbare Folgen.

Keimtötende Konservierungsmittel belasten den Verdauungsprozess. Sie stören die Mikrobenflora, indem sie auch die nützlichen, lebensnotwendigen Bakterien umbringen und die Abwehrkräfte des Menschen schwächen.

Hoffnung auf Zukunft bringt der Umdenkungsprozess verantwortungsbewusster Menschen auf vielen Ebenen unserer Umwelt. Der achtsame und liebvolle Umgang mit dem Bodenleben könnte unsere Lebensgrundlage wieder gesund machen. Es gibt viele gute Ansätze, die mit statt gegen die Natur arbeiten. So stellt die EM-Technologie eine der geeigneten Möglichkeit dar, unseren Planeten in den aufbauenden Prozess umzulenken, weg von Abbau, Zerstörung und Vergiftung.

Der liebevoll angelegte Kartoffelacker ist Mutterschoss für neues Wachstum und Hoffnung auf gehaltvolle Ernte.

Mutter Erde

Lasst vergehen, was vergeht.
Es vergeht, um wiederzukehren.
Es altert, um sich zu verjüngen.
Es trennt sich, um sich inniger zu vereinen.
Es stirbt, um lebendig zu werden. *Friedrich Hölderlin*

Wie gern sind wir im Wald, zu allen Jahreszeiten. Immer ist ein Waldspaziergang Erholung für geistige wie körperliche Erschöpfung und für die Sinne eine Wohltat. Im Frühling duftet der Waldboden erdig, verströmt Wärme und neues Leben, wenn wir über den federnden Laubhumus laufen. Im Sommer herrscht ein kühlender, erfrischender Duft vor, saugen unsere Lungen die reine Luft genussvoll ein. Im Herbst riechen wir den würzigen Laubboden durch das raschelnde Laub. Trotz der aktiven Abbauprozesse, wo Laub zu Erde wird, empfinden wir den leichten Modergeruch angenehm, tanken wir aus dieser «Um-Wesung» Kraft, obwohl der goldene Herbst im nebelverhangenen November stirbt. Im Winter erleben wir Ruhe und Frieden im stillen Wald und spüren gleichzeitig mit jedem Schritt die Energie für neues Erwachen im Frühling.

Nur der Wald produziert mehr Humus, als er braucht. Jede Kulturpflanzung ver- braucht Humus. Mineraldünger können den Verlust nicht ersetzen.[1]

Neues Leben (Märzenbecher Leucojum vernum)

Von der viel praktizierten Kompostpflege im Garten kennen wir die Umsetzung von pflanzlichem Abfall, die wegen der üblen Gerüche manchmal von Nachbarn beanstandet werden und durch die es zu unliebsamen Diskussionen kommen kann. Der Duft der Laubwaldrotte dagegen wird als angenehm empfunden. Worin liegt der Unterschied, obwohl in beiden Abläufen organisches Material zu Erde umgewandelt wird? Wie könnte ein Humusaufbau im Garten unsere Sinne so beleben wie derjenige im Wald? Was bedeutet der viel zitierte Begriff «Humus» überhaupt?

Humus – ein lebendiges Wesen

Bodenbiologen versuchen seit jeher, das Wesen «Humus» zu erfassen. Dazu einige Erklärungen, die eine tiefe Ehrfurcht vor dem lebendigen Wesen widerspiegeln:

- Albrecht D. Thaer (1757–1828) hat Humus als Teil der Erdrinde und die Lehre aus dieser Erkenntnis als etwas Ganzheitliches gesehen. Er erkannte auch, dass dieser Teil des Bodens eine Vorratskammer für dessen Fruchtbarkeit und nicht unerschöpflich ist.[2]

1 Hennig 1983, S. 6
2 Hennig 1983, S. 15

- Dokutschajew (1846–1903) betrachtete den Boden als einen lebendigen Körper, als ein unabhängiges Wesen in der Natur.[3]
- Raoul Francé (1874–1943) erkannte: «Humus wird aus dem Leben vom Leben für das Leben geschaffen. Über allem waltet das Gesetz der Harmonie, das stets ein Gesetz des Ausgleichs ist.»[4]
- Hans Peter Rusch schreibt in den 60er Jahren: «Humus ist kein Stoff, sondern lebendes Gewebe, von dem die Pflanze lebt.»[5]
- Erhard Hennig sagt: «Humus ist ein Vorgang, eine Formation aus einer Summe unzähliger Faktoren, die einem stetigen Wandel unterliegen.[6] Humus = Erdreich gilt als das kostbarste Kapital unseres Planeten, das pfleglich zu behandeln und zu schützen unsere vornehmste Aufgabe sein sollte.»[7]

Wie wird, anders als in diesen Ansätzen, der Humus naturwissenschaftlich betrachtet? Man stellt fest, dass der Humus eines idealen Bodens 65 Prozent organische Substanz, 20 Prozent Kleinlebewesen und 15 Prozent Mineralien (Ton, Sand) enthält, den Globus mit einer dünnen Schicht von 5 bis 50 Zentimeter Dicke bedeckt und Voraussetzung für das Pflanzenwachstum ist. Aber das erfasst das Wesen Humus nicht in seiner ganzen Komplexität.

Die Natur ist ganz und vollständig. Nur der Mensch zerpflückt sie mit unterscheidendem Wissen, teilt auf in gut und schlecht, nützlich und schädlich.[8]

Humus ist eine fast mystische Symbiose zwischen Erde und Pflanzenwurzel, ist die «alte Kraft» des Bodens, mit all ihren Funktionen, Aktionen, Regulationen und auf der ganzen Erde in dieser oder ähnlicher Form nicht noch einmal zu finden. Der junge Justus von Liebig (1803–1873)[8] vertrat die Spezialisierung auf Einzelbegriffe. Er reduzierte das Ganze auf die Grundelemente wie Kohlen- und Stickstoff, Kali, Phosphor, Magnesium u. a. und erhob seine Erkenntnisse daraus zur Mineraltheorie*, die nur das Anorganische aus dem Organischen herausfiltert. Die Lebendigkeit ist damit nicht zu fassen.

Humus ist weder fest noch flüssig. Er bindet Wasser bis zu 75 Prozent seines Volumens. Das sind 7,5 Liter Wasser auf 10 Liter Humus. Er wird von organischem Material pflanzlicher Herkunft gebildet, und umgekehrt leben Pflanzen wiederum von ihm – eine wunderbare, sich ergänzende Lebensgemeinschaft im Kreislauf sich stets wiederholender Abläufe.

Die Lehre von der Erdrinde

Die Erde ist 12 000 Kilometer dick. Ihre Rindenschicht, ihre Haut, unsere Muttererde, ist im Verhältnis dazu nur hauchdünn und ein

3 Hennig 1983, S. 10
4 Hennig 1983, S. 8
5 Hennig 1983, S. 13
6 Hennig 1983, S. 13
7 Hennig 1983, S. 21
8 Hennig 1983, S. 15

Wunderwerk der Schöpfung, ein selbständiger Organismus. In einem Gramm dieses fruchtbaren Verwitterungsproduktes befinden sich mehr Lebewesen als Menschen auf der ganzen Welt. Es gibt vermutlich auch keine zwei gleichartigen Böden, wie es keine zwei gleichartigen Menschen gibt. So hat jeder Boden sein eigenes, individuelles Dasein, mit Bedingungen und Ansprüchen wie alle anderen Lebewesen auch.

Bodenkunde lässt sich mit ihren unzähligen Gesichtspunkten nicht auf die Schnelle vollständig erklären. Viele rätselhafte Zusammenhänge ruhen noch buchstäblich im dunklen Schoss der Erde. Heute wissen wir, dass der Boden nicht das Produkt von Materialien ist, sondern ein Prozess. Bis heute hat diese oberste Haut der Erdrinde nur einen Teil ihrer Geheimnisse preisgegeben.

Einteilung der Bodenarten:
Die Bodenbestandteile wie Minerale, organische Substanz, Wasser und Luft bilden zusammen den Bodenkörper. Er ist Wurzelraum und Wasserspeicher zugleich und birgt das Bodenleben und den Nährstoffvorrat für Pflanzen in sich. Er ist Ankerplatz für Pflanzen.

Bodenarten zu bestimmen ist fast eine Wissenschaft für sich, weil Mischformen die Festlegung auf Fachbegriffe erschweren. So wurde die von Wurzeln durchdrungene Schicht in Sand, Lehm und Ton eingeteilt. Je nachdem, wie gross der Anteil z.B. von Lehm im Sand ist, gibt es Unterklassen.

1. Sand — S = reiner Quarz
2. anlehmiger Sand — alS = Sand mit geringem Lehmanteil
3. lehmiger Sand — lS = Sand mit mittlerem Lehmanteil
4. stark lehmiger Sand — slS = etwas mehr Sand als Lehm
5. sandiger Lehm — sL = mehr Lehm als Sand
6. Lehm — L = Lehm ohne Beimischung, rein
7. toniger Lehm — tL = Lehm mit Tonanteilen
8. Ton — T = reiner Ton
9. Moorboden: Er spielt mit hohem Humusanteil eine Sonderrolle.

leicht ↕ schwer

Das «Bodenkreuz» gibt einen guten Überblick über die Aufteilung der Bodenarten und in welche Richtungen sie tendieren:

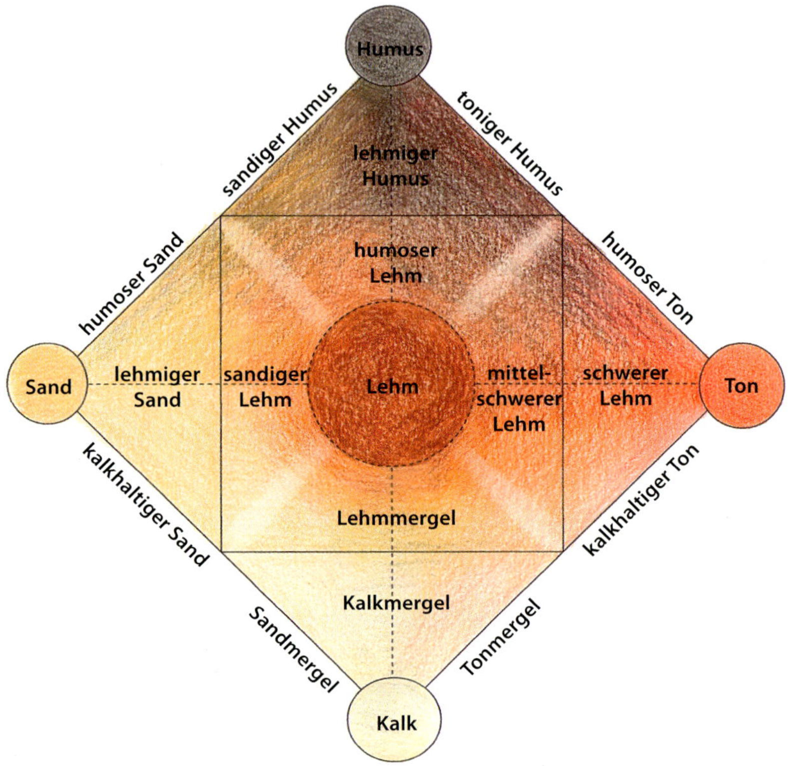

Die Bodenqualität wird von verschiedenen Fähigkeiten abgeleitet:

- Je sandiger ein Boden ist, desto rascher und in desto grösserer Menge versickert Wasser in den Untergrund, und Nährstoffe werden mitgespült.
- Je lehmiger die Erde ist, desto mehr Wasser und Nährstoff kann gespeichert werden, desto dichter wird die Struktur. Sie verschlämmt an der Oberfläche und bildet oft eine betonharte Verkrustung.
- Alle reinen Bodenarten sind unfruchtbar und wenig belebt. Während im reinen Sand alles ungebremst hindurchrauscht, dringen Flüssigkeiten in Ton nur schwerlich ein. Er ist sogar wasserdicht. Reiner Moorboden enthält viel Huminsäure*, speichert enorme Wassermengen, lässt aber kaum Bodenleben und Pflanzenwuchs zu, wie auch reiner Kalk auf alle

Lebensformen lebensfeindlich wirkt. Erst Mischböden ergeben auf vielfältigste Art unsere Lebensgrundlage.

Lebensräume

Im belebten Boden erneuert sich die gesamte Mikrobenwelt zwei- bis dreimal pro Monat. So wird aus den abgestorbenen Mikrobenleibern neuer Humus fabriziert. Das geschieht im mannigfachen Zusammenspiel von anorganischer Umwandlung und organischen Zersetzungen während dieser Umbauprozesse. Humus enthält z.B. viel Kohlenstoff, Huminsäure, Aminosäuren, Vitamine und natürliche Hormone als Stoffwechselprodukte von Kleintieren, Bakterien, Schimmel- und Strahlenpilzen. Diese Mikroorganismen verbessern als fleissige Mitarbeiter allein schon durch ihre Ausscheidungen das Wachstum und die innere wie die äussere Qualität der Pflanzen. Das bedeutet auf unsere Nahrung bezogen «Vollwertigkeit». Mikroben stellen auch antibiotische Stoffe her oder merzen Krankheitskeime aus. So fungiert Humus auch als biologischer Filter im Boden.

Die Biosphäre* ist das Milieu, wo Leben möglich ist. Ein Teil davon ist die Atmosphäre (der Luftraum), ein Teil die Hydrosphäre (der Wasserraum) und der dritte Teil die Humussphäre (belebtes Erdreich). Der scheinbar unbelebte Teil unseres Planeten nennt sich Lithosphäre (Gesteinsraum).

In der Humussphäre bauen sich Organismen auf, organisieren und vermehren sich und verwesen im ewigen Kreislauf zu neuen Zusammenschlüssen. Gattung und Art der einzelnen Wesenheiten bleiben aber erhalten und vererben sich fort. Ihre biologische Potenz nennen wir Fruchtbarkeit. Obwohl wir von diesem Teil der Biosphäre leben, kennen wir den verborgenen und wundersamen Arbeitsplatz im Boden kaum. Aus diesem Blickwinkel betrachtet, beschämt unser tatsächlicher Umgang mit dem Wesen «Mutter Erde». Oft behandeln wir diesen von Lebensfülle strotzenden Organismus gedankenlos und gleichgültig, als ob es tote Ware wäre.

Die Bodengare ist mit ihren Stütz- und Füllsubstanzen die Lunge des Bodens, regelt den Gasaustausch und den Wasserhaushalt, ist Ausdruck natürlicher Fruchtbarkeit.[9]

Humus-Produktion auf mehreren Etagen

Die Bodenfruchtbarkeit ist das Ergebnis des lebendigen Ablaufes «Bodennahrung – Garebildung – Wurzelraum-Aktivitäten – Pflanze – Bodennahrung». Dabei werden organische und anorganische Stoffe zu makromolekularer* Nahrung umgewandelt und der Pflanze zur Verfügung gestellt. Die warme Jahreszeit ist die aktive Phase für die Garebildung (im Winter ruht sie): Innerhalb weniger

9 Rusch 2004, S. 108

Tage vermehren sich vielerlei Kleinlebewesen kometenhaft schnell in Millionenzahlen und bereiten die Humussphäre mit ihren drei Schichten für den Pflanzenbewuchs vor.

Im Boden unterscheiden wir einzelne Schichten, die je nach Beschaffenheit unterschiedlich dick sein können:

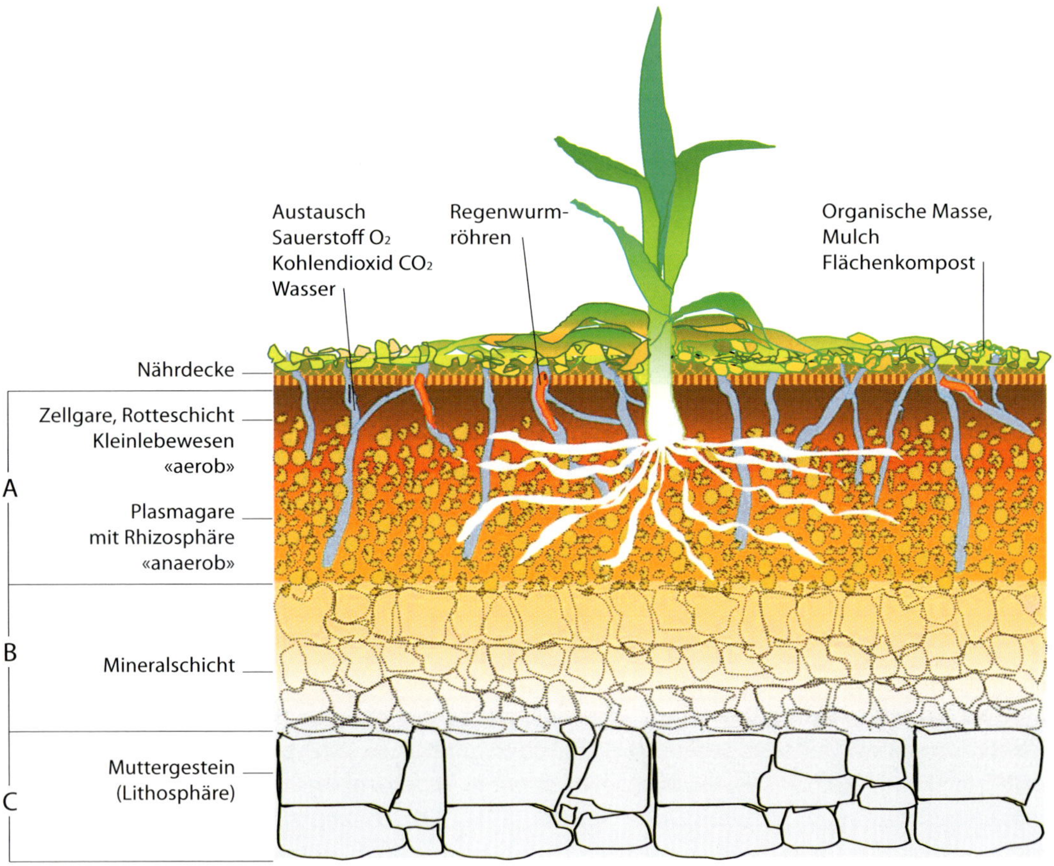

Bodenhorizonte:
A = Humussphäre, wachstumsschicht, stark belebt
B = Mineralschicht, humusarm, schwach belebt
C = Muttergestein, unbelebt

1. **Die Nährdecke** (oberste Schicht, 1 bis 3 Zentimeter) ist von Natur aus immer mit einer Decke aus Begrünung oder mit ihren verbrauchten, abgestossenen Teilen wie Laub u.a. eingekleidet und schützt die Mikroben vor Licht, Austrocknung und Temperatur-

schwankungen. Diese natürliche Mulchschicht ist Nahrung und hat gleichmässige Brutwärme für die Bodenkleintiere. Hier sind organische Teile noch grob zu erkennen und ist Platz für die Entfaltung von mannigfaltigem Leben. Asseln, Springschwänze, Würmer und andere Kleinlebewesen sorgen durch ihre Wühlerei für Spalten und Luftblasen für den Gasaustausch. Auch Sprosspilze wie Myceten, Hefen und Schimmelpilze werken hier. Ohne diese Vorarbeiten hätten alle anderen Mikroben keinen Lebensraum und wären durch ihre eigenen Ausscheidungen gehemmt.

Diese «Umbau-Arbeiter» fressen alles Organische auf. Sie bleiben rege, wenn ständig pflanzliches Material in dünnen Auflagen von 1 bis 2 Zentimetern nachgeliefert wird. Es liegt an uns, ob wir diese fleissigen Gesellen laufend und gut versorgen oder ob wir sie womöglich mit chemischen Düngemitteln verätzen und töten.

2. **Die zellulare Gare:** In der 3 bis 8 Zentimeter dicken Schicht unter der Nährdecke verarbeiten Spaltpilze, Regenwürmer und Mikroben das feinere Material, das mit Wasser aus der Nährdecke in die mineralische Oberschicht versickert, zu lockerer grobkrümeliger Erde um. Es entsteht die «zellulare Gare». Hier setzen zahlreiche Antagonisten (gegensätzlich fungierende Kleinlebewesen, auch «Motor des Lebens» genannt) einträchtig nebeneinander Organisches weiter um. Die Leiber der Mikroben und die Rückstände der Bodentiere kleben den Staub der Verwitterung zu Krümeln mit Zwischenräumen zusammen: Es entsteht das gröbere Porensystem. Die Arbeitsgemeinschaft dieser Mikroben leuchtet unter dem Dunkelfeldmikroskop hellgrün.

Humuspflege sollte zum Eckpfeiler der Landwirtschaft werden.[10]

Die zellulare Gare enthält noch viele Stoffe aus dem Umsetzungsprozess, die pflanzenfeindlich sind. Die Wurzeln meiden dieses Milieu, weil die Mikroben dieser Bodenschicht das Feinwurzelsystem der frisch gesetzten Pflanze wie organischen Abfall behandeln und einfach aufzehren würden. Auch Aussaaten keimen in dieser Umgebung schlecht oder gar nicht. Nach getaner Arbeit ruhen die «Mitarbeiter» der zellularen Gare.

3. **Die Plasma- oder makromolekulare Gare** ist die dickste Schicht. Deren Mächtigkeit kann von wenigen Zentimetern bis zu mehr als 50 Zentimeter betragen, der Durchschnitt liegt bei 30 Zentimeter. Hier sind nur noch wenige Bakterien und Kleinlebewesen der Zellgare zu finden, denn deren Arbeit ist ja bereits getan. Die Zellen die-

10 Hennig 1983, S. 3

ser Schicht treten in die makromolekulare Phase* ein. Die Erde ist feinkrümelig, die zellularen Strukturen sind aufgelöst. Die feinen Partikel leuchten unter dem Dunkelfeldmikroskop rot bis orangegelb. Das C/N-Verhältnis* ist eng (10 zu 1) und zeigt eine hohe Fruchtbarkeit an. Die Grenze zwischen Zellgare und Plasmagare verläuft fliessend.

Die makromolekulare Gare kann unglaubliche Mengen Wasser halten. Sie konserviert Nahrungsvorräte in der Vegetationsruhe über den Winter hinweg. Es entsteht das Gewebe, das wir Humus nennen und laut Aristoteles «der Magen der Pflanze» ist, von dem die Pflanze lebt. Während Tier und Mensch mit eigenen Werkzeugen (Kauapparat, Magen, Darm) Speisen verarbeiten, übernimmt die Plasmagare des Bodens die Zerkleinerung der Zellstrukturen für die Pflanze zu verdaulichen Makromolekülen*. Pflanzenwurzeln fühlen sich hier wohl, breiten sofort ihr ausgedehntes Nähr- und Haarwurzelsystem aus. Es erwartet sie ein reich gedeckter Tisch mit bestens vorbereiteter Nahrung. In dieser Zone lebt die empfindliche und anspruchsvolle Rhizosphärenflora in inniger Symbiose* mit den Pflanzenwurzeln zusammen.

Im optimalen Zustand nimmt der gare Boden über 60 Prozent seines Gesamtvolumens an Wasser auf. Ein Quadratmeter Fläche hält mehr als 200 Liter Wasser ohne stauende Nässe. Bei 50 Prozent Feuchtigkeitsgehalt erscheint der gare Mutterboden gerade noch feucht, bei 20 Prozent fühlt er sich total trocken an. Gegenwärtig und in den meisten Fällen kann die schwache Gare eines konventionell gepflegten Garten- oder Ackerbodens nur noch 10 bis 25 Prozent Wasser binden.

Die Rhizosphäre ist die Wurzelzone innerhalb der Plasmagare, wo Wurzeln das Aufnahmeorgan der Pflanze sind, vergleichbar mit den Darmzotten* des tierischen und menschlichen Verdauungsapparates. Aussserdem umklammern die Haarwürzelchen Bodenkrümel und halten sie fest (Lebendverbauung). Wenn die ersten Keimblätter eines Samenkornes am Licht ergrünen (d. h. Chlorophyll bilden) oder Setzlinge einwurzeln, entwickelt sich in der an sich zellarmen Plasmagare blitzschnell eine rege Bakterienflora. Diese Bakterien, Myceten und Pilze bilden die Milchsäureflora, die auch bei Tier und Mensch das Verdauungsorgan bewohnt. Herwig Pommeresche drückt das so aus: «Sie sind die Nahrungsvermittler der Darm- bzw. der Wurzelschleimhäute.»[11] Je mehr dieser Symbionten im Boden

11 Pommeresche 2004, S. 191
12 Hennig 1983, S. 71

vorhanden sind, desto fruchtbarer ist er. Ähnlich wie im menschlichen Blutkreislauf werden die Mineralteilchen – durch Milchsäurebakterien gelöst – als Nährstoff mit Wasser über das Haarwurzelsystem in die Pflanze transportiert. Die Milchsäureflora bekommt für ihre Nährdienste an der Pflanze im Austausch dafür Assimilate (Zuckerarten) als Futter zurück, die aus der lichtvollen Chlorophyllproduktion der grünen Pflanzenteile stammen.

Die Oberfläche der Wurzelhaare würde ausgebreitet beachtliche 80 bis 100 Quadratmeter pro Quadratmeter Boden betragen (bei 30 Zentimetern Tiefe).[12]

Huminstoffe sind unverdauliche Nebenprodukte wie Zellulose oder Fasern. Sie haben für die Pflanze an sich keinen Nährwert, bilden aber wie die Tonkristalle das Stützkorsett und den Füllstoff für eine stabile Bodengare und dienen den Mikroben als Nahrung. Das huminstoffreiche Moor und der Torf sind faserige Reste einer einstmals aktiven, fruchtbaren Erde.

Sein oder Schein der Bodengare

Der biologisch gepflegte Boden mit Mulch oder Flächenkompostierung fördert die für Pflanzen so kostbare Krümelstruktur, verhindert Erosion und wird durch die «Lebendverbauung» der Mikroben zur fruchtbaren Schatzkammer. Echte Bodengare schluckt Regengüsse, ohne die Krümelstruktur zu verlieren. Die Schleimabsonderungen der Kleinlebewesen bauen zudem Klebebrücken zwischen den feinen Bodenteilchen, die sich zu stabilen Krümeln zusammensetzen. Feinste Bodenteilchen (kolloide Tonminerale*) werden mit Nährstoffen zum «Ton-Humus-Komplex» gebunden. Ausserdem regulieren die mit Kleister ausgekleideten Regenwurmgänge den Sauerstoff-Kohlendioxid-Austausch und leiten Oberflächenwasser in die Tiefe.

Die Gülle steht auf dem Acker und kann kaum in den Boden einsickern, weil die Pflugsohle zu stark verdichtet ist.

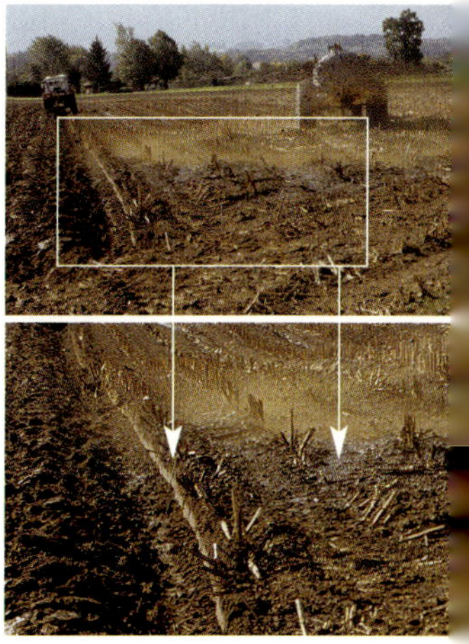

Die Oberflächenaktivität des fruchtbaren Bodens ist um 24 Millionen mal grösser als eine nichtkristalline und kolloidal* unwirksame Masse. Ein Tonmineral ist die kleinstmögliche Kristallstruktur. So bilden die Tonplättchen (wären sie aneinander gereiht) auf einem Quadratmeter Boden mit durchschnittlichem Tonkristallgehalt eine Oberfläche von mindestens 24 Quadratkilometern. Kolloide Tonminerale enthalten u.a. Kieselsäure. Ausreichender Kieselsäuregehalt ergibt das biologische Optimum und Dauerfruchtbarkeit.

Weil ein mit Kunstdünger versalzener Boden kaum Mikrobenleben zulässt, ist die echte Bodengare nicht mehr möglich. Deshalb wird grobscholliger, lehmiger Boden mancherorts noch immer im Herbst gepflügt, damit der Frost den Boden bis zum Frühling fein aufbricht und zerkrümelt. Der Landwirt spricht von «Frostgare». Das aber ist eine Scheingare, denn der Wechsel zwischen Regen und Trockenheit verschlämmt und verkrustet die Bodenkrumen alsbald wieder. Schon beim nächsten grösseren Regenguss wird diese Scheingare zementiert, ja, undurchlässig verdichtet, und die Poren für die Bodenatmung werden versiegelt.

Der verdichtete Boden

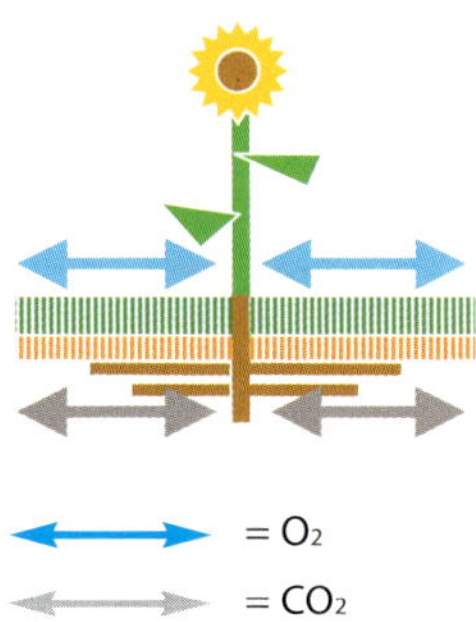

Ein verdichteter Boden kann keinen Sauerstoff (O_2) einatmen und Kohlendioxid (CO_2) kann nicht entweichen. Das Bodenleben erstickt.

Der gare Boden

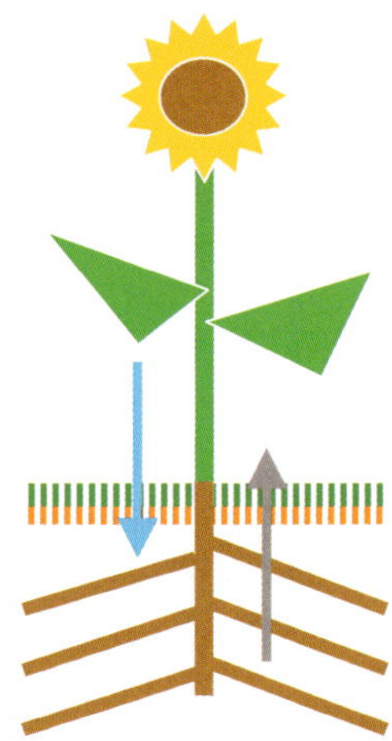

Der gare Boden dagegen hat viele Poren, O_2 und CO_2 kann ungehindert ein und ausströmen

Der rege Wurm

Schon Charles Darwin erkannte die besondere Rolle, die der «Bergmann unter Tage» spielt. Im Mittelalter wurde der Regenwurm in Klöstern kultiviert und vermehrt. Und noch viel früher in unserer Weltgeschichte erklärte Kleopatra einst den Regenwurm zum heiligen Tier, das nicht gestört werden durfte.

In der Tat reagiert der Wurm sehr empfindlich auf Erschütterungen und verschwindet blitzartig in tiefere Gänge, wenn der Pflug oder der Spaten in seine Nähe kommt. Er lebt mit zahlreichen Kleinlebewesen im Boden in einträchtiger Lebensgemeinschaft zusammen und bevorzugt biologisch herangewachsene Pflanzenreste gegenüber den kunstgedüngten. Ist die Erde reich mit Würmern besetzt, wird das als gutes Zeichen für zukünftige Bodenfruchtbarkeit gewertet.

13 Tompkins/Bird 1989, S. 277

Das pausenlos fressende Geschöpf kann nicht beissen, sondern nur schlucken und zermahlt verrottende Pflanzenteile, Pilze, Algen, Mikroorganismen und Tonmineralien. Der Regenwurm gräbt, wühlt, mischt und stellt im Jahr 20 Kilogramm wunderbaren, fruchtbarsten Dünger pro Quadratmeter her. Seine Ausscheidungen sind die beste Humusform, die es gibt. Der an sich saure Humus wird so auf natürliche Weise in neutrale Werte eingependelt. Es entsteht ein gesättigter Humus, in dem mehr Pflanzennährstoffe zur Verfügung stehen, als vorher da waren.

Es gibt keine unnatürliche oder übernatürliche Phänomene, sondern nur grosse Lücken in unserem Wissen über die Natur. [13] (Zitat von Astronaut S. Mitchell)

Hut ab vor diesen Leistungen

Der Regenwurm benötigt in 24 Stunden so viel Nahrung, wie er selber wiegt. Er ist ein Schwergewichtheber und bewegt auf seinem Weg durch die Erde das 50- bis 60-fache seines Eigengewichtes. Auf die Grössenordnung Mensch übertragen, wären das gut 5 Tonnen. Der Regenwurm produziert pro Jahr im reich besetzten Boden bis zu 4,5 Kilogramm Kot pro Quadratmeter und verdaut innerhalb 10 Jahren die gesamte Humusschicht (bei einer Höhe von 15 Zentimetern). Stirbt er, wird eine grosse Menge von Stickstoffverbindungen freigesetzt (jährlich 90 bis 100 Kilogramm pro Hektar). Ein gut besetzter Boden weist in 20 Zentimetern Tiefe etwa 600 Wurmröhren pro Quadratmeter und mindestens 150 Gramm Tiere auf.

Regenwürmer sondern einen Schleim ab, der ihre Erdröhren auskleistert und die Bodenstruktur festigt. Diese Gänge sind Drainage für überschüssiges Wasser, das auf diese Weise gut im Boden versickern kann. Pflanzenwurzeln nutzen die Regenwurmtunnel als «Schnellstrasse», um durch die von ihnen gemiedenen Zellgare rasch in die tiefere, zuträgliche Plasmagare zu gelangen.

Auf einen Boden, der reich mit Regenwürmern besetzt ist, kann sein Besitzer stolz sein.

Die heiligen Hallen des Regenwurms respektieren

Frisch gejauchter oder mit Mist gedüngter Boden wird von Regenwürmern fluchtartig verlassen. Am Tageslicht angelangt, gehen die armen Kreaturen oft elend zugrunde. Pestizide und Stickstoffdünger rotten sie innerhalb kurzer Zeit aus. Die Ballaststoffe der Kunstdünger wie Schwefelsäure und Chlor setzen obendrein der Bodenstruktur zu. Der Boden wird in der Folge betonhart und luftundurchlässig. Es gibt bereits Kulturböden, in denen kein Wurm mehr existiert.

Der Regenwurm erspart uns Energie und teure Technik, weil er den Einsatz schwerer Maschinen zur Lockerung des Bodens erübrigt, denn wo Regenwürmer den Boden drainieren und belüften, ist die Struktur bestens aufbereitet. Dieser Boden lässt sich leicht bewirtschaften.

Flächenkompostierung bietet reichlich Nahrung, die sich der Wurm nachts in den Boden hineinzieht. Urgesteinsmehle helfen ihm, die Nahrung zu zermahlen. Wasserlösliche Düngesalze und die Fäulnisprodukte, wie sie in ausgebrachtem Stallmist und verspritzter Gülle vorkommen, vergraulen ihn.

Wer den Regenwurm pflegt, achtet auf seinen Lebensrhythmus: Morgens wirft er seinen erdigen Kot als Haufen aus dem Boden nach draussen. Da ist er ganz dicht unter der Erdoberfläche. Gegen Abend verzieht er sich in die Tiefe. Eine oberflächliche Bodenbearbeitung oder Bepflanzung ab dem Spätnachmittag stört den Wurm dann am wenigsten.

pH-Wert

Die Anzahl und Aktivität der Wasserstoffionen und Hydroxidionen pro Liter Lösung wird mit dem pH-Wert ausgedrückt (pH = pondus Hydrogenii). Die Skala des pH-Wertes reicht von 0 bis 14. Der Null-Wert kennzeichnet die Säure mit der höchsten Anzahl von Wasserstoffionen (3,5-prozentige Salzsäure). Der 14-Wert steht für die höchste Anzahl der Hydroxidionen (3-prozentige Natronlauge) Bis zum pH-Wert 7 nimmt die saure Reaktion einer Lösung ab und verhält sich mit 7 neutral, d.h., Wasserstoff- und Hydroxidionen sind in gleicher Anzahl vorhanden und heben sich in ihrer Wirkung gegenseitig auf. Werte über 7 gehen in den basischen oder alkalischen Bereich bis zur Lauge.

pH-Werte des Bodens

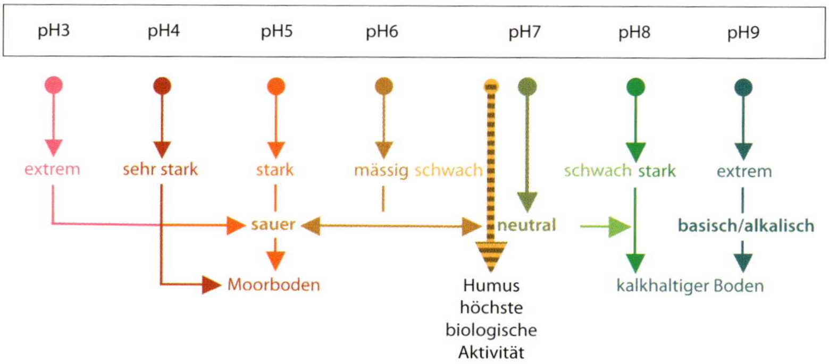

Böden, die einen pH-Wert unter 6,5 aufzeigen, sind sauer (Moor oder Sumpf, stauende Nässe, schwarze Erde, Urgesteine vulkanischen Ursprungs). Der pH-Wert über 7 reagiert alkalisch (kalkhaltige Böden, Mergel, Kalkgesteine). Im neutralen Bereich um 7 finden wir den idealen Zustand eines Bodens, wo reicher Humus die Bodenfruchtbarkeit garantiert.

Unsere Lebensgrundlage gleitet unter den Füssen weg

Humus wird als das Blut der Erde bezeichnet. Ein Zusammenhang zum menschlichen Blut besteht tatsächlich. Beide Arten haben einen pH-Wert im neutralen Bereich, wenn es sich um gesundes Blut (7,36 bis 7,42) oder um gesundes Erdreich (6,8 bis 7,4) handelt. Doch viele Menschen und Böden sind versauert. Bei beiden verschlackt das Gewebe und fehlt der Sauerstoff für den Aufschluss von Nahrung.

Das Humuskapital unserer Böden wird seit Jahrzehnten zunehmend verwirtschaftet: Wenn beim tiefen Umgraben oder Pflügen die Gareschichten umgekehrt werden, geraten die noch wurzelfeindlichen Stoffwechselprodukte der ersten Grobumsetzung (Nährdecke, Zellgare) und die sauerstoffliebenden Mikroorganismen in die Wurzelzone (Plasmagare), wo es an Sauerstoff für die weitere Aufbereitung dieser Rotteschicht fehlt und das Wurzelsystem nachfolgender Anpflanzungen schädigt. Auf der anderen Seite sind die sauerstoffmeidenden Mikroorganismen des Dauerhumus (Plasmagare) zuoberst gelandet und sterben in Luft und Licht ab. Somit werden nicht nur die Bodengare (Struktur), das Porenvolumen und der Wasserhaushalt gestört, sondern auch nachhaltig das Bodenleben.

Das Schicksal, das wir unserem Boden bereiten, ist auch unser Schicksal.[14]

14 Hennig 1983, S. 26

Durch 10 000 Jahre andauernde Agrikultur ist der Humusgehalt unseres Bodens von 65 Prozent auf 6 bis 10 Prozent gesunken. Kleinlebewesen verminderten sich von 20 Prozent auf alarmierende 0,1 bis 0 Prozent. Die nicht lösliche Mineralsubstanz nahm von 15 Prozent auf 94 bis 100 Prozent zu. Das Volumen der Luftporen ist auf minus 10 Prozent am Ende. Solche Böden sind kraftlos, absterbend oder bereits tot.

Monokulturen sind ein weiterer Grund für den weltweiten Humusschwund. Der Wald stirbt, weil ihm z.B. durch rationalisierte Forstwirtschaft mit Fichten-Monokulturen zu viel lebensnotwendige Nähr- und Vitalstoffe entzogen werden. In den USA waren Anfang der Neunziger Jahre bereits 70 Prozent der bearbeiteten landwirtschaftlichen Monokulturen. Diese Böden erodieren, so dass sie den Zustand der Wüste ansteuert. Wie sieht es jetzt, 20 Jahre später damit aus? Nach einer Schätzung verlor die Welt allein im Jahr 1984 durch Erosion 22,7 Milliarden Tonnen Humusboden. Ein Jahr später stieg der jährliche Verlust auf 25,4 Milliarden Tonnen an.

Die Auswirkungen von Monokultur und Übernutzung durch Viehherden sind fatal für den Globus und seine Bewohner.

Im kargen Norden Chinas und in der Mongolei wurden die empfindliche Grasnarbe und das aufkommende Buschland durch intensive Viehherdenhaltung so zerstört, dass weite Areale zur Wüste avancierten. So häuften sich bereits in den Achziger Jahren peitschende Sandstürme, die in Chinas Hauptstadt keine 50 Meter Sichtweite mehr zuliessen. Inzwischen ist der Sand allgegenwärtig, denn Wüstenstürme gehören zum dortigen Alltag. Zur anstehenden Olympiade will sich Peking ein umweltfreundliches Kleid zulegen und arbeitet hart daran. Man baut sich eine «grüne Mauer» mit Waldaufforstungen um die Stadt, weil sie im einfallenden Wüstenstaub aus dem Norden und der Mongolei zu ersticken droht.

Alle Böden der Tropen und Subtropen sind «hungrige» Böden wegen der instabilen Humusschicht; denn durch das freundliche

Klima verlaufen Pflanzenwachstum und Umwandlung des organischen Materials sehr stürmisch und hitzig ab. Es bleibt keine Zeit für die Bildung einer stabilen, dauerhaften Plasmagare. Umgepflügt und nackt der Sonne ausgesetzt, erschöpft sich die empfindliche Gare mit ihren lichtscheuen Bewohnern umgehend. Kunstdünger treibt das Fieber von Bodenleben und Pflanzenwachstum zusätzlich an. Es gibt kein Gleichgewicht zwischen Ab- und Aufbau mehr, der Boden ist dem Tode geweiht.

Humusmangel löst gefährliche Kettenreaktionen aus. Strukturlose Böden werden ausgeschwemmt. Dünge- und andere Salze gelangen in tiefere Schichten, ins Grundwasser oder über die Oberfläche in Seen und Flüsse. Das führt zu hohen Nitrat- und Phosphatbelastungen bis zur Eutrophierung*. Das Wasser kippt, und fast alles Leben darin stirbt ab. Die Bodenoberfläche wird als Staub verweht. Die Pflugsohle verdichtet die Bodenschichten und lässt kein Leben in die Tiefe zu. Wolkenbrüche werden nicht mehr geschluckt, sondern bilden Überschwemmungen, die das an sich schon magere

Das bedeutet den Tod für das Bodenleben: Der Acker wurde durch die «Pflugsohle» so zementiert, dass Regenwasser nicht mehr abfliessen kann. Der Boden verschlämmt zur betonharten Decke, die abgetrocknet in grosse Spalten aufreisst.

Bodenleben durch die Überflutung ersticken. Krankheiten und Schädlingsbefall nehmen zu. Allgemein verliert Saatgut aus solchen Bodenverhältnissen an Qualität. Nur die Umkehr zur kompromisslosen Humuspflege mit einem effizienten Aufbau des Bodenlebens kann die rasende Fahrt in die «Ver-Wüstung» noch bremsen.

Argumente zum Umdenken

Die Umstellung von Kunstdünger- auf Humuswirtschaft bedeutet ein tiefgehendes Umdenken auf allen Bewusstseinsebenen. Wer das Wesen Humus begreifen will, muss den ganzen Kreislauf des biologischen Anbaus ohne Lücken einbeziehen. Wir können nicht erwarten, Humusaufbau gelinge schon, wenn wir nur Teile der Bewirtschaftung «mit der Natur» betreiben.

Gott schläft in den Steinen, atmet in den Pflanzen, träumt in den Tieren und erwacht im Menschen. (Hindu-Sprichwort[15])

In den USA weist das abgewirtschaftete Ackerland kaum noch Bodenleben (Edaphon) auf. Ein brauchbarer Boden aber beherbergt auf 1 Hektar = 10 000 Quadratmeter mindestens 1000 Kilogramm Bakterien und Actinomyceten, 1000 Kilogramm Pilze und Algen und 400 bis 1000 Kilogramm Regenwürmer. Hinzu kommen viele andere Bodentiere wie Springschwänze, Milben, Asseln, Fadenwürmer, Spinnentiere usw. Im strapazierten Acker fehlt die Durchlüftung, im garen Boden dagegen besteht 50 Prozent des Gesamtvolumens aus Luft.[16]

Oberflächliche Lockerung ohne Wenden schont den lebendigen Organismus Humus, denn die Folgen, Erdreich mehr als 15 Zentimeter tief umzugraben, sind fatal und zur Erinnerung nochmals genannt:

1. Die Wurzeln sind gezwungen, im falschen Milieu Nahrung aufzunehmen, weil die Abbauflora der Zellgare ja in den Wurzelbereich verfrachtet wurde
2. Das geheime Leben aus dem Bodendunkel der Plasmagare erleidet am Licht einen tödlichen Schock

Jede lebendige Substanz muss im Laufe ihres Zyklus einmal durch den Boden. Kommt auch nur ein Teil davon aus konventionellem Anbau, z. B. Gemüseabfall aus Kunstdüngeranbau für den Kompost oder als Mulch, wird die Humussphäre durch die Substanzen aus chemischen Einsätzen beeinträchtigt.

Je mehr Edaphon den Boden belebt, desto fruchtbarer ist er.

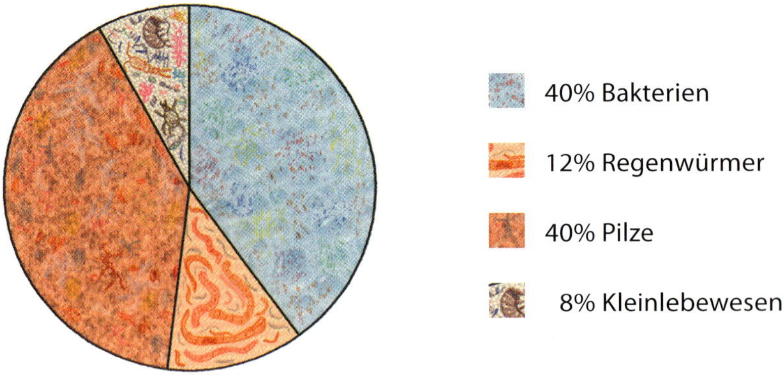

Düngen heisst, nicht Pflanzen versorgen, sondern Bodenleben füttern.

Edaphon* ist das Bodenleben, das auf den Stoffwechsel der Pflanze eingestellt ist. Ein durchschnittlich fruchtbarer Boden beherbergt bis zu 10 000 Kilogramm dieser lebenden Biomasse pro Hektar. (Das entspricht dem Gewicht von 100 Schlachtschweinen oder 20 Kühen[17]) Die Biomasse vom Tier (in Mist und Gülle) entspricht der natürlichen Humusbildung nur, wenn sie vorgängig schon einen vorbereitenden Umwandlungsprozess hinter sich gebracht hat, also fermentiert wurde.

«Was stinkt, das düngt.» Diese landläufige Meinung hat in der Humuswirtschaft keinen Platz, «denn frischer Mist ist wirklich Mist»,[17] sagt Herwig Pommeresche. Mist ist heutzutage in der Regel ein Fäulnisprodukt, das giftige Phenole und Leichengifte enthält. In den Boden eingebracht, wird die Botschaft «hier ist etwas faul» über lange Zeit an die Aufräummannschaft gesendet und ruft Schadinsekten und -pilze herbei, «die Polizisten zur Ermittlung unrichtig ernährter Früchte, die landwirtschaftlichen Professoren der Natur. Sie kommen, wenn sie gebraucht werden. Sie verschwinden wieder, wenn sie ihre Aufgabe erfüllt haben»[18], laut Erhard Hennig. Dieser Selbstheilungsprozess der Erde wird leider viel zu oft anders interpretiert und mit Giftspritzen zunichte gemacht.

Indem wir neues Leben in unsere ausgelaugten Böden bringen, können wir hoffen, das zurückzugewinnen, was die Zivilisation verspielt hat: den Lebensreichtum auf unserem Planeten, dessen Geheimnis in unseren Böden liegt.[19]

Unbehandelte Gülle über Wiesen ausgebracht, stinkt entsetzlich und verbrennt Gras und das Bodenleben der Nährdecke. Warum wird das Vieh gezwungen, die aus diesem Milieu hervorgegangene neue Grünmasse zu fressen, wenn es mit natürlichem Instinkt alle dunkelgrünen Wiesenflecken, die aus vorjährigen Kuhfladen herausgewachsen sind, meidet? Flüssigmist und Biogas stinken nicht nur, sie sind giftig, brennen und können explodieren. Sie beherbergen viele Krankheitskeime, auch für den Menschen. Ist es sinnvoll, in einem solchen Gestank Nahrungsmittel zu produzieren?

Gras, das aus vorjährigen Kuhfladen wächst, wird von den Kühen gemieden.

Es mutet perfide an, wenn Pestizide übers Land und die Pflanzen gespritzt werden, der Anwender sich bei dieser Arbeit mit Gasmaske und Schutzbrille vor den Giften schützt und wir nachher gedankenlos diese chemiegeimpften «Naturprodukte» vom Teller löffeln. Zur Beruhigung steht in den Gebrauchsanweisungen, dass vom Gesetz her nur Gifte zugelassen sind, die nach einer gewissen Zeit wieder verschwunden sein sollen – aber wohin? Kann ein fast toter Boden sie überhaupt noch abbauen, selbst wenn die vorgegebenen Abbauzeiten (Karenzen) immer eingehalten werden?

Der einst viel gepriesene Klärschlamm mit hohem Kadmiumgehalt* (Schwermetall) ist mitverantwortlich für Gesundheitsprobleme der Nieren. Es fördert Bluthochdruck und Arteriosklerose bis zum Schlaganfall und darf neuerdings nicht mehr verwendet werden. Er landet in teuren Verbrennungsanlagen. Und wo geraten deren Rückstände hin?

15 Tompkins/Bird 1989, S. 182
16 Pommeresche 2004, S. 74
17 Pommeresche 2004, S. 105
18 Hennig 1983, S. 90
19 Tompkins/Bird 1989

Nahrung aus biologisch gesundem, humusreichem Boden bringt eine ausgewogene Bakterienflora mit sich, die sich in einer gesunden Darmflora in Mensch und Tier widerspiegelt. Die Humussphäre pflegen heisst:

- den Boden so wenig wie möglich bewegen, also kein tiefes Umgraben, kein Pflügen
- keine Treibdüngung (NPK-Dünger) mehr ausbringen, weil sie den Boden versalzt
- den Organismus Boden mit organischem Material (z.B. Flächenkompost) ernähren, der mit EM-Technologie antioxidativ fermentiert wird. Somit kann die abgebaute Grundgesundheit allen Lebens, inklusive des Menschen, wiederhergestellt werden.

In letzter Konsequenz müsste die Humuswirtschaft ein Sektor der Weltwirtschaft sein.[20]

Vergleichsanbauten haben gezeigt, dass mit biologischer Bodenbearbeitung plus EM-Einsatz gleiche Erträge pro Hektar wie im Kunstdüngeranbau erwirtschaftet werden können, ohne die Humussphäre zu vergiften.

Wie sieht das praktisch aus?

Dass Humuswirtschaft hohe Ernteerträge und folglich höhere Rendite bringt, erwähnt Hans Peter Rusch[21] schon in den 60er Jahren. Tatsächlich schenkt die Natur ungeahnte Fülle, wenn ihren Gesetzen gefolgt wird. Das Vertrauen in natürliche Ordnungen kann die Gesundheit allen Lebens wieder aufbauen. So umfassend menschliche Eingriffe an der Lebensgrundlage Boden in der Vergangenheit Schaden verursacht haben, so umfassend können wir durch ein Umdenken in Richtung einer naturverbundenen Arbeitsweise die kranke Erde wieder zur Gesundheit lenken.

Der lahm gelegte Bodenorganismus muss als erste Massnahme wieder mit organischer Substanz angereichert werden, allerdings nur in kleinen, behutsamen Schritten, denn der ausgeraubte Boden reagiert auf starke Nahrung wie ein Magenkranker, der Speisen nur in vielen kleinen Mahlzeiten verarbeiten kann, während deren Mengen erst nach und nach erhöht werden dürfen. Ein leichter Boden hat da Vorteile, er lässt sich durch seinen raschen Grundumsatz auch schneller auf die biologische Bewirtschaftung umstellen. Ein schwerer Boden braucht 3 bis 4 Jahre Diät. Seine Gare wird dafür in der Leistung stabiler sein als beim leichten Boden. Mit EM-Technologie kann der Umlenkungsprozess verkürzt werden.

20 Hennig 1983, S. 25
21 Rusch 2004, S. 223
22 Tompkins/Bird 1989, S. 57

Flächenkompost: Eine konsequente Humusbewirtschaftung erfordert mit der Zeit viel weniger Arbeitsaufwand als konventioneller Anbau. Die Methoden sind einfach, weil die Natur das meiste selber bewerkstelligt. Bodenleben ist in der Lage, aus der Umwelt wie Luft und Wasser die nötigen Grundstoffe selber herauszulösen, wenn es intakt ist. Zur Belebung und auch weiterhin bekommt die Nährstoffdecke ihr Futter laufend aus den organischen Ernterückständen. Das reicht im Herbst aus. Im Frühjahr und Sommer spielt die Herkunft und Zusammensetzung des organischen Materials eine wichtige Rolle. Es sollte nicht aus Kunstdüngeranbau oder aus anderem belasteten Ursprung sein. Die aufwändige Kompostierung über die Miete entfällt.

Eine komplexe Zivilisation kann sich erst entwickeln, wenn fruchtbare landwirtschaftliche Voraussetzungen vorhanden sind.[22]

Eine geschlossene Pflanzendecke pflegt das Edaphon ohne viel Arbeitseinsatz zu bereiten

Der ständige Schutz durch eine pflanzliche Bodendeckung oder durch einen organischen Mulch erspart viele Massnahmen, die der konventionelle Anbau fordert, wie Hacken, Giessen, Lockern. Das erfordert Arbeitszeiten, die in Geld ausgedrückt ganz schön schwer wiegen. Der Boden wird gar nicht oder im Frühjahr bis in die Zellgareschicht (bis zu 15 Zentimeter tief) oberflächlich gelocker (nicht gewendet) und in der sommerlich warmen, mikrobiell aktiven Jahreszeit in Ruhe gelassen.

Wird das strapazierte Mikrobenleben in der Erdkrume mit Effektiven Mikroorganismen unterstützt, kann der Boden zusammen mit biologischen Anbauweisen recht schnell gesunden.

Zusammenfassung

Der natürliche Humus eines Waldbodens duftet zu allen Zeiten fein erdig. Er ist ein lebendes Gewebe und besteht zu 65 Prozent aus organischer Substanz, zu 20 Prozent aus Kleinlebewesen und nur zu 15 Prozent aus Mineralien (Ton, Sand).

Die Biosphäre setzt sich zusammen aus Atmosphäre (Luftraum), Hydrosphäre (Wasserraum) und Humussphäre (belebter Erdraum). Die Lithosphäre ist der Gesteinsraum.

Die Bodengare ist mit ihren Stütz- und Füllsubstanzen der Atmungsraum des Bodens und wird während der aktiven Vegetationsperiode durch Kleinlebewesen belebt. In der obersten Schicht eines Bodens (Nährdecke) zerkleinern vielerlei Kleinlebewesen grobe Pflanzenteile und bereiten sie für die zweite Bodenschicht vor. In dieser zellularen Gareschicht verkleben sich Verwitterungsstaub und Mikrobenleiber zu Bodenkrümeln zusammen, wurzelfeindliche Stoffe hindern das Pflanzenwachstum. Wurzeln senken sich deshalb schnell in die dritte Bodenschicht (Plasmagare). In dieser makromolekularen Gare sind zellulare Strukturen aufgelöst, kann Wasser gespeichert werden, ist «der Magen der Pflanze» mit seinem vorverdauten Nahrungsangebot. Dort breitet sich das fein verzweigte Haarwurzelsystem der Pflanze aus.

In der Rhizosphäre halten die Haarwürzelchen Bodenkrümel fest (Lebendverbauung), Mykorrhizen (Bodenpilze) leben hier mit der Pflanzenwurzel in Symbiose. Die Bakterien lösen die Mineralteilchen der Nährstoffe auf. Diese werden mit der Wasseraufnahme durch die Wurzeln in die Pflanze transportiert. Die Pflanzen liefern dafür Assimilate (Zuckerarten).

Eine Scheingare ist künstlich durch herbstlichen Bodenumbruch (Graben oder Pflügen) und die folgende Frosteinwirkung hergestellt und hält sich nicht lange, sondern verschlämmt das Porensystem des Bodens und führt zu Unfruchtbarkeit.

Der Regenwurm ist der Bergmann unter Tage. Er bevorzugt biologisch herangewachsene Pflanzenteile. Pro Jahr produziert er pro Quadratmeter 20 Kilogramm fruchtbarsten Dünger. Er kleistert seine Grabröhren aus, in denen die Pflanze ihre Wurzeln – die zellulare Gare – in die Plasmagare schickt. Der Regenwurm frisst in 24 Stunden so viel, wie er selber wiegt. Düngesalze und Gülle vergraulen ihn. Wo kein Regenwurm mehr existiert, wird der Boden betonhart.

Humuspflege heisst, dass der Boden ständig mit einer Schicht aus organischem Material bedeckt ist, die verschiedenen Bodenschichten durch Graben oder Pflügen nicht umplatziert werden, damit Porenvolumen, Wasserhaushalt und Mikroben der drei Schichten nicht zerstört werden.
Konventionelle Bodenbearbeitungen führten in allen Erdteilen zu enormem Humusabbau und zu Erosionen bis hin zur Wüste. Ein brauchbarer Boden dagegen beherbergt auf 1000 Quadratmeter bis zu 1000 Kilogramm lebende Biomasse (Kleinlebewesen). Frischer Mist und frische Gülle sind oft Fäulnisprodukte, die lebensfeindliche Gifte enthalten, und sollten vor der Verwendung fermentiert sein. Schadinsekten und Pilzkrankheiten sind die «Aufräummannschaften» solcher Fäulnisprozesse.

Die Praxis für eine bodenfreundliche Humuswirtschaft erfordert ein Umdenken auf allen Bewusstseinsebenen, obwohl die Methoden dazu einfach sind und geringere Arbeitszeiten erfordern. Die herkömmliche Kompostierung fällt weg. Ein mikrobiell reicher, gut garer Boden bringt reiche Ernte an gesunden Pflanzen und Früchten hervor, die die Gesundheit von Mensch und Tier fördern.

Soll Mais zur stattlichen Pflanze heranwachsen,
braucht er kraftvolle Nährstoffgaben.

Dünger, natürlich oder künstlich

Die Natur arbeitet ungemein langsam. Aus diesem Grunde ist es auch unmöglich, die sich in ihr abspielenden Vorgänge im Wege des [kurzen] Laboratoriumsversuches zu erfassen, weil auch die richtigen Voraussetzungen fehlen.[1]

Die Wissenschaft und in der Folge viele Zweige der industriellen Produktion halten sich noch immer an der Mineraltheorie* fest, die der junge Justus von Liebig einst entwickelte. Sie besagt, dass sich Pflanzen aus den 93 Grundstoffen (im periodischen System) ihre Nahrung selber aufbauen. Sie leben laut Theorie nur von anorganischen Substanzen und von wasserlöslichen Salzionen, die durch Photosynthese in Protein (Eiweiss) umgebaut werden. Dabei warnt der reife Liebig in späten, nicht mehr veröffentlichten Schriften davor, der Pflanze Stickstoff in künstlicher Form anzubieten. Er weist darauf hin, dass die Natur der Pflanze hundert-, ja, tausendmal mehr Stickstoff zur Verfügung stellen kann. Historische Wahrheit ist, dass Liebig kein Befürworter der künstlichen Düngung war, obwohl er heute oft als solcher zitiert wird, sondern ein entschiedener Gegner. Unglücklich über die aufblühende industrielle Herstellung, distanzierte er sich schliesslich von ihr.

[Synthetische] Düngemittelverwendung ist die Kunst, Salze so in den Boden zu bringen, dass die Pflanzenwurzeln es irgendwie schaffen, daran vorbeizukommen.[2]

Kunstdüngereinsatz mit schwerwiegenden Folgen

Eine unnatürliche, erzwungene Ernährung von Pflanzen zerstört die Humussphäre mit ihrem mannigfaltigen Bodenleben einschliesslich der Mikroorganismen. Sie bringt geschwächte Pflanzen hervor, aus denen nur mangelhafte Nahrungsmittel produziert werden können. Zwar lässt sich durch Kunstdünger der Ertrag eine Zeit lang steigern. Die Gesundheit von Boden und Pflanze geht dabei verloren und damit auch die der Tiere und Menschen, wenn sie diese Ernten verzehren. Wie eine Stadt ohne Menschen zur Ruine verkommt, so wird die Erde ohne Mikroorganismen ruiniert. Die intensiv mit chemischen Mitteln behandelten Böden können nicht mehr biologisch aktiv sein, beginnen abzusterben und mit ihnen der Bewuchs.

Die Tragik der konventionellen Landwirtschaft ist das Postulat, NPK* sei Pflanzennahrung.[3]

Anorganischer Dünger wird aus totstofflichen Grundelementen synthetisch hergestellt und erfüllt nicht die ganzheitlichen Ansprüche einer ausgewogenen Pflanzennahrung. Damit Mineraldünger überhaupt von der Pflanze verwertet wird, ist er in Ballaststoffe wie Reste von Schwefelsäure und Chlor eingebunden. In drei Kilogramm Düngemittel sind zwei Kilogramm Ballast und nur ein Kilogramm

1 Schauberger 1936
2 Tompkins/Bird 1989, S. 19
3 Pommeresche 2004, S. 84

des eigentlichen Nährmittels enthalten. Diese Ballaststoffe aber stören das biologische Gleichgewicht des Bodens, versalzen und verändern vor allem die Kolloide* (feinste Bodenteilchen) und damit die gute Gare. «In den USA wurde die abwechslungsreiche, ausgewogene Landwirtschaft mit Gemüsebau, Weiden und Gründüngungen in den 60er Jahren zugunsten einseitiger, grossflächiger Monokulturen aufgegeben»[4], sagte einst Ehrenfried Pfeiffer. Jetzt ist die Mehrzahl dieser von Kunstdünger versalzenen Flächen völlig unbrauchbar geworden, möglicherweise sogar für immer verloren. Peter Tompkins und Christopher Bird beschreiben diesen alarmierenden Zustand treffend: «Der konventionelle Landwirt in den USA ist so in seinem chemischen System befangen, dass er nur darüber nachdenken kann, welches Produkt als nächstes Erfolg bringen könnte, nachdem die üblichen NPK-Dünger die Ernten ständig verschlechterten. Sie geben eher ihren angestammten Beruf resigniert auf, als über Alternativen nachzudenken.»[5]

In manchen Intensivkulturen wird Stickstoff sogar mit Pressluft in den Boden gepumpt. Die Pflanze versucht, diese hohe Konzentration mit Wasseraufnahme zu verdünnen. Die aufgequollene, schnell «ins Kraut geschossene» Grünmasse der Gemüse wird uns als reiche Ernte verkauft, obwohl das übermässige Gewebswasser nichts anderes ist, als das Ödem (Wasseranstauungen) eines fehlernährten Menschen. Ausser dem allseitigen Humusschwund werden im Boden auch noch wichtige Spurenelemente durch die Düngesalze in unlöslichen Verbindungen festgesetzt. In der Folge geht erst die Qualität der Ernte, schliesslich auch deren Menge zurück.

Immer noch beherrscht das «NPK-Modell» die technologische Agrikultur, obwohl langsam jedem Gemüseanbauer und Landwirt bewusst wird, dass die Kombination Stickstoff-Phosphor-Kali in synthetischer Form Gift für den Boden und den Kreislauf der Substanzen ist. Hinzu kommen Chemikalien aus dem Pflanzenschutz, die der Pflanze über das Giessen oder über Begasung aufgezwungen werden.

Ernährungsfehler werden von Organismen und ihren lebenden Substanzen, solange es geht, grosszügig ausgeglichen. Stolze «Erfolge» der Zivilisten sind nur der Langmut der Natur zu verdanken.[6]

Kunstdünger gehört nicht zum normalen Nahrungskreislauf und wird daher vom Boden wie ein Fremdstoff behandelt und abgeschoben. Das führt neben der Zwangsaufnahme durch die Pflanze insbesondere bei Trockenheit zu ungenützten, gefährlich überdosierten Salzablagerungen, die den Unterboden verdichten. Das wasserlösliche Nitrat* und Phosphate* werden leicht ausgewaschen und dringen ins Grundwasser. Weil der willkürlich festgesetzte Grenzwert für Nitrate im Trinkwasser oft 50 Milligramm pro Liter übersteigt, wurde neuerdings erwogen, diesen Toleranzwert einfach anzuheben.

Ein Anstoss zum Umdenken? (Tabelle nach Götlinger[5])

Auswirkungen der chemisch-technischen Landwirtschaft

Kunstdüngung	→	minderwertige Nahrung
Zwangsernährung der Pflanzen	→	Resistenzverlust, mehr Pestizide
Nitratauswaschung	→	Trinkwasserbelastung
gestörtes Bodenleben	→	Erosion, Windverfrachtung
Monokultur	→	Verlust der Artenvielfalt
steigende Kosten	→	Mittelstandsbetriebe sterben
zunehmende Produktion chemischer Mittel	→	steigende Umweltverschmutzung
steigender Energieverbrauch	→	Abbau von Ressourcen
Interessen der Industrielobby	→	abhängige Landwirtschaft

Weil der biologische Substanzkreislauf nicht nachgeahmt werden kann, ist die richtige Dosierung eines Mineraldüngers oder der Zusatz von Spurenelementen nicht oder nur annähernd möglich. Düngeempfehlungen der Hersteller können die Einwirkungen der Naturkräfte wie Regen, Wind, Tau und Licht nicht berücksichtigen. Der im Boden angereicherte Kunstdünger hemmt den Wuchs, verbrennt junges Grün und verringert die Ernte. Schon eine einzige Fehldosierung kann den gesamten Mineralstoffwechsel der Pflanze durcheinander bringen. Der Landwirt muss sich mit kompliziertesten Tabellen und Rezepturen auseinandersetzen und kommt oft ohne den fachlichen Berater der Düngemittelhersteller nicht mehr zurecht.

Was früher als «heilige Mutter Erde» galt, geriet durch unser Denken und Handeln zum belanglosen Standort für Wasser, Mineral- und Stickstoffsalze. Eine natürliche, unbearbeitete Erde aber kennt keine isolierten Salzionen, wie sie im Kunstdünger vorhanden sind und an Pflanzen verfüttert werden. Der Bodenorganismus hat keine Verwendung dafür und muss sie unterbringen, ob er will oder nicht. Es kommt zu Gleichgewichtsstörungen und zum Nährstoffchaos.

Pflanzen «speisen» ähnlich wie Tier und Mensch

Ein unverfälschter Boden gibt grosse molekulare Verbindungen als lebendige Nahrung weiter. Die haben mit all ihren verschiedensten lebendstofflichen Gehalten schon einen biologischen Umsetzungsprozess durch das Bodenleben hinter sich. Rudolf Steiner (1924) und

4 Tompkins/Bird 1989 S. 48
5 Tompkins/Bird 1989 S. 89
6 Rusch 2004, S. 105

Hans Peter Rusch (Forschungsepoche 1950 bis 1974) haben bewiesen, dass alle lebenden Zellorganisationen, zu denen Pflanzen, Tier und Mensch gehören, sich prinzipiell gleich ernähren. Allerdings sind Pflanzen darauf angewiesen, Substanzen aufzunehmen, die vorab schon vom Bodenleben bereits zu neuen Zellorganisationen um- und aufgebaut worden sind und alle lebensnotwendigen Informationen in sich tragen (in der Zell- und Plasmagare). Nach diesem Umwandlungsprozess sind Pflanzen sehr wohl in der Lage, sich wie Tier und Mensch organische Verbindungen grosser Makromoleküle* einzuverleiben.

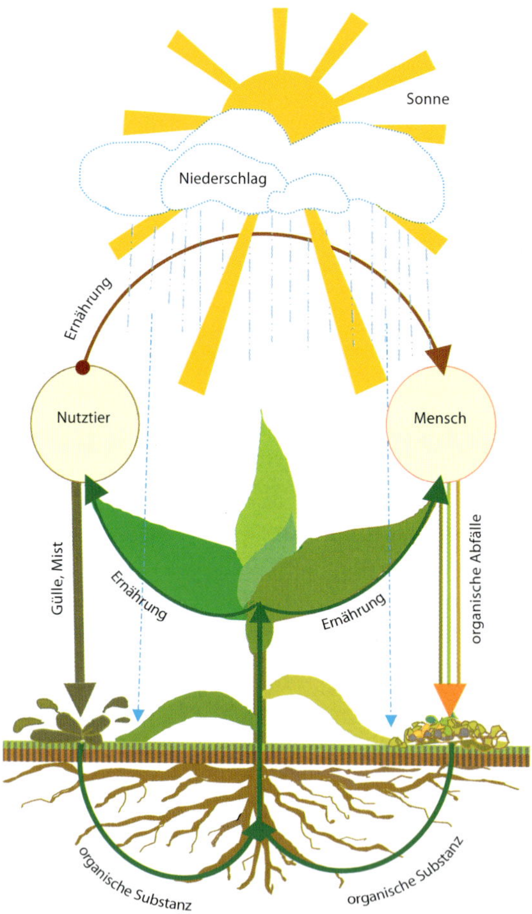

Im biologischen Nahrungskreislauf gehen Ressourcen nicht verloren, sondern werden wieder in den Kreislauf zurückgeführt. Die Immunkräfte von Pflanze, Tier und Mensch werden auf natürliche Weise gestärkt..

Keine Pflanze nimmt anorganische Nahrung auf, wenn sie nicht muss. Das ist ein weiteres wichtiges Indiz. Immer bevorzugt sie Nährstoffe aus dem organischen Kreislauf. Ehrenfried Pfeiffer (einst Mitarbeiter von Rudolf Steiner) stellte schon vor 50 Jahren fest, dass biologisch-dynamisch gewachsenes Getreide 12 bis 18 Prozent Proteine enthält, konventionelles dagegen nur 10 bis 11 Prozent. Natürlich gewachsenes Gemüse (ohne Kunstdünger) weist mehr Eiweiss, Vitamine, Kalium, Eisen und andere Nährstoffe auf, dafür weniger Natrium. Für gesundes Gedeihen sind oft geringste Mengen eines Spurenelements wichtiger als einige Kilogramm synthetischer Volldünger, um den Nahrungskreislauf in Gang zu setzen oder Abwehrkräfte zu mobilisieren.

Die Sonderrolle des Stickstoffes

Als es dem französischen Chemiker Antoine L. Lavoisier[7] Ende des 18. Jahrhunderts gelang, reinen Sauerstoff aus der Luft zu gewinnen, kannte er die restlichen 78 Prozent der Luftgase noch nicht und nannte sie kurzerhand Azot* = lebloses Gas (griech.). Weil dieses Gas kein Leben zulässt und alles erstickt, wurde der Ausdruck «Stickstoff» geprägt. Natürlich vorkommend ist es im Überfluss vorhanden: Die Luftsäule über einem Quadratmeter Boden enthält Tonnen Stickstoff (N = Nitrogenium). Trotzdem hungern viele Pflanzen, weil sie nicht fähig sind, das reaktionsträge Gas aus der Luft herauszulösen. Erhard Hennig schreibt: «Als Hauptbestandteil des Eiweisses, der Vitamine und Enzyme nimmt Stickstoff eine Sonderrolle im Nährstoffhaushalt der Pflanze ein»[9]. Die lebende Zelle baut ihn als Protoplasma (Träger aller Lebenserscheinungen) ein. Das grüne Blut der Pflanzen, das Chlorophyll wird aus Eiweiss gebildet. Stirbt die Pflanze, zerfällt das Eiweiss in seine Anfangsform, aus dem der Stickstoff zum neuen Kreislauf antritt.

Wer heute noch von einer totalen Aufspaltung aller Nahrungsmittel bis zum Mineralsalz redet, hat die ereignisreiche Zwischenzeit in der Forschung verschlafen oder verfolgt gewisse marktorientierte Zwecke, die mit echter Wissenschaft nichts mehr zu tun haben.[8]

Die Natur gewinnt das träge Gas aus der Luft auf nur zwei Arten:

1. durch elektrische Entladung (z.B. Gewitter)
2. durch Mikroorganismen wie Azotobakter, Knöllchenbakterien (aus der Symbiose mit Leguminosen*), Einzeller (Grün- und Blaualgen) und einige Hefepilze

Ökobilanz des künstlichen Stickstoffes: Während die Nutzung aus der Natur kostenlos ist, bedarf es extrem viel Energie, auf chemischem Wege über hohen Druck und Temperaturen mit teuren Apparaten Stickstoffgas aus der Luft an Mineralien zu binden. Im Zweiten Weltkrieg wurde zur Herstellung von Sprengstoff massenhaft Nitrat gebraucht. Bei Kriegsende hatte die Maschinerie dafür ausgedient. Weil das Volk Hunger litt, erschien es eine wunderbare Lösung, die Nitratproduktion wieder in Gang zu setzen und den Stickstoff für grössere Ernten in der Landwirtschaft einzubringen. Heute erschreckt uns die ökologische Energiebilanz, wenn wir hören, dass die Herstellung von einer Tonne Kalkstickstoff 1,1 Tonnen Schweröl und 1100 Kilowatt Strom erfordert. Pro Jahr werden 80 Millionen Tonnen produziert und verbraucht. Die Produktion steigert sich jährlich. Das hat dazu geführt, «[...] dass mit dem stetig steigenden Bedarf dieses energieintensiven Düngers Argumente ins Feld geführt werden, Kernkraftwerke seien nötig.»[10]

Natürliche Stickstoffdüngung ist möglich

Mikroben wie die Azotobakter sind Stickstoffbildner in der Plasmagare. Sie verwerten leicht zersetzbare Stoffe, Zucker und organische Säuren, sind laut Erhard Hennig die «Feinschmecker» unter den Bakterien. Sie verschmähen tief vergrabenen Mist, der in die Rotteschicht gehört. Sie sterben ab, wenn der Boden mit Unkrautvernichtungsmitteln oder anderen Chemikalien behandelt wird.

7 Hennig 1983, S. 32
8 Pommeresche 2004, S. 83
9 Hennig 1983, S. 133
10 Pommeresche, 2004

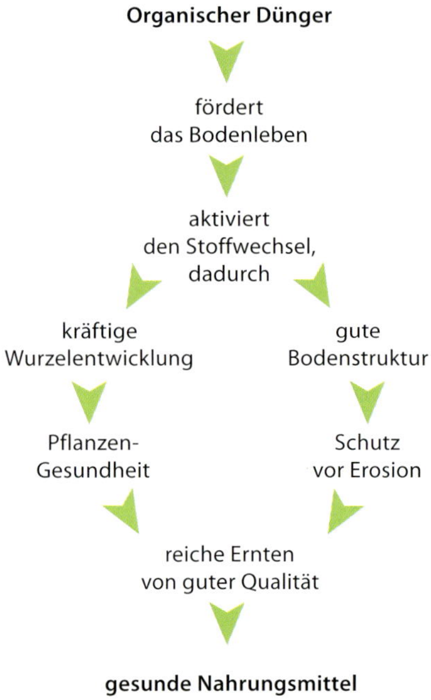

Organische Düngung fördert die Pflanzengesundheit und somit auch eine gesunde Nahrung für alle Kreaturen dieser Erde.

Dadurch entfällt die natürliche Nitratgewinnung. Die Landwirtschaftliche Untersuchungs- und Forschungsanstalt LUFA (D)[11] bestätigt aber, dass die biologische Stickstoffproduktion eine realistische Alternative ist, bei der kein synthetisches Nitrogen mehr zugekauft werden müsste.

Azotobakter binden in einem an Humus reichen Boden aus der Luft jährlich pro Quadratmeter etwa 0,5 Kilogramm pflanzenverfügbare Aminosäure. Ein ausgelaugter, humusarmer Boden erhält in der Zellgareschicht Stickstoff in natürlich gebundener Form durch

- Gründüngung
- Flächenkompost
- Förderung von Regenwürmern und Mikroorganismen
- EM angereicherten Kompost und fermentierten Mist (Aufbereitung ohne Fäulnis)
- Gaben von Gesteinsmehlen
- stickstoffhaltige Pflanzenjauchen wie Brennnessel und Beinwell.

Das sind Mengen, von denen ein konventioneller Landwirt nur träumen kann: Die organisch gespeiste Stickstoffquelle fliesst unaufhörlich und kann 4,5 Kilogramm pro Quadratmeter erreichen. Das entspricht der unvorstellbaren Masse von 225 Kilogramm anorganischen Mineraldüngers auf gleicher Fläche.

Die Pflanze findet in organischen Abfällen alles, was sie braucht, denn das Material stammt aus Lebensprozessen. Es ist umso wertvoller, je lebendiger, frischer und unmittelbarer ein Lebensvorgang in den anderen übergeht.[12]

Ein gut entwickeltes Wurzelsystem fördert das Bodenleben und ist die beste Voraussetzung für die natürliche Stickstoffbildung: Milchsäurebakterien, die mit den Wurzelhaaren in Symbiose leben, bilden mit Spuren von Kobalt das Vitamin B_{12}. Wo dieses Enzym vorhanden ist, stellen sich die Knöllchenbakterien und Azotobakter ein. Weil sich alle paar Tage neue Wurzelhärchen an der Wurzelspitze bilden und die alten absterben, liefern sie enorme Massen an organischer Substanz als Nahrung für die Mikroben. Diese bilden Vorratsmengen, wie es mit künstlicher Düngung in vergleichbarer Grössenordnung nicht möglich und auch nicht pflanzenverträglich wäre.

Das Verhältnis von Kohlenstoff zu Stickstoff muss stimmen

Obwohl keine Pflanze ohne Kohlenstoff existieren kann, wurde dieses Element bisher wenig beachtet. In der Pflanzenernährung steht er – häufig in Form von CO_2 an erster Stelle, gefolgt von Stickstoff. Auch hier ist ein Gleichgewicht zwischen den einzelnen Komponenten wie überall wichtig.

Organisches Material mit einem C/N-Verhältnis in der Nähe von 20 zu 1 ergibt einen fruchtbaren Boden, z. B. Grasschnitt oder Gemüseabfall mit ihren 10 bis 20 Anteilen an Kohlenstoff auf 1 Teil Stickstoff. Die Zersetzung läuft schnell ab, die Mikroben verbrauchen kaum Nitrat für sich. Ist dagegen der Anteil Kohlenstoff einer organischen Substanz sehr hoch, z.B. C/N-Verhältnis 250 bis 500 zu 1 (z.B. Gehäckseltes aus Holz, Gehölzschnitt oder Rindenschnitzeln), brauchen Mikroorganismen zur Umsetzung länger und benötigen für diesen Einsatz folglich auch mehr Stickstoff für den Eigenbedarf, der dann den Pflanzen fehlt. Deshalb sollte man zur Flächenkompostierung leicht zersetzbare, organische Masse (Gemüseabfälle oder Pflanzenjauche) mit zellulosereichem und schwer abbaubarem, holzigem Strauchschnitt mischen, damit dem Boden genügend Stickstoff erhalten bleibt. (Ausführliche Tabelle im Praxis-Kapitel «Einführung in die EM-Praxis» auf Seite 152).

Mikroorganismen und Wurzeln atmen Kohlendioxid aus (CO_2, ein Stoffwechselrückstand des Kohlenstoffes) das sich dann konzentriert an der Erdoberfläche in Bodennähe aufhält. Die Pflanze atmet es über die Spaltöffnungen auf der Blattunterseite wiederum ein und verbaut es als Kohlehydrat zu Zellulose für das Pflanzengerüst. Aus diesem Grunde ist ein geschlossenes Blätterdach über dem Boden wichtig. Es fördert stabiles Pflanzengewebe. Im verdichteten, versauerten Boden kann CO_2 schlecht entweichen, wodurch das Wurzelwachstum gehemmt wird (Illustration in Kapitel «Boden», Seite 42).

Gesteinsmehle können zaubern

Urgestein gehört wie Wasser, Luft und Sonne zur Grundsubstanz allen Lebens. Es ist uns bekannt als Basalt, Granit, Porphyr und Gneis. Diabas ist ein Basalt des Erdaltertums, also noch älter als Basalt. Granit und Basalt sind Ursprung für die besten Tone, die z.B. zu Lösslehm

11 Hennig 1983, S. 49
12 Rusch 2004

und sogar bis hin zu kolloidalem Ton aufgeschlossen werden. An diesem Prozess sind immer auch Mikroorganismen beteiligt. Gesteine gibt es in Unmengen, sind fast überall vorhanden, der «Goldschatz» muss nur gehoben und fein zerrieben genutzt werden.

Fruchtbarkeit für unsere Lebensgrundlage: Der feine Abrieb vom Urgestein wird von der Gletschermilch bis in die Täler getragen.

Der Nilschlamm, ein verwittertes Urgestein, wurde schon zu biblischen Zeiten als fruchtbarste Erde genutzt. Die Heiligen Wasser des Wallis und die Wasser der Hunza im Himalaya tragen als Gletschermilch feinsten Urgesteinsstaub auf die Felder der Bergterrassen und Täler. Vulkan- und Erosionsstaub werden mit dem Wind über grosse Distanzen (Tausende von Kilometern) verfrachtet, wie einst der fruchtbare Löss aus der Sahara. Er wurde durch starke Südwinde bis nach Norddeutschland geweht und in mächtigen, nährstoffreichen Schichten abgelagert. Auch Justus von Liebig erkannte, dass Steinmehle den Boden ohne Erschöpfungssymptome fruchtbar halten.

Die Spurenstoffe müssen in einem ganz bestimmten Verhältnis zueinander stehen. Urgesteinsmehl deckt das Mineralbedürfnis der Pflanze auf ideale Weise. Es passieren keine Fehldosierungen wie bei künstlichen Düngern, denn Gesteinsmehle halten alle lebenswichtigen Spurenelemente in natürlicher Form bereit und geben sie im richtigen Verhältnis frei:

- im sauren Gestein findet sich Quarz, im basischen Calcium, Magnesium und Eisen
- Gneise liefern z.B. Kobalt für die Bildung von Vitamin B_{12} (Granit ist allerdings kobaltarm)
- Urgesteinsmehl ist nicht nur Spurenstofflieferant. Es erhöht den Tonkristallgehalt, vor allem in moorigen Böden

Wundersame Gabe der Schöpfung: Einem Mikrokosmos gleich beeinflussen die Atome, Atomgruppen und Strahlungsenergien der winzigen Mineralelement-Spuren unser Leben durch ihre Harmonie und Gleichgerichtetheit.[13]

Jedes lebende Wesen sendet Strahlen aus und besteht aus Materie und Energiekörper. Ohne diese Strahlenenergie wäre Leben nicht möglich. Auch Urgestein sendet Strahlen aus. Die festen Mineralstoffe sind Träger dieser Energie, ohne die sich keine lebendige Substanz bilden kann. Somit ist Urgesteinsmehl ein geeigneter Lebensträger.

Urgestein – ein lebendes Wesen?

Die Wirkung der Urgesteinsmehle grenzt fast an Zauberei:

- sie begünstigen die Bodengare
- sie stabilisieren den Nährstoff- und Wasserhaushalt
- sie hemmen Fäulnis und Schaderreger
- sie stärken Pflanzen und ihre Abwehrkräfte
- sie fördern die Verrottung organischer Massen
- sie regen mit Tonmineralien und Spurenelementen das Bodenleben an
- sie bringen wohlschmeckende, haltbare Ernten auf den Tisch
- sie dämmen Gerüche von Pflanzenjauchen und Gülle

Ohne Mikroorganismen nutzt das beste Gesteinsmehl nichts. Ein ausgelaugter Boden muss erst belebt werden, bevor Mineralien in Form von Urgesteinsmehl wirksam eingesetzt werden können.

13 E. Hennig, 1983, S. 81

Lithobionten (die auf dem Stein lebenden Mikroben) schliessen die Mineralien auf, verdauen sie zu einer Form, dass sie von Pflanzen aufgenommen werden können. Das geschieht mit Hilfe von Chelaten*, die mineralische Substanz über Ferment- oder Enzymsysteme* mit der organischen verbinden.

Landwirte, die sich als «Hüter des Lebens» mit biologischer Anbauweise auseinander setzen, können auf die vielfältigen, positiven Eigenschaften der Urgesteinmehle nicht verzichten. Bentonit (Kalkbindung) und Korallenalgenmehl (Kalkzuführung) ergänzen die Bodenkur je nach Anforderung und Bodenart. Eine vorgängige Bodenbelebung ist Bedingung, wenn das staubige Gold seine unvergleichliche Wirkung wie in den alten Hochkulturen der fruchtbaren Flusstäler entfalten soll.

Die Anwendung von Effektiven Mikroorganismen stellt ein sehr effizientes Mittel dar, um das reduzierte Mikrobenleben im Boden zu aktivieren und zu ergänzen.

Zusammenfassung

Die von Justus von Liebig vor über 150 Jahren in die Welt gesetzte Mineraltheorie wird bis heute wider besseren Wissens in der Kunstdüngerindustrie vertreten und gepredigt, obwohl Liebig als älterer Mensch davor warnte, der Pflanze Stickstoff in künstlicher Form anzubieten.

Kunstdünger zerstört die Humussphäre und ihr grossartiges Bodenleben und bringt mangelhafte Lebensmittel hervor. Der rein chemisch hergestellte Dünger kann die ganzheitlichen Ansprüche der Pflanzen nicht erfüllen. Die notwendigen Ballaststoffe in Düngemitteln belasten den Boden. Synthetischer Stickstoff verbraucht mehr Produktionsenergie, als er zur Nutzung abgibt. Die Pflanzen werden zwangsernährt, neue Züchtungen sind auf künstliche Nahrung ausgerichtet. Pflanzen werden dadurch mit hohem Wassergehalt aufgebläht. Schon eine einzige Fehldosierung kann den gesamten Stoffwechsel der Pflanze durcheinander bringen. In Trockenperioden entstehen hohe Konzentrationen im Boden. Die Versalzung verdichtet den Unterboden, Regen wäscht das wasserlösliche Nitrat und Phosphat ins Grundwasser und in Flüsse und Seen. Die können durch die Eutrophierung* umkippen. Es dauert lange, bis in diesen Zonen wieder gesundes Leben möglich ist.

Pflanzen speisen ähnlich wie Tier und Mensch. Sie sind in der Lage, auch grosse Makromoleküle aufzunehmen. Pflanzen bevorzugen immer die organische Nahrung, die ganz auf den natürlichen Kreislauf abgestimmt ist. Organisch gedüngtes Gemüse enthält mehr Vitalstoffe als künstlich ernährtes.

Stickstoff aus der Luft lässt sich technisch schwer zum Mineral umwandeln, es ist eine enorme Menge Energie und hoher Druck nötig. Dagegen können Mikroben aus der Luft jährlich bis zu 500 Gramm Stickstoff pro Quadratmeter binden. Aus organischen Verbindungen werden bis zu 4,5 Kilogramm pro Quadratmeter und Jahr auf natürliche Weise aufbereitet und so dem Pflanzenstoffwechsel zur Verfügung gestellt.

Das C/N-Verhältnis muss stimmen. Ein Boden, der zwischen 10 bis 20 Teilen Kohlenstoff auf einem Teil Stickstoff enthält, ist ideal. Bei höheren Anteilen von Kohlenstoff verbrauchen die bodenbürtigen Mikroben zu viel Stickstoff für ihren eigenen Bedarf, der Boden wird «hungrig», Pflanzen kümmern statt zu wachsen.

Gesteinsmehl aus Urgesteinen enthält viele lebensnotwendige Spurenelemente in natürlicher und pflanzentauglicher Form. Es ist Träger von Strahlenenergie, durch die sich lebendige Substanz bilden kann und fördert Leben. Es hemmt Fäulnis und Schaderreger, aktiviert das Bodenleben und hilft, wohlschmeckende, haltbare Ernten auf den Tisch zu bringen. Auf totem Boden nutzt Gesteinsmehl nichts, wenn nicht vorweg mit Mikroorganismen das gestörte Milieu belebt wird.

Faszination der drei Wasseragregate: gasförmig aufgestiegen zur Wolke, im Niederschlag fest zu Eis erstarrt, geschmolzen wieder flüssig im kraftvollem Strom, von wo es aufsteigt zur Wolke…

Wasser – Urquell des Lebens

Wasser tritt ein in die Schwere und verlässt sie wieder.
Es bindet sich und löst sich.
Es sammelt sich und verschwindet.
Es ist Kraft und Stoff.
Es ist überall und nirgends.
Wasser ist frei.[1]

Quellwasser, vom Durchlauf der verschiedensten Erdschichten geläutert, ist eine Köstlichkeit, die wir immer mehr zu schätzen wissen, weil unser Leitungswasser nicht mehr die Reinheit eines Quellwassers hat, sondern meistens mit Chemikalien aufbereitet werden muss, um die gesetzlichen Vorgaben für Trinkwasser einzuhalten. «Regenwasser macht schön», hiess es früher, weil es sich auf der Haut so fein und seidig anfühlte. Heute ist das Regenwasser häufig so belastet, dass es ätzt und Schadstoffe in unglaublichen Mengen mit sich führen kann, wenn es verschmutzte Luft reinigend durchströmt. Meereswasser ist reich an Energie und Mineralien und heilend für Leib und Seele, wenn es nicht von Schiffsdiesel, Schwerölen und Industrieabwasser verseucht ist.

Die Einmaligkeit des Wassers

«Bist du des Lebens nicht mehr froh, stürze dich in H_2O» war Mitte des 20. Jahrhunderts ein oft zitierter Spruch. Wasser ist in der Tat lebenerweckend und erfrischend und löst viele Dinge auf, sogar Missmut oder schlechte Laune.

Wissenschaftler kommen dem Wasserwesen nur nach und nach auf die Spur, denn das feuchte Element weist Besonderheiten auf, die sonst nirgends mehr auf der Erde anzutreffen sind. Der Physiker und Wasserforscher Wilfried Hacheney äusserte sich dazu: «Wasser ist eine naturwissenschaftliche Unmöglichkeit.»[2]. Es passt in kein Schema und ist so einmalig, weil es sich als einziges Element so völlig anders als alle anderen verhält. Es hat drei verschiedene Ausdrucksformen:

- es kann flüssig sein
- es kann dampfen und sich als Nebel wie Gas in der Luft halten
- es kann feste Form annehmen, wenn es zu Eis erstarrt

Wasser erreicht z.B. bei +4 Grad Celsius seine grösste Dichte und dehnt sich aus, wenn die Temperaturen unter 0 Grad Celsius sinkt, es sich zur festen Form wandelt und zu Eis gefriert. Alle anderen

1 Zerluth/Gienger 2004, S. 241
2 Zerluth/Gienger 2004, S. 36

Grundelemente reagieren umgekehrt: Sie ziehen sich bei Kälte zusammen und dehnen sich in der Wärme.

H_2O, Modell eines Wassermoleküls

Nach heutigem Verständnis und wissenschaftlichen Beobachtungen könnte ein Wassermolekül so aussehen: Je ein negativ geladenes und ein positiv geladenes Wasserstoffatom sind in einem Winkel von ca 105 Grad am Sauerstoffatom angeordnet.

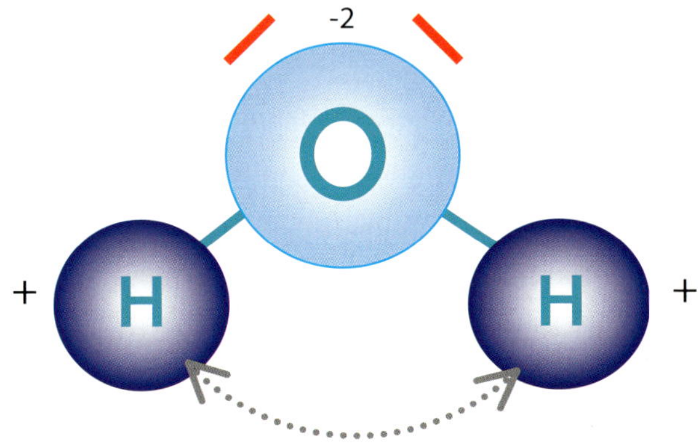

Laut dem Atommodell von Max Planck (um 1900)*, besteht H_2O aus zwei Wasserstoffatomen (Hydrogenium) und einem Sauerstoffatom (Oxygenium). Diese Erklärung ist immer noch eine Annahme, die auf Beobachtungen oder Vermutungen beruht, denn das Wassermolekül ist so winzig, dass es selbst mit heutiger Technik und stärkstem Elektronenmikroskop noch nicht gesehen werden kann oder zu erkennen ist. Es wird immer noch geforscht, und die Beobachtungen und Vermutungen zum Phänomen Wasser leuchten ein: So wird angenommen, dass die Wasserstoffatome in einem abgeknickten Winkel am Sauerstoffatom angeordnet sind. Dabei ist das Sauerstoffatom negativ geladen, die Wasserstoffatome positiv. Die abgewinkelte Stellung der Atome zueinander ist der Grund für die dipolare Kraft des Wassermoleküls. Durch die magnetische Anziehungskraft zwischen einem Wasserstoffatom eines Moleküls zum Sauerstoffatom eines anderen Wassermoleküls entstehen Verbindungen, die anschaulich «Wasserstoffbrücken» genannt werden. Diese Bindungen bilden kurzzeitige Molekülhaufen, die «Cluster»*.

Bisher bezog sich die Problemforschung auf den Inhalt des Wassers. Künftig wird es auch um seine mikromolekulare Struktur und um die übertragenen und gespeicherten Informationen gehen.[3]

Lebendiges oder totes Wasser?

«Wo Wasser ist, ist Bewegung, ist Entwicklung und Wandlung möglich. Fliessendes Wasser hat die Kraft, sich selbst zu reinigen.[4] Die Fähigkeit, sich in vielen feinen Wirbeln zu drehen, ist ein Zeichen für die Lebendigkeit des Wassers.»[5] Es ist Lebens-Mittler: Wo Wasser in die Erde dringt, erwacht Leben. Schon ein einziger Regenguss lässt die Wüste erblühen.

In Flaschen, Leitungen oder Kanälen festgehalten, wird es krank und stirbt schliesslich. Getrunken schmeckt solches Wasser fade bis abscheulich. Die Wasserstruktur ist grob geworden. Solches Wasser kann keine Informationen mehr aufnehmen. Es ist wie lahm gelegt, hat keine Dynamik und keine Energie mehr.

Quellwasser dagegen weist eine sehr feine Struktur auf. Die Wassermoleküle bewegen sich frei und verändern fortlaufend ihre Clusterform, sodass sich keine grossen Molekülhaufen bilden können. Je kleiner die Molekülgruppen sind, desto grösser ist ihre Oberfläche. Feine Wasserstrukturen bieten deshalb viel Platz für Informationen und können mehr gelöste Stoffe aufnehmen als grosse Molekülhaufen. Dieses Wasser schmeckt köstlich, schenkt uns Vitalität und Lebenskraft. Es gleitet flüssiger, durchdringt die Zellen eines menschlichen oder tierischen Körpers müheloser und kann grosse Mengen Schlackenstoffe wegtransportieren. Es wird von Pflanzen viel besser vertragen und löst alles Stoffliche leichter auf als grob strukturiertes Wasser.

Totes Leitungswasser kann mit einem einfachen Wasserwirbler energetisiert und wieder «lebendig» werden. Es bekommt eine feine Struktur und schmeckt erfrischend wie Quellwasser. Die Information «Dankbarkeit» und «Liebe» auf dem Wirbler tut der Seele gut.

Belastetes Wasser
Moleküle klumpen zu zu grossen Haufen zusammen und reduzieren somit die innere Oberfläche des Wassers. Der Platz für weitere Informationen ist bereits besetzt.

Reines Wasser
Feine Strukturen, weil die Cluster klein sind. Dafür bieten sie mehrfache innere Oberfläche im Verhältnis zum belasteten Wasser. Es ist viel Platz für Informationen vorhanden.

grosse Cluster

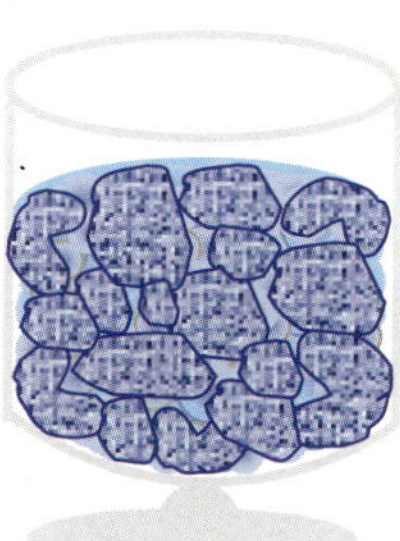

kleine Cluster

3 Higa 1994, S. 82
4 Zerluth/Gienger 2004, S. 15
5 Zerluth/Gienger 2004, S. 24

Um ein ursprüngliches Wasser ohne Fremdschwingung zu erhalten, müssen Cluster aufgelöst werden. Das Gedächtnis des Wassers kann dadurch gelöscht werden.[7]

Um grosse Cluster wieder in kleinere Molekülgruppen aufzulösen, muss Energie zugeführt werden. In begradigten Flussläufen werden bei Renaturierungen Kiesbänke oder grosse Steinblöcke eingebaut, um das Wasser in Mäandern zu bewegen und dadurch zu beleben. Es bilden sich kleine Strudel, die grosse Cluster in viele kleine auftrennen. Durch Wasserwirbler, die in Wasserleitungen eingebaut werden, oder durch fleissiges Rühren oder durch die magnetischen Resonanzwellen der EM-Keramikpipes werden neue Energien zugeführt und grobe Molekülhaufen in kleine zerlegt. Eine Untersuchung hat ergeben, dass ein Cluster von EM-Wasser nur halb so gross ist wie die Cluster von Leitungswasser. Es ist sogar so fein strukturiert wie deionisiertes Wasser, das für die Reinigung von Halbleitern eingesetzt wird.[6]

Wasseraufgaben

Wissenschaftler der Biophysik erkannten, dass Wasser neben der Aufnahmefähigkeit von Substanzen auch Informationen überträgt, denn Wasser reagiert sehr sensibel auf Einflüsse von aussen und hat ein «Gedächtnis». Es speichert über Resonanzschwingung alles, womit es konfrontiert wird, wie auf einen Computerchip. Diese Erkenntnis ist erschütternd, wenn wir bedenken, wie wir mit Wasser umgehen, es als billige Ware behandeln, gedankenlos verunreinigen und in Abwasserkanäle spülen.

Das Wasser merkt sich alles, mit dem es jemals in Berührung gekommen ist, über Resonanz (gleichartige Schwingung).[8]

Urweisheiten erzählen, dass Wasser Leben vermittelt und Basis aller Lebensvorgänge ist. In der Schöpfungsgeschichte heisst es: «Nichts ist, es sei denn, durch Wasser.» Rudolf Steiner sagt, dass die Weltenkräfte durch das Wasser gehen. All dieses Wissen ermahnt uns, dem Medium Wasser verantwortungsvoll und mit Liebe zu begegnen.

6 Zitat aus einer Veröffentlichung der EMRO Japan
7 Zerluth/Gienger 2004, S. 170
8 Zerluth/Gienger 2004, S. 161

Die Oberfläche der Erde ist zu 66 Prozent mit Wasser überflutet. Der menschliche Körper besteht zu 75 Prozent aus Wasser. Es ist an allen Lebensvorgängen auf irgendeine Art und Weise beteiligt:

Es löst Substanzen aus ihren Verbindungen. Denken wir nur an den Nährstoffkreislauf oder an mineralstoffreiche Heilwasser.

Wasser reguliert den Wärmehaushalt: Ohne den grossen Wasserkreislauf in der Natur würden wir verbrennen oder erfrieren. Durch die raffinierte Einrichtung der Natur, dass Wasser bei +4 Grad Celsius am schwersten ist, sinkt es ab. So bildet sich auf Gewässern nur Oberflächeneis. Fische und alles andere Wassergetier überleben unter der Eisdecke ab 80 Zentimeter Tiefe bei +4 Grad Celsius.

Wasser vermittelt: Es überträgt, verteilt oder speichert Informationen, ist Träger von Substanzen in Flüssigkeiten wie Milch oder Urin, wie Gülle oder Heilwasser.

Wasser transportiert: Grosse Schiffe schwimmen über das Meer, Mikroorganismen werden an ihre Arbeitsorte geschwemmt. Wasser führt dem Körper Energie zu und leitet Körperschlacken aus.

Wasser nährt: Im Boden setzt Leben ein, wenn Wasser hinzukommt. Mit Wasser ist Nahrungsaufnahme möglich. Ohne Wasser überleben wir nur ein paar Tage.

Wasser heilt: Pfarrer Kneipp erzielte bei körperlichen Gebrechen grösste Erfolge mit Wasseranwendungen. Heilquellen wirken auf energetischer Ebene und haben starke antioxidative Kräfte.

Wasser organisiert: Es vernetzt alles, was lebt, miteinander.

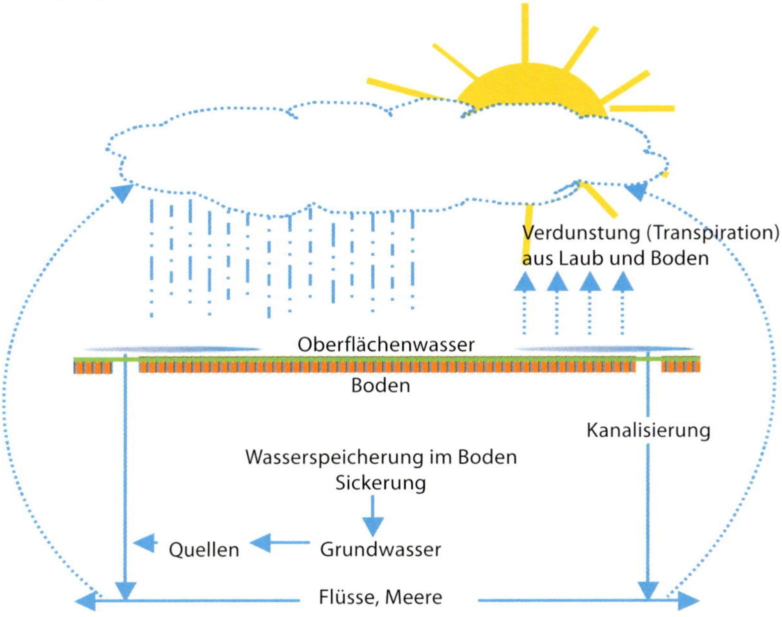

Der Wasserkreislauf.

Wasser durch Regen, von Oberflächen, im Grund, aus Quellen

Der grosse Wasserkreislauf bewegt sich durch alle Zonen der Biosphäre:

Regen: Aufsteigendes Wasser heftet sich an winzige Partikel in der Luft. Das können Staub, Pollen, Mikroorganismen oder Gase sein. An diesem «Kondensationskern» sammeln sich weitere Nebeltröpfchen und wachsen zum Regentropfen. Immer schwerer geworden, regnet dieser Tropfen wieder zur Erde ab und nimmt grössere Partikel der Luftverunreinigung mit. So werden u.a. auch bis zu 5 Kilogramm Stickstoff pro Hektar und Jahr aus der Atmosphäre heruntergeregnet. Regentropfen behalten alle Informationen, die sie auf ihrer Reise erfahren haben, und tragen sie bis ins Grundwasser hinein. Erst wenn das Wasser wieder verdampft und als Nebel aufsteigt, werden diese Informationen von UV-Strahlen, Sonne und Ozon gelöscht.

Oberflächenwasser: Schmelzwasser von Gletschern sowie Schnee und Regen sammeln sich in kleinen Rinnsalen, versickern im Boden, fliessen in Bäche oder in die Kanalisation. Dieses Nass führt viele Informationen und Stoffe auf seinem Weg mit sich, die bis zum Grundwasser durchgeschleust werden. Kunstdünger von Feldern werden in Flüsse und Seen und bis ins Grundwasser gespült.

Grundwasser: Als grosser Wasserspeicher mit unterirdischen Seen steht es der Erde als segensreicher Lebensspender zur Verfügung. Einst rein und durch die verschiedenen Erdschichten gefiltert und energetisiert, wird es heutzutage mit Schadstoff-Anteilen bestückt heraufgepumpt.

Quellwasser: Eine echte Quelle ist der artesische Brunnen*. Dieses Wasser steigt aus grossen Tiefen aus eigenem Druck an die Erdoberfläche, wird auf seinem Weg durch die vielen Gesteinsschichten vitalisiert und mineralisiert, kann als Therme oder Mineralwasser hervorquellen und gilt als das reinste Wasser natürlichen Ursprungs. Oberflächenquellen treten als Hangsickerwasser zutage und sind keine echten Quellen. Sie tragen grosse Mengen Fremd- und Schadstoffe mit sich und haben keine Trinkwasserqualität.

Wasser, das aus der Tiefe hochgepumpt und oft als Mineralwasser verkauft wird, hat einen langen Weg durch gerade Röhren hinter sich und kommt erlahmt an die Oberfläche Es besitzt nicht mehr die Kraft eines artesischen Brunnens. Zur Konservierung mit Kohlensäure angereichert, vermittelt es nur scheinbare, prickelnde Frische.

Gute Wasserqualität bedeutet gute Lebensqualität

Wird uns bewusst, dass Wasser Lebensträger ist, erfüllt uns Ehrfurcht. Im Alltag allerdings lassen wir es laufen und viele von uns verwenden es, ohne viele Gedanken daran zu verschwenden. Mit grösster Selbstverständlichkeit wird damit gewaschen, gereinigt, gegossen, und es wird von uns getrunken. Pro Bürger fliessen bis zu 140 Liter pro Tag durch den Haushalt der westlichen Zivilisation. Die Industrie verbraucht Wasser in riesigen Mengen. Mit allerlei Verunreinigungen wird es zur Klärung weitergeleitet. Voll gepumpt mit chemischen Saubermitteln und mechanisch gefiltert, kommt das mit Informationen aller Art bepackte Wasser – verdünnt mit reinem Quell- oder Grundwasser – zurück in die Haushalte und Betriebe «einwandfrei keimfrei».

Wie sehr Wasser unsere Lebensqualität beeinflusst, wird uns klar, wenn wir erfahren, welche Wege manche Menschen zurücklegen müssen, um einen Eimer voll Wasser fürs tägliche Leben zu ergattern, das sie aus dreckigen Pfützen oder verunreinigten Brunnen schöpfen. Oder wenn wir sehen, wie in Asien bei der Algen- oder Krabbenernte Menschen bis zum Hals in Chemie- und Antibiotika getränkten Brühen nach ihren wichtigsten Nahrungsmitteln fischen und in Folge bei ihnen massive Haut- und Gesundheitsprobleme auftreten.

Nahrung aus belastetem Wasser (Algen-Ernte).

Um gutes Wasser wurden Kriege geführt. In allen frühen Kulturen war Wasser ein Heiligtum und wurde als Lebensträger verehrt. Im Gegensatz zur industrialisierten Zivilisation wären diese Völker nie auf den Gedanken gekommen, Wasser sei «bis zum geht nicht mehr» strapazierbar und unerschöpflich verfügbar.

Allmählich rückt Wasser als Ausdruck für Lebensqualität auch bei uns wieder ins Blickfeld, werden chemiefreie Schwimmteiche gebaut, die Reinheit des Meerwassers in der Südsee wird gepriesen und Wasserschutz ernst genommen, denn es tauchen immer wieder Berichte auf, dass Wasser auch bei uns knapp und ungeniessbar werden könnte. «Totes» Leitungswasser wird für allerlei Krankheitsbilder verantwortlich gemacht. «Wasserverbesserer» allerlei Art und verschiedenster Anbieter boomen.

Ist Wasser veränderbar, ist alles veränderbar, denn Wasser ist überall.[9]

9 Zerluth/Gienger 1989, S. 168

Der Einsatz von Effektiven Mikroorganismen setzt in der Wasserbelebung neue Massstäbe: Selbst sehr stark belastetes Wasser baut sich rasch zu Quellwasserqualität auf, sobald es mit der EM-Keramik in Berührung kommt, denn die magnetische Resonanzschwingung von EM-Keramikpipes zerlegt grosse Cluster in kleine und löscht damit alle vorangegangenen Informationen. Für Verschmutzungen wie z. B. durch Giftstoffe, Schweröl, Nitrate und Phosphate haben die Effektiven Mikroorganismen eine besondere Vorliebe. Sie tilgen alles, was nicht ins Wasser reingehört.

Zusammenfassung

Quellwasser ist eine Köstlichkeit, Leitungswasser dagegen mit Chemikalien aufbereitet und Regenwasser mit Luftverschmutzungen angereichert. Meerwasser wäre ohne Belastungen ein Heilwasser.

Die Einmaligkeit des Wassers
Mit seinen Anomalien tanzt das Wasser aus der Reihe der Elemente. Es erreicht seine grösste Dichte bei +4 Grad Celsius und dehnt sich aus, wenn es gefriert.
H_2O besteht aus zwei Wasserstoffatomen und einem Sauerstoffatom. Die Moleküle sind dipolig, also mit Plus- und Minuspol ausgestattet. Mit ihrer magnetischen Anziehungskraft gehen sie gern über Wasserstoffbrücken Verbindungen mit anderen Molekülen ein und bilden sich ständig verändernde Cluster.

Wasseraufgaben
Wasser nimmt Substanzen auf und überträgt Informationen.
Urweisheiten erzählen, dass Wasser Leben vermittelt und Basis aller Lebensvorgänge ist.

Die Aufgaben des Wassers sind sehr vielseitig:

- Es löst Substanzen aus ihren Verbindungen
- Es reguliert den Wärmehaushalt
- Es vermittelt, verteilt oder speichert Informationen und ist Träger von Substanzen in Flüssigkeiten
- Es transportiert
- Es nährt, denn wo Wasser in den Boden eindringt, wächst Grünes hervor
- Es heilt
- Es organisiert und vernetzt alles miteinander

Regen-, Oberflächen-, Grund- und Quellwasser

Regenwasser entsteht, wenn Nebeltröpfchen ein Partikel ummanteln, und zum dicken Regentropfen angeschwollen wieder zurück zur Erde kehrt. Regen transportiert bis zu 5 Kilogramm Stickstoff pro Hektar und Jahr von der Atmosphäre zur Humussphäre.

Oberflächenwasser ist Schmelzwasser von Gletschern, Schnee und Regen. Es nimmt viele Informationen und auch Schadstoffe mit und transportiert es bis in das Grundwasser.

Grundwasser ist segensreicher Lebensspender, nur heutzutage oft mit Schadstoff-Anteilen versetzt.

Es gibt verschiedene Arten von Quellen. Die artesische Quelle ist die echte und tritt aus eigener Kraft aus grossen Tiefen an die Erdoberfläche. Mineralwasser, das maschinell heraufgepumpt wird, besitzt kaum noch Energie. Hangsickerwasser trägt viele Fremdstoffe, vor allem aus der kunstgedüngten Landwirtschaft, mit sich und hat keine Trinkwasserqualität.

Wasserqualität = gute Lebensqualität

Im Alltag lassen wir das Wasser laufen, bis zu 140 Liter pro Haushalt und Tag. Industriebetriebe verbrauchen viel Wasser, während arme Völker das Leben spendende Nass aus dreckigen Pfützen oder verunreinigten Brunnen schöpfen müssen, um überhaupt überleben zu können.

Doch häufen sich Berichte, dass Wasser auch in der industrialisierten Zivilisation knapp werden könnte.

Der Einsatz von EM kann viele Wasserprobleme lösen und belastetes Wasser sehr schnell über magnetische Resonanzschwingungen von den schlimmen Informationen befreien. Effektive Mikroorganismen vernichten mit Vorliebe Schweröle und Giftstoffe und alles, was nicht ins Wasser reingehört.

Führt die Gentechnologie mit unerwünschten Nebenwirkungen in eine Sackgasse?

Fragwürdige Genmanipulation

**Nichts im Universum ist
ohne Auswirkung auf alles andere.**[1]

Wenn früher viele Jahre mühselige Züchtungsarbeit nötig waren, um eine Pflanzensorte mit neuen, verbesserten Merkmalen auf den Markt zu bringen, so geht das heute über veränderte DNA* sehr schnell, und jährlich kommen laut Werbung neue, «ganz grossartige» Gemüsesorten, Feldfrüchte oder Blumen auf den Markt. Das sind beachtliche Erfolge, die gut klingen und zum Einkauf dieses Saatgutes reizen. Ja – wer möchte nicht höhere Erträge ohne Schadinsekten und mit weniger Spritzmittel-Einsatz ernten?

Genmanipulation geht über die Kreuzungsarbeit hinaus noch einen Schritt weiter: Hier werden bestimmte Gene (DNA-Stücke eines Chromosoms) von einer Gattung oder Art auf eine andere verpflanzt, selbst dann, wenn sie gar nicht untereinander verwandt sind. Das führt zu völlig neuen Gebilden, die es von Natur aus nicht gibt:

- So kommt ein Schneeglöckchen-Lektin in die DNA von Kartoffeln, und schon wird der Kartoffelkäfer vergrault. Eine Nebenerscheinung: Andere Nützlinge wie Marienkäfer und deren Larven leben nur noch halb so lange wie vorher, weil sie Läuse vom Kartoffelkraut dieser Sorten vertilgen. Nun zeigt die Erfahrung, dass die Marienkäfer vernichtet wurden, während der Kartoffelkäfer nach kurzer Zeit seine Essgewohnheiten an das giftige Lektin* angepasst hat und weiterfrisst. Das ist eines der vielen Beispiele, wie fragwürdig Genmanipulation sein kann.
- Einer ganzen Reihe von Nutzpflanzen wie Blumenkohl, Mais, Raps, Reis und Sonnenblumen wurde bereits das Schneeglöckchen-Lektin eingebaut, um damit den natürlichen Plagegeistern dieser Pflanzen den Appetit zu verderben. Was aber geschieht, wenn wir diese veränderten Agrarprodukte essen? Beeinflusst diese Manipulation auch unseren Organismus, und wie?
- In der «kleinen Gentechnik» wird das Zellplasma vom Radieschen in den Blumenkohl, von der Sonnenblume in den Chicorée oder von Zwiebeln in den Lauch eingefügt. Hilfsmittel für diesen Transfer sind spezielle Gifte wie z.B. das Colchicin der Herbstzeitlose oder Elektroschocks. Diese CMS-Hybriden (Kreuzungen mit cytoplasmatischer männlicher Sterilität) ver-

1 Sharamon/Baginski 2004, S. 286

sprechen höheren Ertrag und Stabilität gegenüber Krankheiten. Dass diese Hybriden* keine Nachkommen hervorbringen oder für eine Samengewinnung sich nicht eignen, ist klar und entspricht einem «eingebauten» Sortenschutz. Es muss immer neues Saatgut eingekauft werden. Die Sortenvielfalt geht zurück.

- Pflanzen, die durch künstlich erzeugte Resistenz keine Krankheitsprobleme mehr bereiten, sind inzwischen auf dem landwirtschaftlichen Sektor und im Hobbygarten weit verbreitet. Es hat sich aber erwiesen, dass diese Resistenz nicht lange vorhält, weil die Krankheitsverursacher sich den neuen Umständen schnell anpassen und nach kurzer Zeit wieder voll da sind. Was tun?
- Bereits 20 Prozent des Maisanbaus sind Gentechnik-Sorten, die riesige Ernten hervorbringen, aber über die Wurzeln ein schädliches Gift ausscheiden. Das führt in den USA zum Tod des bemerkenswerten Monarchfalters. Nehmen nachfolgende Nutzpflanzen-Kulturen diese Ausscheidungen über ihre Wurzeln wieder auf? Landen diese Gifte auf unseren Tellern, oder was passiert damit im Boden?
- Bei Sojabohnen stieg der Gensorten-Anteil in Amerika bereits auf 40 Prozent. Zwei Drittel aller verarbeiteten Lebensmittel enthalten in den USA jetzt schon genmanipulierte Zutaten aus der Sojabohne wie Sojamehl, Öl, Lezithin. Ist die würzige asiatische Sojasosse noch in Ordnung? Wie kommen wir an diesen «Beigaben» in verarbeiteten Lebensmitteln vorbei?
- Zuchtlachse, die mit Genfutter herangezogen wurden, starben wegen Deformationen am Kopf. Etliche dieser Lachse entkamen durch die Reusen ins offene Meer. Es wird befürchtet, dass diese Fische sich mit anderen wild lebenden Lachsen gekreuzt haben könnten.
- Schwindende Immunkräfte und steigende Allergien bei Mensch und Tier werden u.a. auch auf genmanipulierte Nahrungsmittel zurückgeführt.
- Verzögerte Organentwicklungen und Abgänge von Ungeborenen bei Mensch und Tier deuten in manchen Fällen auf Nahrungsaufnahme aus genmanipulierten Rohstoffen hin.

Findige Gentechniker haben Kartoffelsorten im Visier, die bei der Pomme-frites-Produktion weniger Fett aufnehmen. Sie wollen dem Rapsöl eine andere Fettsäurezusammensetzung einbauen und Bananen von Krankheiten befreien, damit sie nicht mehr so intensiv gespritzt werden müssen. Plantagenarbeiter müssten keine Gasmasken und Handschuhe mehr tragen. Es sind wirklich lobenswerte Ansätze dabei.

Ob gefährlich oder nützlich, bleibt ein umstrittenes Thema. Der horizontale Gentransfer zeigt, dass wir uns jetzt schon diesen Manipulationen kaum mehr entziehen können, weil Pollen von solchen Nutzpflanzen durch Windverfrachtung und Insektenflug für feldüberschreitende Verbreitung sorgen. Mit Vogelnetzen, Schneckenzäunen und pollendichten Zelten kann eine kleine Fläche abgeschottet werden, wie es an der ETH in Zürich bei Versuchen mit genmanipuliertem Weizen praktiziert wurde, um eine Pollenübertragung auf benachbarte Parzellen zu vermeiden. Wie aber schützt ein Biobetriebslandwirt seine Felder vor dem horizontalen Gentransfer, wenn diese an einem Acker mit gentechnisch verändertem Mais angrenzen? Wie weit fliegen Pollen und Bienen? Sind es ein paar Meter oder doch mehrere Kilometer? Welcher Landwirt kann schon den erforderlichen Abstand zwischen einem Bio-Anbaufeld und einer genmanipulierten Pflanzenanbauparzelle einhalten? Wie werden verwilderte gentechnisch veränderte Pflanzen erkannt und ausgemerzt? Die Kosten für aufwändige Schutzvorrichtungen stehen in keinem Verhältnis zum Ertragsgewinn eines Anbaus mit gentechnisch verändertem Getreide. Wer verdient letzten Endes daran?

Herwig Pommeresche schildert anschaulich: «Das manipulierte Genprotein sitzt in lebenden Zellen und wird im Kreislauf der lebenden Substanzen ununterbrochen und ständig weitergegeben, wobei es sich als Teil lebender Organismen noch selbständig unendliche Male vervielfältigen kann. Ein einziges Maiskorn mit einem von der Industrie veränderten Gen im Küchenabfall wird funktionstüchtig, ohne weiteres über den Kompost zu den umbauenden Mikroorganismen weitergegeben, das der Regenwurm weiter an die Hühner liefert und so im

«ökologischen Ei» wieder auf dem Frühstückstisch landet.[2] Allen, Forschern und Produzenten ebenso wie Konsumenten, wird bei weiteren Überlegungen deutlich vor Augen geführt, auf welch heissem Parkett sich die Befürworter der Gentechnologie bewegen.

Biotechnologie-Konzerne haben sich in der Gentechnologie stark gemacht und vergeben teure Lizenzen für den Nachbau ihrer manipulierten Saatgutsorten. Sie gehen dabei sehr rigoros vor. Eine Begebenheit sei hier als Beispiel geschildert, die, wenn es nicht so existenziell ernst für den Landwirt wäre, unter die Rubrik von Kuriositäten gehören könnte: Ein kanadischer Landwirt bemerkte auf seinem Feld genveränderten Raps, obwohl er stets nur Saatgut aus eigener Zucht verwendete. Wahrscheinlich hatte der Wind genmanipulierten Rapspollen vom Nachbarfeld auf sein Feld geweht und den Mais damit befruchtet. Der Konzern verlangte für diesen unfreiwilligen Gentransfer Lizenzgebühren und forderte vom Landwirt eine Million Franken Schadenersatz. Der Farmer war nicht bereit, für diese unerwünschte Manipulation auch noch zu zahlen, worauf er verklagt wurde. Er gewann zwar den Prozess, hatte aber Klagekosten in der Höhe von 450 000 Franken zu berappen. Inzwischen ist bekannt, dass der Konzernriese mit Detektivmethoden unerlaubten, bzw. unfreiwilligen Nachbau von gentechnologisch veränderten Feldfrüchten mit ruinierenden Geldbussen einklagt. In einem anderen Fall erkrankte in Deutschland eine ganze Rinderherde durch die Fütterung mit genmanipuliertem Mais. Sie musste notgeschlachtet werden. Hier zahlte zwar der Agrochemiekonzern einen Schadenersatz. Die Lebensgrundlage des Landwirts aber war zerstört.[3]

Manchmal wird das scheinbar Unmögliche möglich: Das stimmberechtigte Schweizer Volk hat sich Ende 2005 für gentechfreie Nahrungsmittel entschieden.

Immer mehr Menschen demonstrieren gegen Genmanipulationen. Sie bringen mit unerschütterlichem Einsatz und Aufklärungsarbeit politische Bescheide ins Wanken. Immer mehr verantwortungsvolle Lebensmittelbetriebe verschreiben sich dem Label «Gentech-frei» und lassen fragwürdige Herkünfte ihrer eingekauften Rohstoffe im Labor untersuchen, bevor sie in die Produktion gelangen.

Die Effektiven Mikroorganismen können mit ihrer Arbeit über die wiedererlangte Bodenfruchtbarkeit, die Steigerung der Abwehrkräfte von Pflanzen und über vitalstoffreiche Ernten zur natürlichen Gesundheit auf allen Ebenen beitragen und Genmanipulationen in der Agrarwirtschaft somit überflüssig machen.

Zusammenfassung

Früher dauerte es Jahre, bis die neue Züchtung einer Pflanze auf den Markt gebracht wurde. Heute geht das über DNA-Manipulation viel schneller, und wir werden jährlich mit neuen wunderbaren Pflanzen «beglückt».

In der Genmanipulation werden Gene von völlig artfremden Pflanzen in die DNA einer andern Gattung eingepflanzt. Es entstehen ganz neue Kreationen, die es bisher in der Natur nicht gab. Kartoffeln, Mais, Sojabohnen, Reis, Blumenkohl und Raps zeigen vordergründig stolze Resultate, die bei genauem Hinsehen aber mehr als fragwürdig sind und irreparable Veränderungen auf allen Ebenen (einschliesslich Mensch) verursachen. Immunschwächen, unausgereifte Organbildungen bei Ungeborenen und steigende Allergien werden jetzt schon als Folge von genmanipulierten Lebensmitteln erkannt.

Neue Ideen der Gendesigner: Kartoffeln für Pommes frites sollen weniger Fett aufnehmen können. Raps wird eine andere Fettsäurezusammensetzung eingepflanzt. Bananen brauchen nicht mehr gespritzt zu werden. Ob Genmanipulation eher gefährlich als nützlich ist, darüber gehen die Meinungen auseinander.

Unfreiwilliger Gentransfer wird vom Biotechnologiekonzern mit hohen Geldbussen eingeklagt. In Deutschland musste eine ganze Rinderherde getötet werden, weil sie durch genmanipulierten Mais erkrankte.

Demonstrationen gegen Genmanipulation klären den Verbraucher auf, Politik und Gentechnik-Unternehmen geraten unter Druck, weil diese Produktionen nicht mehr kritiklos hingenommen werden.

Der Einsatz von Effektiven Mikroorganismen könnte auf natürlicher Basis so viel Gutes bewirken, dass Gentechnik für Agrarertragsoptimierungen überflüsssig wird.

2 Pommeresche 2004, S. 128
3 Nach einem Bericht in Saldo 18/05 vom 9. November 2005, S. 4

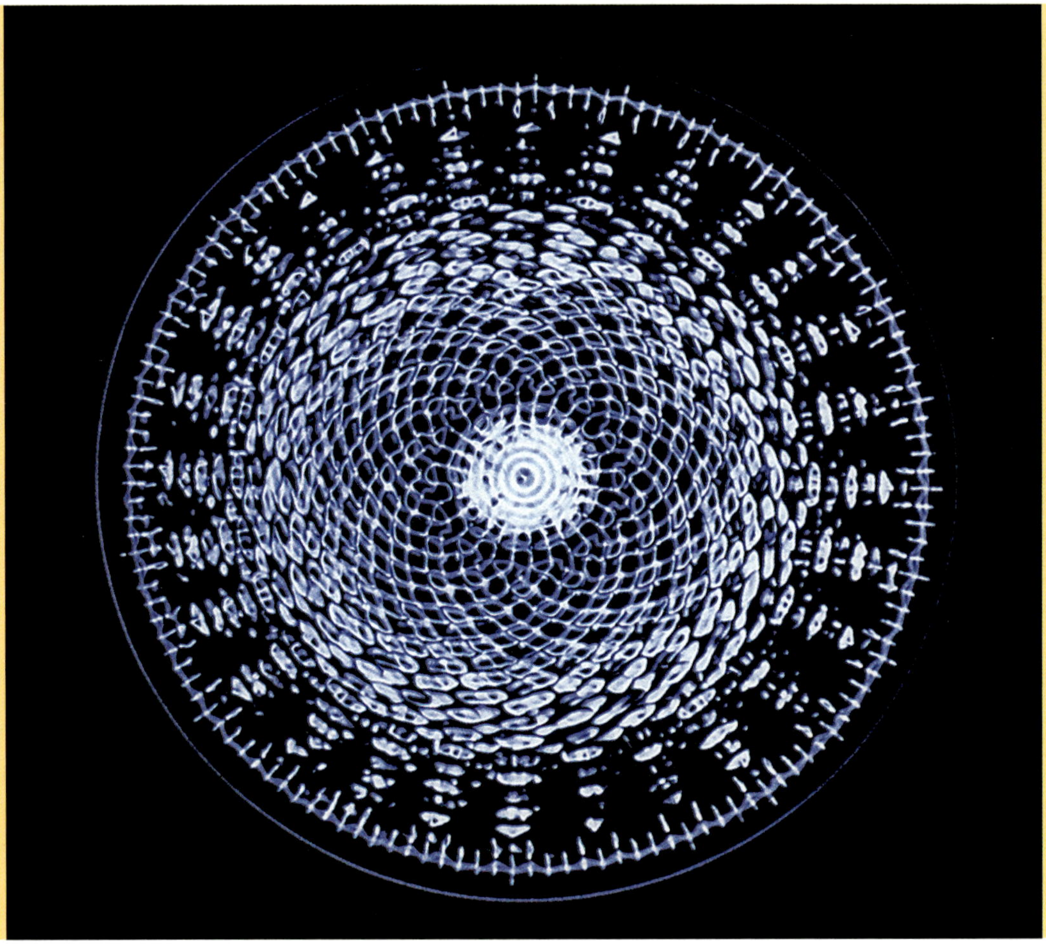

Die formschaffende Kraft von Klangschwingungen bilden sich im beschallten Wasser ab: ein Sinuston mit der Frequenz von 105,28 Hertz ordnet sich zur Doppelspirale. Dieses Ursymbol der Schöpfung findet sich – zur festen Form geworden – in vielen Naturerscheinungen, z. B. auch im Blütenboden der Sonnenblume wieder.

Strahlung – Schwingung – Energie

**Der Ton des Seins erklingt ohne Unterlass.
Die Frage ist, ob wir als Instrument so gestimmt sind,
dass er in uns widertönt und wir ihn hören.** *K. Graf Dürckheim*[1]

Viele Menschen denken beim Wort «Schwingung» an irgendeinen esoterischen Humbug, weil wir es gewöhnt sind, Phänomene erst dann ernst zu nehmen, wenn wir sie mit unseren fünf Sinnen wahrnehmen. Ob spürbar oder unsichtbar, zur «Schwingung» gehören auch Strahlungen, Energieformen und deren Informationsnetze. In allen Kulturen wurden schon seit prähistorischen Zeiten scheinbar unfassbare Phänomene dargestellt. Bis hin zur modernen Quantenphysik und darüber hinaus beschäftigte sich die Menschheit intensiv damit. Auch ohne den physikalischen Nachweis mit empfindlichen Messgeräten können wir Energie, Schwingung und Strahlung in unserem täglichen Umfeld erleben, wenn per Handy oder Fernsehen Meldungen rund um die Erde gesendet werden.

Strahlung – Ausstrahlung

Christliche Bauten wurden oft auf den alten Kultplätzen vorchristlicher Völker erstellt, weil an diesen Orten eine besonders hohe, natürliche Energie aus der Erde und dem Kosmos strahlt. Seit 2000 Jahren wird Christus mit grösster Selbstverständlichkeit in einem Strahlenkranz stehend dargestellt. Heilige tragen auf Bildern eine Lichtscheibe über dem Haupt. Bis zum Mittelalter war es völlig normal, dass Maler die Aura von diesen starken, von göttlicher Liebe

1 Emoto/Fliege 2004, S. 50

durchdrungenen Persönlichkeiten sahen und auf die Leinwand bannten. Doch das technische Zeitalter verdrängte diese Gaben. Mittels Gesetz, (mit höchstem Strafmass) wurde die Fähigkeit, Energie von Kraftorten aufzuspüren, unterbunden. Im jetzigen Jahrtausend kann sich jeder wieder in dieser Fähigkeit üben, ohne verfolgt zu werden.

«Wir leben in einem unsichtbaren, unhörbaren Universum elektromagnetischer Felder, und wir selbst sind leuchtende Beispiele für energetische Schwingungen. Jede unaufgelöste Emotion erzeugt ein disharmonisches Energiemuster, das wir ins Universum abstrahlen.»[2]

Wir spüren Schwingungen überall im Alltag. Wir gehen nach einem schönen Erlebnis «beschwingt» nach Hause. Begegnen wir einander, empfinden wir Sympathie oder Antipathie. Wir «ziehen uns an» oder «stossen uns ab». In diesen Interaktionen laufen Schwingungssignale als Information blitzschnell hin und her. Besonders stark wird das von Verliebten erlebt. Werden Freunde gefragt, was sie verbindet, kommt die spontane Antwort: «Wir haben die gleiche Wellenlänge.» Bei Persönlichkeiten mit Charisma sprechen wir von ihrer grossen Ausstrahlung. Auch ein gesunder Mensch strahlt lichtvolle Energie aus, ein kranker Organismus wirkt dagegen stumpf und erloschen.

HADO schafft Worte. Worte sind Schwingung. So erschaffen schöne Worte schöne Natur. Dies ist die Wurzel des Universums.[3]

Energie und Schwingung

Beides, Energie und Schwingung, geht von allen Lebewesen aus. Sie existieren bei Mensch, Tier und Pflanze bis zu den Kleinlebewesen. Sogar «tote Materie» wie Steine geben kraftvolle Energie ab bis hin zur radioaktiven Strahlung uranhaltigen Urgesteines. Auf der Suche nach dem Ursprung des Lebens ist die Physik mit hochsensiblen Instrumenten in der Lage, selbst in kleinsten Einheiten (Isotopen, Neutronen) Energie, Schwingung und Strahlung nachzuweisen.

Die machtvollen Urtöne des Alphornes dringen bis auf den Grund unserer Seele.

2 Emoto/Fliege 2004, S. 40 und 88
3 Emoto/Fliege 2004, S. 40
4 Sayama = Richard Hiebinger

Heilende Schwingungen werden in vielen Therapien angewandt. Musik- und Klangtherapie, Klangmassagen, Klangbäder, heilendes Singen oder Musizieren wirken auf unseren Organismus und auf unsere Umwelt wohltuend ein. Sie harmonisieren Körper, Geist und Seele. Sie öffnen das Herz und lösen Blockaden. Der Vogelsang im Frühling erhellt unser Gemüt, lässt verschüttete Saiten in uns aufklingen, weckt die Natur und lockt die Blumen aus der schützenden Erde. Es gibt viele Beispiele, wie die Energie von Klängen auf das ganze Universum einwirken:

- Heavy-Metal-Music zerhackt Harmonien und Schwingungen, verzerrt und zerstört, wie Wasserkristall-Untersuchungen gezeigt haben. Pflanzen hören bei Techno-Musik auf zu wachsen. Sie kümmern vor sich hin und gehen schliesslich ein.
- Mozart-Musik wird geliebt und scheint für Pflanzen sogar Nahrung zu sein. Es wurde beobachtet, dass sie sich bei diesen wohlklingenden Schwingungen eher zum Lautsprecher hin orientieren als zum Licht. Kühe geben mehr Milch, wenn sie mit klassischer Musik berieselt werden.
- Menschen wird «ein grüner Daumen» nachgesagt, weil sie ihre Pflanzenzöglinge mit liebevollen Worten oder leise vor sich hinsummend pflegen.

Harmonische Musik und kosmische Klänge bringen Körper, Geist und Seele in Einklang.[4]

Die Wissenschaft ist fasziniert und versucht zu entschlüsseln

Wenn der Wissenschaft nachgesagt wird, dass sie sich nicht um ganzheitliche Betrachtungen kümmert, sondern nur Teile davon erforscht, hat sie doch mit der Detailbetrachtung wichtige Naturgesetze aufgedeckt.

Sonnenenergie ist die Lebensquelle auf der Erde. Alle Energie, die wir aufnehmen, kommt ursprünglich von der Sonne. Der Biophotonenforscher Professor Fritz A. Popp stellt fest, dass alle Funktionen, die wir zum Leben brauchen, vom Licht angetrieben werden und unser Organismus mit Licht über Haut, Augen und Nahrung versorgt wird.

«Sonnenaufgang».

Photosynthesebakterien strahlen Lichtsignale aus. Diese «Biophotonen» eilen mit Lichtgeschwindigkeit durch alle Zellen. Sie sind auch

Nach Aussagen der modernen Physik sind Schwingungen fundamentaler als die Materie an sich.

in allen anderen organischen Verbindungen vorhanden und an der Zellerneuerung beteiligt. «Diese Lichtabstrahlung bildet auch das morphogenetische Feld, das alle Strukturen und Prozesse im Organismus anordnet und gestaltet»[5] und ist heute technisch messbar. Wie Versuche zeigten, schmecken Karotten aus Bioanbau mit hoher Biophotonenzahl (hohe Lichtintensität) den Ratten besser, als solche aus konventionellem Anbau, weil kunstgedüngte und pestizidbehandelte Gemüse eine geringere Lichtintensität aufweisen. Es hat sich herausgestellt, dass sich die Biophotonenmessung wunderbar eignet, die Frische und innere Qualität von Lebensmitteln zu bestimmen. So wird heute die Biophotonenforschung von vielen Regierungen und der Wirtschaft als wichtiges, zukunftsweisendes Thema eingestuft.

Die Chaostheorie ist ein Forschungszweig, der sich damit beschäftigt, die verborgene Ordnung hinter dem chaotischen System zu finden, das unser Denken, unser Gefühl und den Herzschlag beeinflusst. Was nach Zufall aussieht, hat doch eine Regel, wonach bereits kleinste Veränderungen zu grossen Auswirkungen führen können. Der Meteorologe Edward Lorenz prägte den schönen bildhaften Satz für diese energetische Dynamik: «Wenn in Hongkong ein Schmetterling mit dem Flügel schlägt, kann das in New York einen Sturm auslösen.»[6] Er meint damit eine Welle, die sich immer mehr ausbreitet und immer grössere Dimensionen annimmt, ähnlich den Ringen auf der Wasseroberfläche, nachdem ein Stein in den See geworfen wurde. Dieses Beispiel zeigt die Vernetzung von «Allem-was-ist» untereinander.

Das morphogenetische Feld ist als «das Gedächtnis der Natur» bekannt. Es ist ein Begriff für Informationsübertragung auf Schwingungsebene. Der Biologe und Biochemiker Rupert Sheldrake[7] forscht seit Jahren auf diesem Gebiet. Seine Experimente und Erkenntnisse lösten Erstaunen aus. Auch die Erkenntnisse einer japanischen Forschungsgruppe sind ein bekanntes und anschauliches Beispiel für das Resonanzgesetz in einem Gruppenbewusstsein. Erlerntes wurde innerhalb einer Gattung weitergegeben, obwohl deren einzelne Mitglieder räumlich über weite Distanzen voneinander getrennt waren oder keinerlei direkten Kontakt hatten. Diese Forschungsarbeit wurde als «die Geschichte vom hundertsten Affen» bekannt: «In Japan wird das sehr menschenähnliche Verhalten der Macacen (eine Affenart) seit vielen Jahren beobachtet. Ein pfiffiges junges Weibchen wusch eines Tages den unangenehmen Sand von der beliebten Süsskartoffel im nahen Bach ab. Einige von ihrer Sippe übernahmen die Idee. Eines Morgens wuschen alle Affen der Umgebung ihre Kartoffeln. Diese neu erworbene Taktik blieb aber nicht auf ihre Umgebung begrenzt. Dieses Lernfeld innerhalb einer Macacen-Siedlung muss auch auf andere, von Macacen bewohnte Inseln übertragen worden sein; denn über weite Meeresstrecken hinweg wuschen plötzlich alle Individuen dieser Affenart ihre sandige Lieblingsspeise»[8]. Diese und viele andere Beobachtungen verschiedenster Experimente führen zu der Annahme: Wenn die «kritische» Anzahl einer bestimmten Bewusstwerdung innerhalb einer Individuengruppe erreicht wird, kann dieses Erkennen auf geistiger Ebene von Ort zu Ort an die gleiche Art weitergegeben werden. Mit anderen Worten: Wenn dem Schwingungsfeld einer bestimmten Individuengruppe eine oft wiederholte Information eingegeben wird, intensiviert sich die Schwingung und kann ihre Informationen auf das nächste Schwingungsfeld gleicher Art übertragen. Augenblicklich geht dieser «Funke» ähnlich einem Telefonruf rund um die Welt und gibt das Erlernte an alle Individuen gleicher Art weiter.

...damit ist dieWelle gemeint, die sich immer mehr ausbreitet und immer grössere Dimensionen annimmt.

An der Vernetzung aller Schwingungsfelder ist auch die riesige Anzahl der Mikroben beteiligt. Sie kommunizieren untereinander und machen uns vor, was Koexistenz* und Koprosperität* heissen. Mit den Effektiven Mikroorganismen haben wir ein gutes Medium, effizient, d.h. schnell und einfach, zur Genesung der Mutter Erde beizutragen.

Vom Makrokosmos bis zum kleinsten Teil des Mikrokosmos könnten wir von der Natur viel abschauen und auf diese Weise vergrabenes Wissen wieder in Erinnerung rufen. Dieses, mit neuen Erkennt-

5 Popp, www.biophotonen-online.de
6 Lorenz, www.wikipedia.org/wiki/chaostheorie
7 Sheldrake 1999
8 Keyes 1984

Wir sind Teil eines kollektiven Gedächtnisses, auf das wir alle zurückgreifen. Unbewusst sind wir mit allem und jedem verbunden. (C.G. Jung)

nissen zusammengeführt und mittels moderner Techniken in unseren Alltag integriert, böte neue Wege in eine hoffnungsvolle Zukunft:

- Wir könnten unser Dasein danach einrichten, die göttlichen Gaben wie Schwingungen, Strahlungen und Energien bewusst in unser Tun mit einzubeziehen.
- Wir könnten das Werk der Mikroorganismen unterstützen, um dem ermüdeten, geschwächten Globus wieder «auf die Beine zu helfen».
- Sorgen wir mit naturfreundlicher Arbeit für die aufbauende Dominanz, in der Antioxidanz vorherrscht, kann die Syntropie auf dem Weg über das morphogenetische Feld wirksam und rasch rund um die Erde gehen und der Oxidanz Einhalt gebieten.

Die Umkehrung aus dem Abbau in den Aufbau könnte ohne Umwege und gezielt in die Gesundung unsere Lebensgrundlage geführt werden, wenn die «kritische» Zahl erreicht wird.

Die Auswahl von Mikroorganismen, wie sie in der EM-Mixtur vorhanden sind, hilft, den Weg aus dem Abbau in den Aufbau und über die magnetische Resonanzschwingung von EM ohne Umschweife und direkt anzugehen.

Zusammenfassung

Strahlung, Schwingung, Energie werden nicht mehr als esoterischer Humbug angesehen.

Strahlung – Ausstrahlung: Kirchen wurden oft auf stark strahlenden Kraftorten erbaut. Darstellungen von Christus und christlichen Heiligen tragen meist einen Strahlenkranz oder Heiligenschein über dem Kopf. Ihre Aura leuchtete besonders stark. Die Energie von Kraftquellen aufzuspüren, wird im neuen Jahrtausend wieder vermehrt geübt. In menschlichen Interaktionen spüren wir Schwingungen auf vielerlei Art.

Energie und Schwingung gehen von allen Lebewesen aus und existieren bei Menschen, Tieren, Pflanzen, Kleinlebewesen und Gestein. Sie werden mit hochsensiblen Messgeräten nachgewiesen.

Musik ist Schwingung und wird in vielen Therapien zur Heilung eingesetzt. Sie löst Blockaden, harmonisiert Körper, Geist und Seele.

Heavymetal-Music wirkt zerstörend, klassische Musik aufbauend und ausgleichend.
Die Wissenschaft versucht, die unsichtbaren Tatsachen von Schwingungen zu entschlüsseln und hat wichtige Naturgesetze entdeckt.

Das Sonnenlicht ist die ursprüngliche Energiequelle für alles Leben auf der Erde. Alle Funktionen, die wir zum Leben brauchen, werden vom Licht angetrieben. Auch Photosynthesebakterien strahlen Licht aus. Biophotonen tragen mit Lichtgeschwindigkeit Informationen von Zelle zu Zelle und sind an der Erneuerung von Gewebe beteiligt. Anhand der Biophotonen-Anzahl lässt sich Frische und innere Qualität von Lebensmitteln messen.

Die Chaostheorie beschäftigt sich mit der verborgenen Ordnung scheinbar chaotischer Systeme. In dieser Vernetzung können auch Mikroorganismen kommunizieren, in Koexistenz und Koprosperität leben. Für uns Menschen scheint es jedoch ein immens schwierig umzusetzendes Gesetz zu sein.

Das morphogenetische Feld gilt als das Gedächtnis der Natur. Ein japanisches Forschungsteam hat nachgewiesen, dass Informationen wie über eine Telefonleitung rund um die Erde weitergehen, aber immer innerhalb einer bestimmten Gruppe, z.B. von einer Affenart.

An der Vernetzung aller Schwingungsfelder sind die Mikroben beteiligt. Durch ihre magnetische Resonanzschwingung tragen sie zur Genesung von Mutter Erde bei.

Vom Makrokosmos bis zum kleinsten Teil des Mikrokosmos könnten wir von der Natur viel abschauen. Wir könnten die Gaben wie Schwingungen, Strahlungen und Energien in unser tägliches Tun bewusster einbeziehen, das Werk der Mikroorganismen unterstützen, sodass die Botschaft der aufbauenden Mikrobenart sich weltweit verbreiten könnte.

Oxidanz: Luft- und Wasserverschmutzungen greifen Materialien an und lassen sie schneller altern. Eisen rostet, Fassaden bröckeln

Oxidanz – Freie Radikale – Antioxidanz

**«Der Globus quietscht und eiert,
der Rost sitzt überall.
Bald ist er ausgeleiert,
der alte Erdenball.
Doch wir, wir woll'n ihn schmieren,
wer wäre nicht dafür, ...»**

(Der Anfang eines alten Pfadfinderliedes)

Effektive Mikroorganismen haben eine starke, antioxidative Wirkung und verhindern Korrosion und Abbau.
Links: Im Wasser rostete der Nagel und zieht Fliegen an.
Rechts: Nagel in EM eingelegt, blieb blank und ist für Fliegen unineressant.

In der naturgesetzlichen Ordnung hat alles seine Berechtigung: Auf- und Abbau, Leben und Tod. Das Naturgesetz sorgt dafür, dass jeder dieser Prozesse zum richtigen Zeitpunkt abläuft und der Mechanismus des natürlichen Lebenskreislaufes in Gang bleibt. Aus unzähligen Beispielen wissen wir aber, dass die Zivilisation einige Naturabläufe schwerwiegend durcheinander gebracht hat und uns vor neue Probleme stellt. Allein in der Heilmittelanzeige werden wir auf Begriffe wie «freie Radikale» aufmerksam, die noch vor kurzem kein Thema waren.

Oxidation bedeutet Abbau

Das Wort Oxidanz taucht vermehrt im Zusammenhang von Umweltbelastungen auf und bezeichnet eine organische Verbindung. Der Zusammenbruch oder Kollaps eines natürlichen Systems ist das Ergebnis einer Oxidation. Uns allen bekannte, oxidativ langsame Prozesse sind, wenn sich Rost am Eisen bildet oder Marmorstatuen und Sandsteinfassaden bröckeln. Es wird von «Ermüdungsbrüchen» bei allerlei technischen Materialien gesprochen. Brüchige Venen und Arthrosen sind Zeugen des körperlichen Abbaues.

Oxidation kann auch ganz schnell ablaufen, z. B. beim Verbrennen von Materialien. Seit Sauerstoff in unserem Erdensystem die Oberhand bekommen hat, befindet sich unser Planet laut Higa im Abbau-Prozess. Das empfinden wir nicht so krass, weil wir es gar nicht anders kennen und dieser Vorgang für uns ein «Normalzustand» ist.

Oxygenium ist ein Säure bildender Stoff, eben «Sauerstoff», dessen Atome je 6 Elektronen in ihren äusseren Elektronenschalen haben. Das Sauerstoffatom braucht aber für seine Stabilität 8 Elektronen. Die 2 fehlenden Elektronen holt es sich heran, wo es kann. Aus diesem Grund zählt Sauerstoff zu den besonders reaktionsfreudigen Elementen. Es reisst elektrisch geladene Teilchen von Atomen oder Molekülen eines anderen Stoffes an sich und geht mit ihnen eine Ionenverbindung ein. Er reduziert also andere Stoffe, baut sie ab, manchmal auch erzwungenermassen.

Durch eine immer schneller anwachsende Korrosion gerät unser Globus in einen alarmierend schlechten Zustand: Abfallmaterialien, Auspuff- und Rauchabgase und Abwasser bilden an der Luft mit Sauerstoff giftige Gase. Es hat sich überall zu viel Rost angesetzt, auch im übertragenen Sinne, wenn Nikotin, Alkohol oder einseitige Ernährung (arm an Vitalstoffen) in uns zu oxidativen Abläufen führen und «unser Knochengerüst knirscht» oder «das Herz bricht» (Infarkt). Körperlich sichtbar gewordene oxidative Prozesse sind zum Beispiel Gesichtsfalten und trockene, pergamentartige Haut des reifen Menschen.

Auspuffgas ist eines der Ursachen für die wachsende Anzahl freier Radikaler.

Freie Radikale im Vormarsch

Freie Radikale entstehen bei Oxidation jeder Art. Sie sind unentbehrlich für alles Lebendige und bilden sich in der Natur u.a. durch ultraviolettes Licht. Eine kleine Menge der Sauerstoff-Radikalen sind für unsere Gesundheit wichtig: Sie wehren Krankheitskeime in unseren Zellen ab und reduzieren Fremdstoffe, die den menschlichen Organismus belasten. Erst, wenn sie in Form von aktiviertem Sauerstoff in grossen Mengen entstehen, weil sie Elektronen aus anderen Verbindungen räubern, zerstören sie.

Freie Radikale kommen von aussen (exogen) oder entstehen im Körper (endogen). Exogene Quellen sind zum Beispiel

radikal = an die Wurzel gehend, gründlich und unerbittlich

- verschmutzte Luft durch Abgase aus Verkehr und Industrie sowie Zigarettenqualm. Von uns eingeatmet, gehen die Elektronenräuber sofort ans Werk
- Lebensmittelzusätze, Alkohol, Amalgam und Schwermetalle. Ausserdem verbrannte Fette und Gegrilltes, auf Holzkohle mit schwelender Glut gegart. Arzneien und ihre Abbauprodukte (Gifte) sowie Nitrate und Putzmittel sind Quellen für Freie Radikale
- Röntgenstrahlen, Radioaktivität sind weitere Formen künstlich erzeugter Freie Radikaler, die Organisches zugrunde richten.
- Elektrosmog von Handys, Fernsehgeräten, Mikrowellenöfen, Hochspannungsleitungen und Transformatoren sind Urheber für schädliche Strahlungen, die freien Radikale Vorschub leisten
- schlecht isolierte elektrische Leitungen und Sendemasten überfluten uns und bilden in uns freie Radikale

Endogene Quellen für die ausufernde Vermehrung freier Radikaler sind zum Beispiel

- Infektionen, Fieber oder Erkrankungen
- Diäten und abbauende Enzyme
- Stress durch physische Belastungen im Sport und Berufsalltag oder psychischen Ursprungs wie seelischer Kummer

Oft können wir diesen Ursachen nicht ausweichen

Freie Radikale vermehren sich in unserem selbst erstellten Zivilisationssystem rasend schnell und bilden Gegenstand zahlreicher Diskussionen zu gesundheitlichen Problemkreisen. Ihnen wird die Schuld an der Entstehung von Krebs und anderen neuen, noch unerklärlichen Krankheitsbildern angelastet. Sie greifen Zellen, Zellwände und die im Zellkern enthaltenen Gene an, verändern diese und beschleunigen Alterungsprozesse. Runzeln im Gesicht und Altersflecken auf der Haut sind Zeugen für den Einfluss freier Radikale, hervorgerufen durch zu viel ultraviolettes Sonnenlicht. Ein Beispiel, wie Hautkrebs entstehen kann: Durch die Ausdünnung der Ozonschicht wirkt das Tageslicht viel aggressiver auf uns ein als noch vor 50 Jahren. Die Haut verbrennt und ist gestresst. Die freien Radikale, eigentlich Helfer für die körpereigenen Abwehrmechanismen, vermehren sich unter diesen Umständen rasant. Als Sauerstoff-Elektronenräuber zerstören oder schädigen sie die Zellen in ihrer Umgebung und können die «Baupläne» der Zellerbanlagen

(DNA) verändern. Das führt zu «entarteten» Zellen, deren Erbgutanlagen nicht mehr in die ursprünglichen Baupläne passen. Diese Zellen mutieren zu artfremden Gewebewucherungen.

Kaskade der freien Radikale

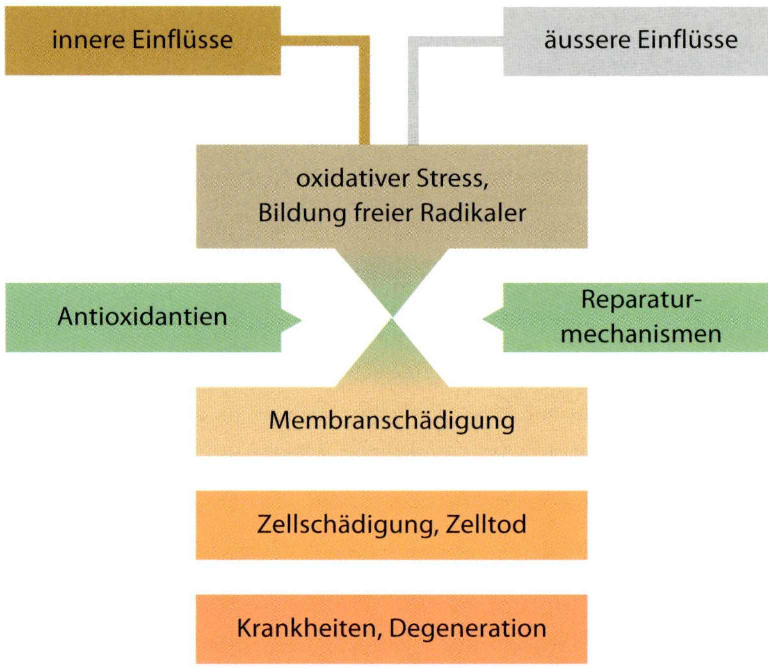

Kaskade der freien Radikale: Oft reichen Antioxidantien und zelleigene Reparaturmechanismen nicht aus, um die Flut der freien Radikale einzudämmen.

Zum Glück verfügt unser Körper über verschiedene Radikalefänger, die uns vor Angriffen unkontrolliert vermehrter freier Radikale schützen. Zu ihnen gehören die Antioxidantien. Sie sind organische Verbindungen, die Oxidation und aggressive Radikale unterbinden.

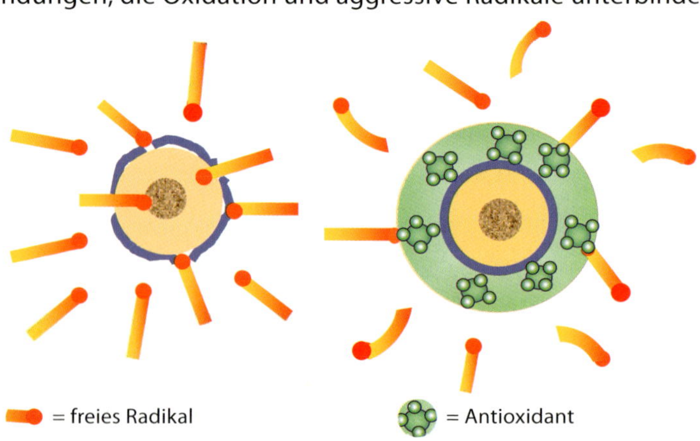

Linke Körperzelle: Freie Radikale greifen eine Zelle an, weil schützende Antioxidantien fehlen.

Rechte Körperzelle: Im Umfeld einer Zelle wehren Antioxidantien angreifende freie Radikale ab.

Effektive Mikroorganismen können Radikale jagende Enzyme* wirkungsvoll unterstützen, indem sie unsere Nahrung aus EM-geimpften Böden reichlich mit Mineralien und Spurenelementen versorgen, denn die sind für die Enzymbildung im Verdauungstrakt unentbehrlich. Pflanzenkost aus EM-gepflegten Böden sind reich an Vitaminen, die antioxidative Wirkung haben. EM-Nahrungsergänzungsmittel beeinflussen oxidative Stresssituationen in unserem Körper positiv und reduzieren freie Radikale durch die EM-eigene magnetische Resonanz.

Antioxidation bremst den Abbau

Antioxidanzen helfen, Leben aufzubauen, und verhindern ein ungesundes Übermass freier Radikale, sowie die Zerstörung organischer und anorganischer Stoffe. Sie ergänzen das fehlende Elektron der freien Radikale, indem sie ein Elektron abgeben. Dieses Elektron passt aber nicht wirklich zum anderen Radikale-Elektron. Dadurch wird die Vermehrungskette der aggressiven Radikale gestoppt.

Antioxidation ist Träger aller Regenerationsphänomene.[1]

Antioxidation lässt keine Korrosion und Fäulnis zu und konserviert auf natürliche Art. Organismen altern dadurch nicht mehr so schnell.

Eine gesunde, ausgewogene Ernährung mit vielen Vitalstoffen aus Obst, Gemüse und Getreide hilft, den Abbau, Zerfall und wild gewordene freie Radikale in unserem Körper zu stoppen, wenn sie in einem intakten Boden herangewachsen sind. Um den «Elektronenhunger» der freien Radikale einzudämmen, wird der Bedarf an

1 Higa 1994, S. 171

Antioxidanzien wie Vitamin C, Beta-Karotin, fettlösliches Vitamin E und einer Reihe von sekundären Pflanzenstoffen* durch frische Pflanzenkost am ehesten gedeckt. Wichtig ist die natürliche Reife dieser Lebensmittel aus saisongerechtem Anbau:

- Beeren im Juni/Juli
- Tomaten nicht vor dem Sommer
- Gemüse und Salate vom heimischen Freiland

Alle enthalten dann die höchste Quote an innerer Qualität.

In diesem Werkgebäude wird Holz industriell mit Dampf verarbeitet. Die hohe Luftfeuchtigkeit und grosse Hitze setzt dem Gemäuer arg zu. Der Beton wurde deshalb beim Bau mit EM und EM-Keramik angereichert, damit er besonders dicht und fest ist und nicht mehr wie bisher zu schnell korrodiert.

Der biologisch gepflegte und mit Effektiven Mikroorganismen belebte Boden garantiert für Nahrung mit hoher Antioxidanz, wie es sich bei neusten Untersuchungen mit dem Biophotonenmessgerät gezeigt hat.

Auch bei Materialien für Bau und Industrie ist der Schutz vor Korrosion und eine lange Haltbarkeit ein wichtiges Qualitätsmerkmal. Hier hilft der Einsatz von Effektiven Mikroorganismen mit ihrer besonders starken antioxidativen Einwirkung überall, wo Oxidation gestoppt werden soll.

Zusammenfassung

Das natürliche Gleichgewicht in der Natur ist durch die Zivilisation durcheinander gebracht. Neue Erkenntnisse und Begriffe wie Freie Radikale begegnen uns vermehrt im Alltag.

Oxidation entsteht, wenn Sauerstoff für seine eigene Stabilität fehlende Elektronen aus anderen Verbindungen herauslöst.

Oxidation wird im Zusammenhang von Umweltbelastungen genannt. Oxidative Vorgänge sind Korrosionen und Alterungsprozesse. Uns allen bekannt sind der Rost am Eisen, bröckelnde Fassaden oder körperlicher Abbau.
Freie Radikale sind unentbehrlich für alles Lebendige. Sie wehren Krankheitskeime ab. Erst, wenn sie in Form von aktiviertem Sauerstoff in grossen Mengen entstehen, greifen sie auch gesunde Zellen und Gene an. Luftverschmutzungen und Radioaktivität sind künstlich erzeugte freie Radikale, die Alterungsprozesse beschleunigen.

Antioxidation baut Leben auf, bremst Oxidation, sowie freie Radikale und verhindert Fäulnis. Auch gesunde, vitalstoffreiche Ernährung stoppt in unserem Körper Oxidation und freie Radikale. Früchte und Gemüse, saisongerecht und auf natürliche Art gereift, sind die beste Voraussetzung, den Bedarf an Vitaminen und sekundären Pflanzenstoffen für den körperlichen Aufbau zu decken. Ein antioxidativ wirkendes Mittel für aufbauende Prozesse sind Effektive Mikroorganismen.

Unsere fünf Sinne essen mit: Ein sorgfältig gedeckter Tisch lädt zum Mahle ein. Sprüht man ein wenig von einem dafür zugelassenen EM-Fermentationsgetränk über den Salat, wird das Essen noch bekömmlicher.

Ernährung

von Dr. Anne Katharina Zschocke

Wir können nicht gesünder sein als die Erde, in der unsere Nahrung gewachsen ist.

Jeder von uns ernährt sich. Wir ernähren uns geistig, seelisch und körperlich mit «Speise» verschiedenster Art und Information. Betrachten wir in diesem Kapitel die körperliche Ernährung und die Bedeutung, welche die Mikroorganismen dabei haben.

Ernährung heute

In Mitteleuropa muss niemand verhungern. Wenn hier von Ernährung die Rede ist, geht es selten ums nackte Überleben. Meistens handelt es sich auch nicht darum, welche Qualität unsere Nahrung hat, sondern erstens geht es um den Preis – wir wollen für alles heute möglichst wenig bezahlen –, und zweitens beschäftigen wir uns mit den verschiedensten Formen von Diäten, immer auf der Suche nach Gesundheit. Ob Rohkost oder vegetarisch, ob cholesterinarm oder Quark-Eiweiss-Diät, ob Trennkost oder Montignac, ob ayurvedisch, Fünf-Elemente- oder Rotations-Diät: Jede Ernährungsstrategie hat ihre vehementen Verfechter, die darauf schwören, dass diese und nur diese das Heil der Welt in sich trägt. Der Blick auf die eigentliche Qualität und Gesundheit dessen, was man zu sich nimmt, ob nun getrennt oder vermengt, roh oder gekocht, ist dabei weitgehend verloren gegangen.

So leisten wir uns den Luxus einer individuellen Frage der Ernährung. Im Gegensatz dazu herrschen in vielen anderen Ländern der Erde völlig anderen Verhältnisse. Dort geht es nicht um die individuelle Frage der Ernährung, dort geht es um die gesellschaftliche Ernährung, um die existenzielle Frage: Wo bekommen wir genug zu essen her?

Warum müssen Menschen hungern?

In seinem Buch «Die Botschaft der Nahrung» rechnet der Physiker Professor Fritz Albert Popp[1] vor, dass aus der Umwandlung von Sonnenlicht in Glucose* bei der derzeitigen Sonneneinstrahlung «bereits der millionste Teil dieser Menge aus[reicht], um die Erdbevölkerung von gegenwärtig sechs Milliarden Menschen ohne Rückgriff auf Speicherenergie zu ernähren.»

1 Popp 1999

Dass Menschen auf dieser Erde hungern, ist also nicht, wie oft argumentiert wird, die Folge einer angeblichen «Überbevölkerung» auf dem Planeten. So, als sei es für manche Menschen eine Art Strafe, geboren zu werden, als seien sie zu viel und daher unerwünscht und überflüssig. Solches Denken hält die Erde und ihre dahinterstehenden Schöpfungskräfte für einen grausamen Ort, an dem es ein Glücksfall ist, ob man darunter leiden muss oder nicht. Wir hier in Europa hätten dann eben Glück gehabt. Nein! So eine Vorstellung ist geradezu gefährlich in seinen Konsequenzen. Denken wir uns die Erde dagegen als einen gütigen Ort, der prinzipiell für alles, was auf ihr lebt, Raum und Nahrung hat, dann ist die Antwort auf die Frage nach dem Hunger in der Welt die: Es kommt darauf an, wie wir mit den vorhandenen Möglichkeiten umgehen, und wie wir das, was dabei herauskommt, verteilen.

Dass die Verteilung der Nahrungsgüter auf der Erde eine ungerechte ist, weiss man. Solange wir Menschen jedoch dazu neigen, Macht und Geld anhäufen zu wollen, wird das Recht des Stärkeren gelten und sich nichts an der Ungerechtigkeit ändern.
Interessant ist in diesem Zusammenhang, dass das Wort «Diät» in seiner ursprünglichen Wortbedeutung aus dem Griechischen übersetzt eigentlich «die Verteilung» heisst.

Ernährung und Abhängigkeiten

Weil jeder Mensch sich ernähren muss, gab es schon immer die Versuchung, über die Ernährung Abhängigkeiten zu schaffen. So soll Henry Kissinger vor Jahren einmal gesagt haben: «Wer die Nahrungsmittelproduktion kontrolliert, kontrolliert die Menschheit! Wirksamer als mit Waffen.»[2]
Ein Kennzeichen von Abhängigkeit ist, dass scheinbar beide Seiten voneinander profitieren, tatsächlich jedoch eine Seite auf die andere Macht auszuüben imstande ist und Geld dabei verdient. Das kann im Grossen wie im Kleinen geschehen.
Was bedeutet es, wenn eine Siegernation einem mit Krieg überzogenem Land als «Nahrungsmittelhilfe» patentgeschütztes und genmanipuliertes Saatgut bringt, bei dessen Wiederaussaat der Bauer Lizenzgebühren zahlen muss – unter existenzauslöschender Strafe bei Unterlassung?
Was im Grossen von Konzernen und Politik an Ernährungsabhängigkeiten geschaffen wird, erleben wir möglicherweise auch bei uns selber: «Orthorexia» wird eine Zwangsstörung genannt, bei der die Abhängigkeit von einer bestimmten Form von Essen völlig in den

2 Zitiert nach Eugen Drewermann in Schrot und Korn, Juli 2005

Vordergrund gerät. Gerade Menschen, die sich besonders gesund ernähren wollen, tappen gerne in diese Falle der Angst, sich durch etwas, was nicht ihren strengen Massgaben entspricht, zu schaden. Wer sich wirklich gesund ernährt und weitgehend gesund ist, der kann – zu Gast, auswärts oder auf Reisen – auch andere als die gewohnte Ernährung zu sich nehmen, ohne auch nur den geringsten Schaden zu leiden. Hilfreich, vielleicht sogar notwendig, ist dabei eine gesunde Bakterienflora im Verdauungstrakt.

Wer die Medien und die Werbung wach beobachtet, kann erkennen, dass Ernährung schon längst zum Werbeträger geworden ist. Durch eine bestimmte Nahrung soll ein bestimmter Zustand erreicht werden: Gesundheit, Glück, Wohlstand, Liebe, Frieden und dazu eine tolle Figur werden versprochen, als Draufgabe dann noch die zum Joker für alles gewordene «Wellness». Häufig werden damit allerdings Nahrungsmittel angepriesen, die höchstens dem finanziellen Wohlstand des Herstellers dienen.

Nur Natur kann nähren

Alles, was uns wirklich ernährt, kommt ursprünglich aus der Erde und wird mit Hilfe von Sonnenenergie gebildet. Erde, Wasser, Luft, Licht und Mikrobiologie sind die Basis, auf der wir zu ausreichender und gesunder Ernährung finden können. Kein Mensch kann einen Apfel herstellen, einen Salatkopf oder ein Stück Fleisch zum Essen. Wir können durch die Zubereitung unserer Lebensmittel und die Art und Weise, wie wir sie zu uns nehmen, einen Einfluss darauf ausüben, wie sie uns ernähren. Aber Lebensmittel an sich herstellen, das können wir nicht. Ihr Wachstum geschieht einzig und alleine durch die Natur.

Man kann sagen, dass es heute um nicht weniger als die Befreiung der Ernährung geht. Um die Befreiung der Ernährung von allem Ballast, aller Geldgier, allem Machtstreben und allem Missbrauch, die heute mit Ernährung verbunden sind.

Der liebe- und achtungsvolle Umgang mit Lebensmitteln nimmt auch Einfluss darauf, wie sie uns nähren.

Gott bringt aus der Erde Heilmitttel hervor, der Einsichtige verschmähe sie nicht[3]

Es ist ein Irrtum, zu glauben, Technik könne uns Nahrungsmittel verschaffen. Auch wenn es am Selbstbewusstsein unseres Allmachtswahns kratzt: Wir Menschen sind auf die Versorgung durch die Natur angewiesen, und unsere Haltung ihr gegenüber und unser Umgang mit der Umwelt spiegeln sich in Menge und Qualität unserer Nahrung wider.

Moderne Qualitätsanalysen wie Biophotonenmessung, Redox- und bildschaffende Verfahren verschiedenster Art beweisen dies.

Chemie in der Nahrung

Zusatzstoffe aller Art befinden sich heutzutage in fast sämtlichen Lebensmitteln. Farbstoffe und Bleichmittel, Konservierungsstoffe und Enzyme, Emulgatoren, Säureregulatoren, Stabilisatoren, Geschmacksverstärker, Schaumverhütungsmittel, Schmelzsalze, Treibgase – die Liste liesse sich noch lange fortsetzen und ist natürlich nicht auf dem jeweiligen Lebensmittel deklariert zu finden. Alleine für Backwaren steht ein Fundus von über 1000 Feinchemikalien zur Verfügung, aus dem ein Backwarenhersteller heute schöpfen kann. Solche Zusatzstoffe dienen nie der besseren Ernährung des Verbrauchers. Sie dienen vielleicht dem Erzeuger, dem Händler, der Lagerung, dem Transport, oder sie dienen sogar dazu, etwas vorzutäuschen, was gar nicht wirklich der Fall ist, wie Frische, Natürlichkeit oder Haltbarkeit. Dabei kann niemand genau sagen, welche Auswirkungen diese Substanzen auf den menschlichen Stoffwechsel haben, womöglich als Summationseffekt über viele Jahre.

Es gibt keine irgendwie geartete künstliche Zutat, die imstande wäre, die Qualität eines Lebensmittels aus der Natur zu verbessern.[4]

Was wir allerdings wissen: Unser Körper ist ständig bemüht, sich selbst im Gleichgewicht zu bewahren und daher alle chemisch-synthetischen Substanzen schnellstmöglich auszuscheiden. Dazu braucht er Antioxidantien, Mikronährstoffe, Energie und die Mithilfe der Mikroorganismen.

Bei vielen Menschen überfordert die tägliche Zufuhr an Zusatzstoffen die Entgiftungskapazität des Organismus, so dass sich die Stoffe – mit entsprechenden Folgen für die Gesundheit – im Körpergewebe ablagern.

Chemie in der Nahrung stellt eine gewaltige Belastung für den menschlichen Organismus dar. Sie stammt

- aus der Herstellung: Laut P. Holford nimmt der moderne Durchschnittsbürger pro Jahr bis zu 4,5 Liter Pestizide* durch Obst und Gemüse aus konventionellem Anbau zu sich[5]
- aus der Verpackung: Polychlorierte Biphenyle* aus Plastikfolien und Aluminium aus Folien diffundieren in die Nahrung
- von der Lagerung: Äthylengase dienen der Frischhaltung
- vom Transport: Gemüse und Obst aus dem Ausland wird häufig bestrahlt

Mit solchen chemischen Zusätzen wird oft gleichzeitig die Grundlage des Körpers für die Entgiftung eben dieser Zusätze gestört. Schon im Verdauungstrakt versucht der Organismus, schädliche Stoffe zu eliminieren. Mikroorganismen spielen dabei eine grosse Rolle. Enthält die Nahrung jedoch zu wenige aktive Mikroorganismen und erhalten die Zusatzstoffe obendrein Substanzen mit antimikrobieller Wirkung, z. B. Konservierungsstoffe wie Natamycin (E235) zur Oberflächenbehandlung von Käse oder Dimethyldicarbonat (E242) zur Entkeimung von Getränken, so kommt es zur Störung der Darmflora mit erheblichen Folgen.

Die Konsequenzen für jeden, dem seine Gesundheit lieb ist, können nur sein:

- den Biolandbau zu fördern und zu unterstützen
- sich mit Lebensmitteln gesunder Herkunft zu ernähren
- Wege zu suchen, wie für alle Menschen solche Lebensmittel wieder verfügbar werden.

Die Effektiven Mikroorganismen sind dabei eine große Hilfe, weil sie zeigen, dass sich in Zusammenarbeit mit den noch vorhandenen Mikroorganismen der Anbau und die Verarbeitung natürlicher Lebensmittel auch wirtschaftlich lohnen.

Teure Gesundheit ist der Preis für billiges Essen. Dem häufig genannten Argument, Bio-Lebensmittel seien zu teuer, sei mit einem Zitat der indischen Physikerin und Öko-Pionierin Vandana Shiva begegnet: «Bio scheint teuer zu sein, weil die industriellen Chemie-Lebensmittel so stark subventioniert sind. Doch es handelt sich nicht um Billig-Essen, sondern um Mogel-Essen. Der Preis ist gemogelt. Die Last der höheren Kosten fällt auf die Gesellschaft zurück – auf die Umwelt, auf unsere Gesundheit. Wenn du chemisch

3 Sirach, Altes Testament, Kapitel 38, Vers 4
4 Popp, Zitat aus Vortrag 18. Juli 2001 in Mönchen-Gladbach
5 Holford 2001

produziertes Essen zu dir nimmst, bist du niemals satt, isst du immer mehr Billigessen. Am Ende des Tages hast du mehr für dein Billigessen ausgegeben als du ausgeben würdest, hättest du drei hochwertige Mahlzeiten zu dir genommen. Es ist wie eine Sucht.»[6]

Die Rolle der Mikroorganismen in unserer Ernährung

Da Mikroorganismen gesunderweise jeden Lebensraum der Erde flächendeckend, vielfältig und durchdringend besiedeln, sind sie auch an der Ernährung beteiligt. Anhand der Ernährung lässt sich sogar sehr schön die Bedeutung des mikrobiellen Kreislaufes zeigen.

Beispiel für einen ungestörten mikrobiellen Kreislauf:
Unsere Nahrungspflanzen wachsen im Boden. Dort sorgt eine gesunde Mikrobenflora für gute Krümelstruktur und Lebendverbauung*. Diese haben einen ausgeglichenen Wasser-, Nährstoff- und Temperaturhaushalt im Boden zur Folge.
Die Pflanzenwurzeln sind in eine Mikrobenflora eingebettet, die sie durch ihren Stoffwechsel mit allen Nährstoffen versorgt, die sie brauchen. Ein subtiler Dialog zwischen Wurzelzellen und Mikroorganismen mittels Enzymen und anderem sorgt für eine optimale Versorgung der Pflanze.
Mit dem Spross wachsen die Mikroorganismen über die Erde hinaus und kommen in Kontakt mit Luft, Regen, Sonne und Insekten.
Eine üppige Mikrobenflora, die zum grossen Teil aus dem Boden stammt, besiedelt die Pflanze. Ihre verschiedenen Teile haben unterschiedliche Mikrobenpopulationen. So sind Blüten von Kreuzhefen besiedelt, die von Bienen und anderen Insekten von Blüte zu Blüte getragen werden, und die im Verdauungstrakt, zum Beispiel der Weidetiere, für die Verstoffwechselung der Zellulose im Magen verantwortlich sind.
Tragen die Pflanzen Früchte, so sind diese von einer Mikrobenflora besiedelt, die dem Schutz dieser Früchte dient, und die sie vor vorzeitigem Zerfall und Zersetzung bewahrt, damit der Fortbestand der Art gesichert ist.
Lebewesen, die sich von Pflanzen und deren Früchten ernähren, von der Raupe bis zum Menschen, nehmen die daran befindlichen Mikroorganismen beim Verzehr mit auf. Sie werden verspeist und spielen eine wichtige Rolle beim Verdauungsprozess im Körper.

Alle Bakterien, die uns innerlich besiedeln, haben wir irgendwann einmal geschluckt. Sie bewohnen die Schleimhäute des gesamten Verdauungstraktes von den Lippen bis zum Darmausgang und erfüllen dabei verschiedenste Aufgaben: Im Mundraum sind sie für das erste Verdauungsmilieu zuständig – zusammen mit dem Speichel – und schützen die Zähne vor Zersetzung. Im Rachen führen sie zu Kontakt mit Lymphgewebe und setzen bereits Immunreaktionen in Gang. Sie passieren den Magen und gelangen in den Darm.

Immer wieder heisst es, die Magensäure töte alle Bakterien ab. Wenn das so wäre, hätten wir keine Bakterien im Darm. Im Gegenteil: Übersetzt man den Namen des aus Joghurt geläufigen Bakterienstammes Lactobazillus acidophilus ins Deutsche heisst er «säureliebendes Milchstäbchen».

Vermengt mit dem Speisebrei, gelangen genügend Bakterien in den Darm und haben dort grundlegende Bedeutung für die Verdauung. Ein Teil der Bakterien wohnt dauerhaft auf der Darmwand (vorausgesetzt, keine geschluckte Chemie vertreibt sie von dort). Ein anderer Teil siedelt sich vorübergehend dort an. Andere wandern mit dem Speisebrei vorbei.

Jüngst fanden Forscher heraus, dass mehr als 120 verschiedene Bakterienarten im menschlichen Magen leben.[7]

Alle Mikroorganismen im Verdauungstrakt haben ihre Aufgaben: Zum einen stellt die flächendeckende Besiedelung der Darmschleimhaut mit passenden Bakterien einen Schutz dar, der verhindert, dass sich unerwünschte Mikroben dort festsetzen. Gleichzeitig führen sie dort den Stoffwechsel durch, der verschiedene Auswirkungen hat:

- Kurzkettige Fettsäuren, die von den Bakterien produziert werden, versorgen die Darmepithelzellen mit Nahrung. Sie regen die Darmbewegung sowie die Durchblutung der Darmschleimhaut an
- Durch Veränderung des pH-Wertes, des Sauerstoffpartialdruckes und des Redoxpotentials* sorgen die Bakterien für ein Darmmilieu, in dem die anderen Verdauungssäfte und Austauschvorgänge optimal arbeiten können
- Sie sind gleichzeitig für interne Stoffwechselkreisläufe mitverantwortlich wie den der Gallensäure-Rückresorption
- Obendrein sind die Darmbakterien nachweislich für die Synthese von Vitaminen zuständig (B_1, B_2, B_6, B_{12}, Folsäure, Biotin, Niacin, Pantothensäure und Vitamin K), auf die der Körper angewiesen ist

Die Energie für ihre Stoffwechseltätigkeit gewinnen die Bakterien aus der Fermentation von Ballaststoffen, die aus der Nahrung in den Dickdarm gelangen.

6 Shiva, Interview 2005, Biofach-Messe Februar 2005
7 Elisabeth Bik, Stanford Universität, USA

Vielleicht können die Darmbakterien auch noch viel mehr? Weitere Forschung wird es zeigen. Jedenfalls kann man sich leicht vorstellen, dass ein Mangel an einer gesunden aktiven Vielzahl von Bakterien im Darm grosse Auswirkungen auf die Gesamtgesundheit haben muss.

Die Bakterien aus der Nahrung verbleiben unterschiedlich lange im Organismus, vermehren sich, sterben ab oder werden ausgeschieden und kehren schliesslich durch die Ausscheidungen wieder in den Boden zurück, von wo sie mit Nahrungspflanzen wieder zum Menschen zurückkehren. Auf diese Weise sind Mensch und Tier mit den Pflanzen in einen Kreislauf eingebunden, der zu Zeiten, da in ländlichen Gebieten das Plumpsklo noch am Misthaufen war, zu einem eigenen Mikrobenmilieu innerhalb eines bestimmten Lebensraumes führte.

Mikroorganismen und Lebensmittel

Das Wissen um die Bedeutung der Mikroorganismen für die Ernährung ist alt. Schon bevor man sie namentlich benannte, wurden sie eingesetzt, um Lebensmittel weiterzuverarbeiten und lagerfähig zu machen. Dabei spielten Milchsäurebakterien und Hefen schon immer eine besondere Rolle. Backwaren wie Brot und Kuchen, Milchprodukte wie Joghurt und Käse, vielerlei Getränke wie Bier, Wein und Sekt, verarbeitete Gemüse wie Sauerkraut und eingelegte Gurken werden unter Mitarbeit der Mikroorganismen hergestellt. Durch den Stoffwechsel der Mikroben werden die Lebensmittel zum Teil vorverdaut, im Sinne einer Produktion von Enzymen, Vitaminen und anderen Verbindungen. Diese dienen direkt der gesunden Ernährung von Mensch und Tier. So kommt es, dass eine Futtersilage dank der Mikroben mehr leistungswirksame Substanzen enthält als das Ausgangsfutter, und dass der Energie- und Vitamingehalt von Sauerkraut den des Weisskohls übersteigt.

In seinem Buch «Probiotics»[8] geht Norbert Hartwig ausführlich auf dieses Thema ein.

Köstlichkeiten dank der Mitarbeit der Mikroben: Brot, Wein, Bier, Joghurt, Sauerkraut und saure Gurken sind typische Produkte von Fermentationsvorgängen in der Lebensmittelherstellung.

Betrachten wir den Mikrobenkreislauf heute in Hinblick auf die Ernährung, dann wird schnell deutlich, dass in allen seinen Teilen Störungen vorkommen, die sich auf die Qualität unserer Nahrung auswirken:
Eine falsch verstandene Bodenbearbeitung, zum Beispiel durch Tiefpflügen und den Einsatz von Mineraldüngern (s. Kapitel Boden), führt zu einer Veränderung der Bodenmikrobiologie. Der Boden verliert an Qualität, und die darin wurzelnden Pflanzen bleiben unterversorgt. So reduziert beispielsweise eine Übersäuerung des Bodens durch Düngemittel (Ammoniumsulfat) die Aufnahme von Selen durch die Pflanze. Bei Einsatz dieses Düngemittels wächst die Pflanze trotz Nährstoffmangels zwangsweise weiter, allerdings mit Defiziten an Mikronährstoffen. Eine solcherart geschwächte Pflanze wird leicht von Schädlingen befallen, denn in der Natur wird ein schwaches Individuum so schnell wie möglich wieder zu Grundsubstanzen abgebaut, aus denen neues Leben wachsen kann. Zum Schutz der Ernte wird vom Menschen ein Schädlingsgift ausgebracht, das aber auch die Mikrobenflora verändert. Wird eine derart geschwächte Pflanze verzehrt, kommt es zur Aufnahme einer Mikrobenflora durch Tier oder Mensch, die dem Verdauungstrakt womöglich nicht angemessen ist und dort Fehlgärungen zur Folge haben kann. Solche Fehlgärungen produzieren Gase, die wiederum zur Übersäuerung, zu Veränderungen der Schleimhäute und zu Fehlresorptionen (Aufnahme unvollständig verdauter Nahrungsbestandteile) führen können, mit erheblicher Beeinträchtigung für die Gesundheit. Unverträglichkeiten, Allergien und Infektionsanfälligkeiten können daraus resultieren.

Man kann heute für die Entstehung vieler Erkrankungen eine Mangelsituation aufzeigen, die durch fehlende Aufnahme von Mikronährstoffen mit der Nahrung entsteht. Diese ist ursächlich auf Störungen des mikrobiellen Kreislaufs in seinen verschiedenen Bereichen zurückzuführen.

Mangel trotz Fülle

Selen, herausgegriffen als Beispiel für die Situation unserer Mikronährstoffe, verbindet sich mit Schwermetallen im Boden zu unlösbaren Komplexen und wird aus einer gestörten Erde von der Pflanze daher ungenügend aufgenommen. In der Folge ist es nicht nur in pflanzlicher Nahrung (Getreide) kaum oder gar nicht enthalten, es fehlt auch in tierischer Nahrung (Fleisch, Fisch, Eier), da die Futterpflanzen der Tiere auch an Selen verarmt sind. Aus diesem Grunde

8 Hartwig, 1998

werden den Tieren heute teure Futtermittel zugefüttert, die mit Selensalzen angereichert sind. Solche Selensalze ersetzen die pflanzlichen Selen-Eiweissverbindungen nicht wirklich und werden vom Körper weniger gut verdaut, so dass diese Versorgung einen hohen Energieaufwand mit nur relativem Nutzen darstellt. Da Selen sich obendrein auch im Körper durch die Verbindung mit Schwermetallen dem Stoffwechsel entzieht und ablagert, fehlt es für seine eigentlichen Aufgaben fast vollständig.

Man würde Mitteleuropa nicht gerade als ein Hungergebiet der Erde bezeichnen. Betrachtet man jedoch die tatsächliche Versorgung unserer Körper mit den nötigen Mikroorganismen und Mikronährstoffen, so kann man feststellen, dass wir «An vollen Töpfen verhungern»[9], wie der treffende Titel eines Buches von Hans-Günter Berner heisst. Diese Situation gilt inzwischen weltweit, ob unsere Töpfe voll sind oder nicht, dort, wo moderne Agrarwirtschaft die Bodenmikrobiologie durcheinandergebracht hat, die Pflanzenmikrobiologie durch Gifte gestört wird und die Verarbeitung solcherart produzierter Nahrungsmittel den sterilen Hygienevorschriften einer falsch verstandenen Mikrobiologie folgt.

Welche Folgen hat das für uns?

Jeder Mangel hat Auswirkung auf unsere Gesundheit. Die Volksgesundheit ist mitverantwortlich für das Wohlergehen eines Landes, und die Gesundheitskosten sind mittlerweile bekanntlich ein schier nicht mehr zu bewältigendes Problem.

9 Berner 1999

Betrachten wir unser Beispiel Selen weiter, dann sehen wir, dass es im Körper eine Vielzahl von Aufgaben hat:

- über die Glutathionperoxidase-Enzyme ist es für das Gleichgewicht von Oxidantien und Antioxidantien von zentraler Bedeutung
- im Zusammenwirken mit Vitaminen schützt Selen biologische Makromoleküle und Biomembranen
- Selen ist am Jodstoffwechsel der Schilddrüse beteiligt
- es ist für die Stabilisierung der Spermatozyten beim Menschen mitverantwortlich. (Geht mit Selenmangel möglicherweise männliche Unfruchtbarkeit einher?)
- Selen stimuliert das Immunsystem, ist am DNA-Reparaturmechanismus beteiligt und fördert den Abbau von Tumorzellen

Ein Mangel an Selen kann Störungen in jedem einzelnen oder allen diesen Bereichen zur Folge haben. Dabei ist Selen nur ein Spurenelement aus einer riesigen Fülle von Mikronährstoffen, die alle ihre Bedeutung haben, und von denen wir in Wirklichkeit nur einen geringen Teil als Einzelsubstanz und kaum ihr komplexes Miteinander kennen.

Alle diese Mikronährstoffe hängen in ihrer Entstehung und in ihrem Wirken mit dem mikrobiologischen Kreislauf zusammen. Unsere Ernährung, individuell wie gesamtmenschlich ist vom Boden und seiner Qualität nicht zu trennen.

Ausreichende, gesunde Mikrobenaktivität im Boden sorgt für vitale Pflanzen und somit für gesunde Lebensmittel.

Ein Volk entsteht und entwickelt sich im Verhältnis zur Fruchtbarkeit des Landes[10]

Die Gesundung des mikrobiellen Kreislaufs

Eine Lösung dieses Problems und die Behebung des Mangels liegt daher darin, dass wir den mikrobiologischen Kreislauf des Lebens wiederbeleben. Wenn wir wieder für ausreichende gesunde Mikrobenaktivität im Boden sorgen, haben auch andere Kleinstlebewesen im Erdreich die Chance, ihre segensreichen Aufgaben zu erfüllen:

- Pflanzen wachsen dann gestärkt auf und sind robust. Treten Störungen auf, lassen sie sich durch Mikrobenkorrektur statt mit Chemie regulieren
- Tiere bleiben durch ein Futter solcher Herkunft gesund, da ihre Mikrobenflora einen optimalen Stoffwechsel ermöglicht. (Ein Rind trägt alleine im Pansen zirka 15 Kilogramm Mikroorganismen)
- Ernähren wir Menschen uns mit Lebensmitteln, die aus solchen gesunden Pflanzen stammen, und achten wir bei deren Verarbeitung auf eine natürliche Mikrobiologie, so ist auch unser Stoffwechsel gesund

Das alles ist nicht irgendeine utopische Vision, sondern bereits die Erfahrung derer, die im Bewusstsein ihrer Bedeutung mit Mikroorganismen zusammenarbeiten.

Mikroorganismen und Immunsystem

Wie bedeutend die Mikroorganismen, die wir mit der Nahrung zu uns nehmen, für unsere Gesundheit sind, zeigt der direkte Kontakt, den die Mikroorganismen der Darmschleimhaut mit dem Immunsystem haben. Diese Erkenntnis hat schon vor langer Zeit zur Entwicklung einer «mikrobiellen Therapie» geführt: Es gibt in Teilen der Dünndarmschleimhaut besondere Zellen, welche Antigene, wie sie die Bakterien darstellen, aufnehmen können und an Zellen des lymphatischen Gewebes weitergeben, wo sie zur Ausprägung von Immunzellen führen. Diese fliessen über die Lymphwege ins Blut und gelangen zu speziellen Gefässwandzellen in kleinen Venen von schleimhautausgekleideten Organen, wo sie sich in Antikörper (sekretorisches IgA produzierende Zellen) umwandeln. So kann der Kontakt der Bakterien mit der Darmschleimhaut zu einer spezifischen Immunreaktion auf den Schleimhäuten von Magen-Darm-Trakt, Atemwegen, Nieren, Harnwegen, Blase, Brustgewebe, Geschlechtsorganen und Augen führen.

10 Liebig 1843

Funktion des Immunsystems

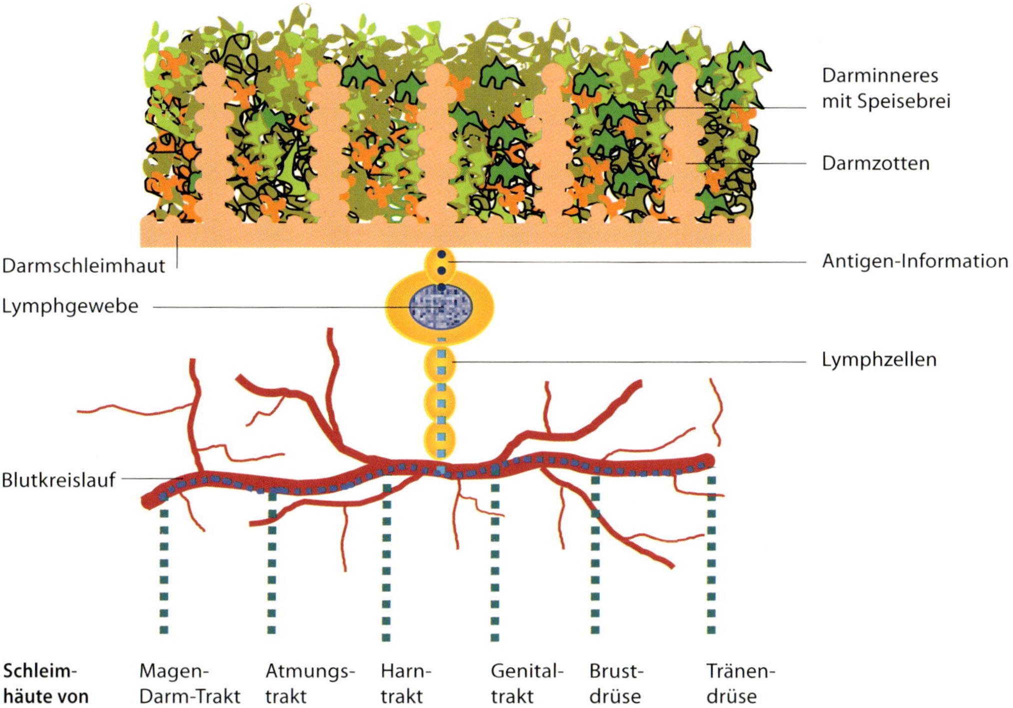

Mikroorganismen sind in der Darmschleimhaut die Sparringpartner unseres Immunsystems. Eine Anregung des Immunsystems durch mit gesunder Nahrung aufgenommene Bakterien ist grundlegend für unsere gesamte Gesundheit.

Diese Zusammenhänge sind längst bekannt. Sie motivierten den Arzt und Humusforscher Dr. Hans Peter Rusch bereits anfangs des 20. Jahrhunderts, sich zusammen mit dem Schweizer Agrarpolitiker Dr. Hans Müller und dessen Frau verstärkt dem organisch-biologischen Landbau zu widmen. Daraus ging später der BIOLAND-Anbauverband für biologische Lebensmittel hervor, in dem gezielt eine gesunde Bodenmikrobiologie beim Anbau der Nahrung gefördert wird. Mit den Effektiven Mikroorganismen haben wir heute die Möglichkeit, dies noch umfassender zu tun.

Indem wir uns mit einer an ausgeglichenen, gesunden Mikroben reichen Nahrung ernähren, leisten wir einen Beitrag für unsere individuelle Gesundheit. Dabei müssen wir allerdings zusätzlich auf die natürliche Abstammung solcher Mikroorganismen achten.

Missbrauchte Mikroben

Der Stellenwert der Mikroorganismen in der Lebensmittelherstellung hat zwangläufig auch dazu geführt, dass diese Lebewesen zu Produktionszwecken dienstbar gemacht wurden. Bakterien, Hefen und andere mehr müssen heute nicht nur zu gentechnischen Forschungszwecken herhalten. Gentechnisch veränderte Mikroorganismen und ihre Produkte haben längst Eingang in die tägliche Nahrung gefunden.

Dieser «Ernährungsbiotechnologie» genannte Zweig der Lebensmittelherstellung wird bereits auf zweierlei Weise praktiziert:

1. Durch den Einsatz gentechnisch veränderter Mikroorganismen (oder auch Zellen höherer Organismen) lässt man Einzelsubstanzen synthetisieren. Eine Vielzahl von Enzymen entstammt diesen künstlichen Kulturen. So wurden schon vor über 10 Jahren in den USA 40 Prozent der Hartkäsesorten nicht mehr mit dem aus Kälbermagen stammenden Lab (Chymosin*) produziert, sondern mit einem Chymosin, das durch Klonieren des Kälberenzyms in Mikroorganismen (E. coli*, Aspergillus niger*) hergestellt wird. Während das natürliche Lab eine Vielfalt innerhalb seiner Moleküle zeigt, sind geklonte Enzyme nahezu alle identisch. Auch Zusatzstoffe werden vielfach gentechnologisch produziert: Aminosäuren, Aromastoffe, Farbstoffe, Fruchtsäuren und sogar Vitamine und Antibiotika für Lebensmittel gehören dazu.

2. Gentechnisch veränderte Mikroorganismen werden als Kulturen in der Getränkeproduktion (Brauereien), in der Fleisch-, Milch-, Obst und Gemüseverarbeitung eingesetzt.

Diese Techniken dienen in der Regel dazu, die Produktivität zu erhöhen, also Geld zu sparen. Sie folgen wirtschaftlichen Kalkulationen und dienen nicht dem Verbraucher. So handelt man, wenn Mikroorganismen als «Sache» verstanden werden, als etwas ohne Eigenleben, in dessen Erbgut man beliebig eingreifen und die man beliebig zu seinen Zwecken gebrauchen kann.

Wer mit den Effektiven Mikroorganismen umgeht, kann erleben, dass sie auf eine vielleicht für uns noch geheimnisvolle Weise mit uns zu kommunizieren vermögen, dass sie auf unseren Umgang mit ihnen reagieren und dass sie sogar offensichtlich bei verschiedenen Menschen, die mit ihnen arbeiteten, verschieden tätig sind. Dies könnte zu der Frage Anlass geben, ob man in der Gentechnologie die Mikroorganismen womöglich zu Strafgefangenen macht, sozusagen zu erbtechnisch veränderten Zwangsarbeitern.

Die praktische Anwendung der Effektiven Mikroorganismen im mikrobiologischen Kreislauf für die Ernährung zeigt, dass es auch, oder gerade ohne Gentechnologie möglich ist, sowohl individuell als auch gesellschaftlich zu einer bezahlbaren, ausreichenden und gesunden Ernährung zu kommen.

Zusammenfassung

Es gibt auf der Erde genug Nahrung für alle Menschen. Sie sollte richtig genutzt und gerecht verteilt werden und frei von Abhängigkeiten sein.

Nur was ursprünglich aus der Erde kommt und mit Sonnenlicht gewachsen ist, ernährt uns.

Chemische Zusatzstoffe in der Nahrung belasten den Organismus.

Mikroorganismen sind durch den Kreislauf des Lebendigen an der Ernährung beteiligt. Sie erfüllen komplexe Aufgaben im Stoffwechsel von Boden, Pflanze, Tier und Mensch. Fehlt eine gesunde Mikrobenflora in diesen Bereichen, so kommt es trotz ausreichender Menge an Nahrung zu Mangelerscheinungen. Diese haben eine Schwächung der Gesundheit zur Folge, was Kosten für die Volkswirtschaft mit sich bringt.

In der Ernährungsbiotechnologie wird die Erbinformation der Mikroorganismen künstlich so verändert, dass sie mikrobenfremde Substanzen produzieren müssen.

Der praktische Einsatz Effektiver Mikroorganismen ermöglicht die Produktion hochwertiger gesunder Lebensmittel in ausreichender Menge.

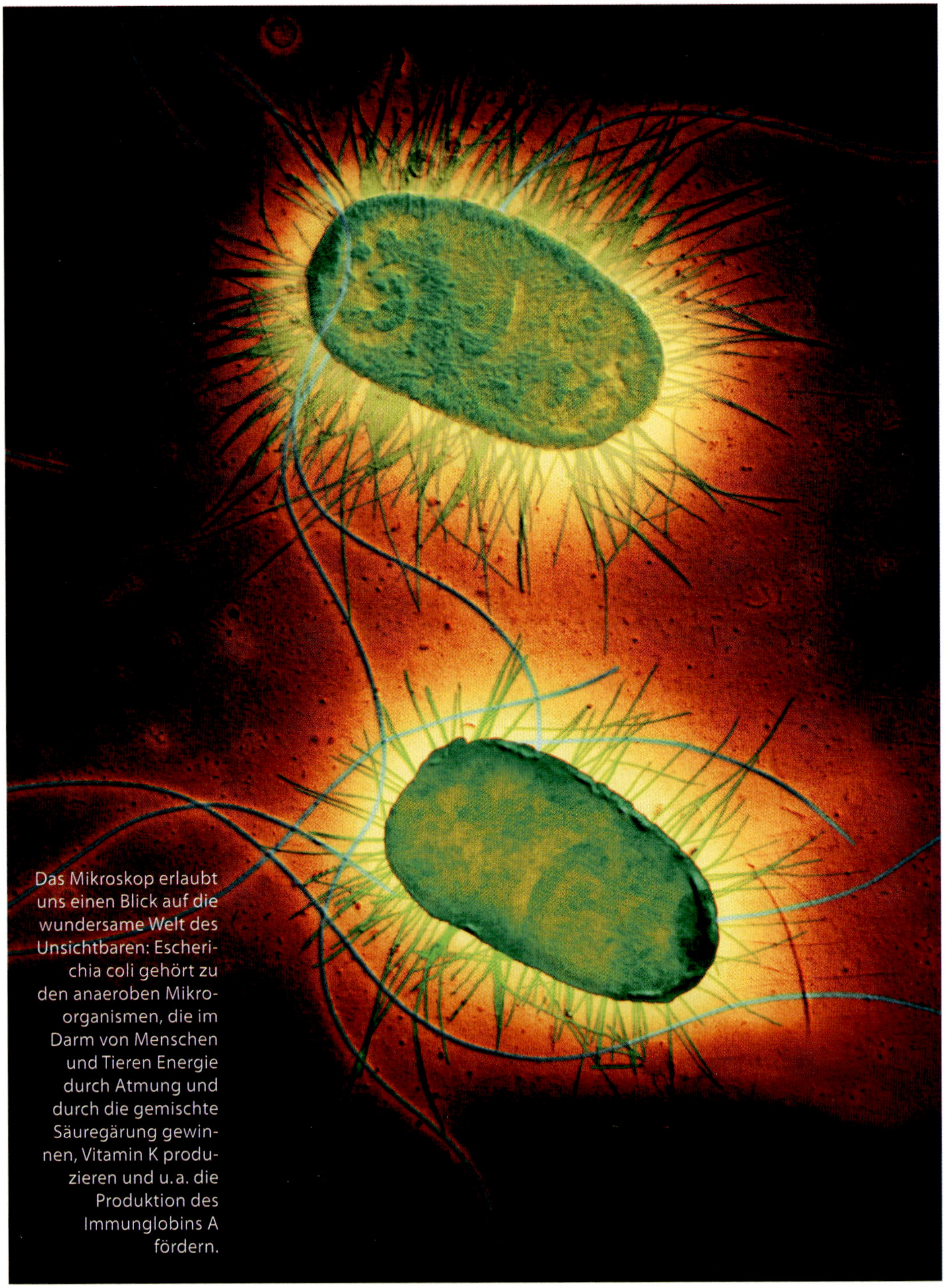

Das Mikroskop erlaubt uns einen Blick auf die wundersame Welt des Unsichtbaren: Escherichia coli gehört zu den anaeroben Mikroorganismen, die im Darm von Menschen und Tieren Energie durch Atmung und durch die gemischte Säuregärung gewinnen, Vitamin K produzieren und u.a. die Produktion des Immunglobins A fördern.

Die grossartigen kleinen Helfer

Nicht Adam und Eva, sondern die Bakterien waren der Anfang.[1]

Mit einem Blick durchs Mikroskop tut sich eine faszinierende Welt auf: der Kosmos der Mikroorganismen. Die hoch entwickelte Technik erlaubt per Vergrösserung immer mehr vom geheimnisvollen Leben der Bakterien zu entdecken. Respekt und Ehrfurcht erfüllt uns, wenn die oft als «einfach» dargestellten Organismen uns ihre kompliziert funktionierenden Mechanismen, ihre Arbeitsweise und ihre Charaktere offenbaren. Der Wissenschaftler René Dubos drückte das so aus: «Mikroben ähneln den Menschen in ihren körperlichen Abläufen, in chemischen Zusammensetzungen und Vorgängen, in ihren Reaktionen auf verschiedene Reize, zeigen Verhaltensweisen untereinander und mit anderen Lebewesen, die ‹erhellende Übereinstimmungen mit menschlichen Gesellschaften nahe legen›»[2]. Aber müsste es nicht anders herum heissen, nämlich, dass Menschen den Mikroben ähneln? Denn Bakterien und Anverwandte waren lange vor uns auf dem Planeten. Sie haben alles für unsere Lebensfähigkeit vorbereitet und sind an der ganzen Evolution massgeblich beteiligt. Sie dienen dem ewigen Kreislauf, der Leben aus Erde schafft, von Erde lebt und wieder zur Erde zurückkehrt, um erneut zu beginnen …

Mikroorganismen sind ein Bindeglied zwischen All und Erde. Sie fangen das Sonnenlicht ein, um kosmische Bioenergie aus dem Gestein herauszulösen und zu lebenden Substanzen umzuformen. Diese Energie treffen wir vor allem im Silizium und in Steinmehlen an. Ohne Photosynthesebakterien und ohne Chlorophyll (z.B. das

1 Rusch 2004, S. 16
2 Konemann 2002, S. 44

Blattgrün) gäbe es kein Leben. Ohne Stickstoff sammelnde Mikroorganismen wäre jegliches Leben wieder zugrunde gegangen. Cyanobakterien (Blaualgen) gewannen aus Wasser freien Sauerstoff, lernten ihn einzuatmen und diese Fähigkeiten an die folgenden Entwicklungsglieder bis hin zur Menschheit weiter zugeben. Bakterien sind die einzigen Lebewesen, die aus anorganischem Material organisches Protoplasma (lebendige Substanz) herstellen können, welches die Zellen aller Mikroorganismen, Pflanzen, Tiere und Menschen füllt und aufbaut, und von dem alle leben.

Die Welt der Mikroben

Jede Art Organismus - ob Einzeller, Vielzeller, Pflanze, Tier oder Mensch - hat im morphogenetischen Feld seine ganz spezifische Kommunikationsfrequenz. Sie wird auch «kollektive Seele» genannt.

Mikroorganismen gleicher Art verständigen sich untereinander, auch über grosse Entfernungen hinweg. Sie senden elektromagnetische Signale aus, um sich zu finden, zu erkennen und sich aneinander zu binden. Diese «Resonanzkommunikation» geht über das morphogenetische Feld* sogar rund um die Erde. Durch dieses Phänomen werden auch Änderungen und Anpassungen an neue Lebensbedingungen mit Biophotonen-Signalen über den ganzen Globus weitergegeben.

Mikroben sind unendlich klein, fürs menschliche Auge ohne Mikroskop nicht zu erkennen und dennoch mit vielen erstaunlichen Dingen für differenzierte und komplizierte Vorgänge ausgestattet. Die Fortbewegungsmechanismen sind vergleichbar mit den Tentakeln der Quallen, den eleganten Schleierflossen der Fische, den Flügeln der Vögel. Sie sind mit insektenähnlichen Fühlern ausgestattet, die fremde Antikörper erkennen und umgehend in biologisch nützliche Substanzen umwandeln.

Bakterien sind gesellig, schliessen sich zu Paaren, Ketten oder Trauben zusammen, so, wie Menschen sich in Reihen oder Ketten aufstellen oder im Sportstadium wie Weintrauben zusammenhocken.[3]

«Mikroben können wie Kamele mehr Wasser aufnehmen als sie gerade brauchen. Was zuviel ist, geben sie in Trockenzeiten an ihre Umgebung, an Boden und Pflanzen ab».[4] Ihre Körper sind ein chemisches Wunderwerk, das die Bestandteile der Erde in pflanzenverfügbare Nährstoffe verwandelt, zum Beispiel

- Stickstoff zu Nitrat
- Phosphor zu Phosphat
- Schwefel zu Sulfat
- Chlor zu Chlorid
- Bor zu Borat

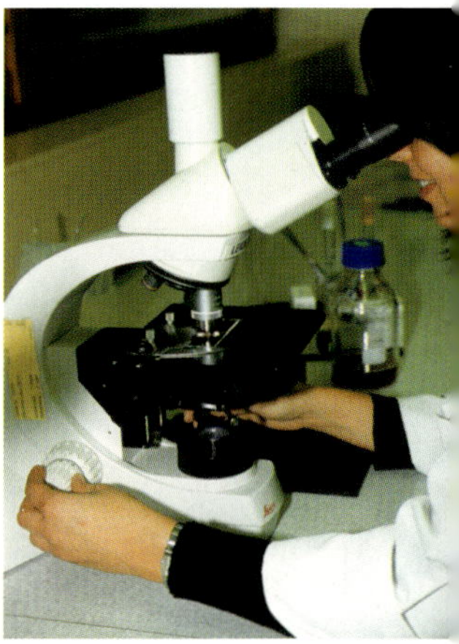

Die Chromosomen (Ort der Erbanlagen) der Bakterien enthalten einen riesigen Vorrat an Bauplänen, mit denen sie sich verändern können. Sie zeigen im Dunkelfeldmikroskop ihr faszinierendes «Outfit»: Durch das schräg einfallende Licht leuchten sie vor dem dunklen Hintergrund «wie Sternschnuppen am mondlosen Nachthimmel.»[5] Sie sorgen durch grosse Populationen für die Fruchtbarkeit des Bodens. Schätzungsweise sind erst 0,1 bis 1 Prozent aller Mikroorganismen bekannt. Mit anderen Worten: 99 Prozent der Mikroben entziehen sich noch unserer Kenntnis, stricken auf ihre geheimnisvolle Art am Muster der Natur. Es warten noch viele Wunder auf Entdeckung.

Sind die Voraussetzungen für Mikroben ideal, vermehren sie sich in kurzer Zeit in astronomische Anzahlen: Aus einem Individuum können innerhalb 24 Stunden bereits 300 Millionen Nachkommen entstehen.

Die Wissenschaft hat festgestellt, dass in einem Quadratmeter fruchtbaren Boden (30 cm tief) diese Riesenmengen Kleinlebewesen zu Hause sind:

60	Billionen Bakterien	=	60 000 000 000 000
10	Millionen Strahlenpilze	=	10 000 000
1	Milliarde andere Pilze	=	1 000 000 000
1	Million Algen	=	1 000 000
500	Millionen andere Einzeller	=	500 000 000
10	Millionen Fadenwürmer	=	10 000 000
150	Tausend Milben	=	150 000100
100	Tausend Springschwänze	=	100 000
200	Regenwürmer	=	200
200	Fliegenlarven	=	200
Total Kleinlebewesen		=	60 001 521 250 400

Diese Zahlen können wir uns einfach nicht mehr vorstellen. Raoul Francé hat uns das so veranschaulicht:

«In einer Hand voll guten Bodens sind mehr Lebewesen als Menschen auf dieser Erde.»[6]

3 Konemann 2002, S. 85
4 Tompkins/Bird 1989, S. 146
5 Konemann 2002, S. 108
6 Francé-Harrar 1957

Jede Pflanze, jedes Tier und jeder Mensch haben ihre ganz eigene Bakterienflora, werden von ihr von der Geburt bis zum Tod begleitet. Alle Organismen leben auf irgendeine Art mit Bakterien in Koexistenz (friedliches Mit- und Nebeneinander) zusammen.

Bakterien auszurotten, ist das Ziel vieler, nicht nur medizinischer Handlungen. Doch wird das nie gelingen. Diese Erkenntnis mussten die Naturwissenschaften hinnehmen, nachdem tot geglaubte Infektionskrankheiten wie Tuberkulose wieder auf dem «Vormarsch» sind und sich völlig neue Krankheitsbilder entwickeln, so, wie sich auch immer wieder neue Bakterienstämme bilden und Gegebenheiten überleben wie medikamentöse Antibiotika-Angriffe oder die angestrebte Ausrottung der Malaria-Moskitos durch DDT.

Mikroorganismen kennen keine Existenzangst. Sie bewegen sich im ständigen Geben und Nehmen, Verwerten und Ordnen nach den Gesetzen der Natur.

Mikroben können ihr Tätigkeitsfeld nicht verlassen, wenn ihre Arbeit abgeschlossen ist (ausser sie werden durch eine andere Begebenheit weitertransportiert, z.B. durch Wasser). Sie reduzieren ihren Stoffwechsel, verfallen in einen schlafähnlichen Zustand, ruhen als widerstandsfähige Sporen oder überleben geschützt in Proteinen oder anderen Substanzen (z.B. in Amöben vergraben). Sie bevölkern in ihrer Umgebung kleinste Ritzen und Nischen und entkommen so auch ausgefeilten Hygieneprozeduren des Menschen.

Bakterien und Actinomyceten sind Einzeller und bilden Kolonien, in denen ihr individuelles Leben etwa 30 Minuten dauert. Dieser rasche Lebenskreislauf und die daraus entstandenen Ausscheidungen und abgelegten Körperhüllen verbessern fortlaufend die Bodenstruktur. Bei ihrer Arbeit brechen sie Mineralverbindungen zu pflanzenverträglichen Ionen auf. Actinomyceten produzieren antibiotische Stoffe, Streptomyceten bereiten zusammen mit Pilzen den typischen Erdgeruch zu. Azotobakter und Amylobacter leben gern in Symbiose mit Pflanzen und binden Luftstickstoff (Knöllchenbakterien).
Pilze sind Mehrzeller (Schleim- und Schimmelpilze bis hin zum Steinpilz). Sie geben der Bodenstruktur Halt, sind Energie- und Kohlenstoffquelle.
Algen leben an der Bodenoberschicht, können mit Licht assimilieren und Chlorophyll bilden und reichern den Boden mit Stickstoff an.

Wirkungsweise im Boden und Pflanzenleben

«Die Alchemie der Bakterien ist so vielfältig, dass sie aus Maislauge Penicillin herstellen, oder aus totem Tintenfisch Parfüm. Bier, Wein,

7 Tompkins/Birel 1989, S. 55

Brot und Käse gäbe es nicht ohne ihre Tätigkeit. Alkohol und Kohlendioxid sind nichts anderes als Abfälle lebender Bakterien.»[7] Alles lebt mit und durch Mikroben. Ohne die Mithilfe der kleinsten Lebewesen kann kein Organismus Zellulose verdauen. Weil der Wert unserer Ernährung vom Zustand des Bodens abhängt, besteht logischerweise eine Beziehung zwischen Bodenfruchtbarkeit und biologischer Qualität der Lebensmittel und unserer Grundgesundheit. Wir sind auf eine ausgewogene Bakterienflora angewiesen, im Boden wie im Darm. Unsere Darmflora ist ein direkter «Spiegel» für die Güte des Bodens, aus dem unsere Nahrung herangewachsen ist (siehe Kap. Ernährung).

Das System des Ab- und Aufbaus im Boden: Sind die Lebensbedingungen für die Mikroorganismen gut, läuft die Vermehrung im wahrsten Sinne des Wortes «hitzig» ab. Die Temperaturen können durch die angekurbelte Verdauung der Mikroben bis auf 70 Grad Celsius ansteigen (z.B. die heisse Phase des Kompostes). Die «Abbauarbeiter» greifen als erstes die organischen Materialien wie Zucker und Zellulose an, die sich leicht zersetzen. Ist diese Arbeit getan, gehen die abbauenden Mikroben ein und bilden mit ihren abgestorbenen Körpern die Hälfte des gesamten organischen Materials im Boden.

So ist es möglich, dass der Nährstoffgehalt dieser Erde allein durch die ausgedienten Mikrobenleiber verdoppelt wird. Holzbestandteile wie Lignin und Tannin bleiben bestehen, erhalten die Bodenstruktur und binden Wasser. Nach diesem Prozess entstehen aufbauende Bakterien, die das zersetzte Material in lebende, organische Substanz für die Pflanzen umwesen*.

Lebende Makromoleküle* sind Träger aller Wachstums- und Aufbauprozesse, in jedem Lebewesen verankert und Teil der Unsterblichkeit. Sie bleiben nach dem Tod einer Pflanze erhalten, bauen neue Zellen, Gewebe und Organismen wieder auf, sind «lebende Zellsubstanz». Sie widerstehen extremsten Bedingungen. Hauptmerkmal ist ihr Schwingungscharakter. Sie können kosmische Strahlung aufnehmen, umwandeln und wieder abstrahlen. Makromoleküle dienen den Mikroorganismen als Energiequelle, werden von ihnen in ihre Bausteine zerkleinert (Aminosäure, Einfachzuckerarten). Es ent-

Jede Zelle ist wie eine komplizierte Fabrik. Sie muss informieren und Informationen empfangen, Nahrung und andere Stoffe aufnehmen, umbauen, transportieren, verwerten, ausscheiden[8].

stehen aus schwerfälligen Mineralien reaktionsfreudige und stoffwechselaktive Verbindungen, die von den Wurzeln einer Pflanze aufgenommen und mit Aminosäuren chelatiert werden. Diese Chelate* aus Pflanzen kann der menschliche Organismus in vollem Umfang aufnehmen. Er baut sie aufs Neue um und transportiert sie über Blutbahnen zur weiteren Verarbeitung in seine Organe. Diesen komplizierten Umwandlungsprozess, aus anorganischen Stoffen organische Nahrung für den Menschen herzustellen, kann nur die Pflanze bewerkstelligen. Versuche, diesen Vorgang auf künstliche Weise nachzuvollziehen, sind bisher trotz aller technischer Fortschritte und Kenntnisse nicht in aller Vollkommenheit gelungen, weder bei der Pflanze, noch beim Mensch. Die Lebendigkeit der Makromoleküle wird bei diesen Versuchen durch Erhitzen, Bestrahlen, Extrahieren oder Zentrifugieren zu sehr reduziert oder denaturiert.

Als «Endozytose»* bezeichnet man die Einverleibung von Stoffzusammensetzungen und ihr Transport von Zelle zu Zelle in Darmzotten*, wie sie z. B. bei Mensch und Tier geschieht: Teile der Membran (Zellwand) stülpen sich nach innen. Diese Buchtung füllt sich mit Protoplasma und schnürt sich zu einem winzigen Ballon ab. Er nabelt sich von der Zellwand ab und wandert zur nächsten Zelle, wo sich der Vorgang wiederholt. Auf diese Weise werden Nährstoffe wie Kohlehydrate, Proteine, Vitamine und Makromoleküle der Bakteriensymbionten im Organismus verteilt.

Makromolekulare oder lebendige Substanz aus gesunden Zellen wertet die biologische Wertigkeit erkrankter, geschwächter Zellen wieder auf.[9]

Nach der Mineraltheorie* wird bis heute behauptet, dass Pflanzen nicht fähig seien, organische Substanzen in grossen Makromolekülen aufzunehmen, sondern nur in Form kleinster Ionen wie z. B. NPK-Dünger. Aber die Stammzellenforschung (Molekularbiologie) und Genmanipulation-Technik beweisen, dass Pflanzen mit dem Wasser oder über erzwungene Begasung/Bestrahlung sich sehr wohl Substanzen aus ihrer Umwelt einverleiben: Über die Haarwurzeln sind sie in der Lage, kleinste Salzionen, Aminosäuremoleküle bis zu grössten Proteinbausteinen durch Endozytose in ihre Speicherorgane zu transportieren. Selbst Viren, Bakterien, Einzeller wie Amöben und Algen finden ihren Weg per Saftstrom ins pflanzliche Gewebe.

Es ist zu wenig bekannt, dass der Einsatz von Kunstdünger das Regelsystem des Pflanzengewebes stört und Zellinformationen (Wellengleichtakt, Photonenstrahlung) dann nicht weitergegeben werden. Daraus hergestellte Nahrungsmittel füllen nur noch den Magen, ohne Lebenskraft zu vermitteln.

8 Pommeresche 2004, S. 189
9 Hennig 1983, S. 111
10 Rusch 2004

Symbionten ergänzen und fördern sich in ihren Aufgaben gegenseitig, sind sich «sympathisch», leben in Symbiose (Lebensgemeinschaften). Sie dienen einander, können sich aber auch gegenseitig «in Schach» halten. Ein typischer Symbiont ist die Mykorrhiza, ein Pilzgeflecht, das wie eine Brücke zwischen Bodenleben und Pflanzensaft lebt und vermittelt: Jede Pflanze hat ihre eigene Mykorrhizenflora. So sind zum Beispiel Eichen oder Orchideen ohne ihre ganz spezifischen Pilzgeflechte im Wurzelbereich nicht lebensfähig. Diese Symbionten leben innerhalb der feinen Haarwürzelchen von Substanzen der Pflanzen (Zuckerarten aus der Photosynthese) und liefern dafür an die Haarwürzelchen aufbereitete Nährstoffe aus dem Boden. Symbiotische Gemeinschaften scheiden sich gegenseitig fördernde oder gewünscht hemmende Stoffe aus, um ihren Arbeitsbereich wie z.B. zwischen Zellgare und Plasmagare abzugrenzen. Sie bilden Antikörper (Schutzstoffe), die eine Infizierung durch schädliche Keime verhindern. Sie geben u.a. ganz geringe Mengen Toxine (Gifte) ab, um abbauende Bakterien davon abzuhalten, auch lebende Pflanzenwurzeln aufzuzehren. Die Natur hat es so eingerichtet, dass die Wirkung dieser «Gifte» erlischt, sobald die von der Mykorrhiza gebildeten Schutzstoffe ihre Aufgabe erfüllt haben. Ist eine Pflanze auf irgendeine Weise stark geschädigt, beginnen allerdings Pilze damit, die Pflanze aufzulösen, weil sie nicht mehr lebensfähig wäre oder kein gesundes Material in die Vererbung liefern würde. Sie wird «aussortiert» oder «kompostiert» und wie alles Organische in die ursprüngliche Ausgangsform der einzelnen Stoffe zurückgeführt. Auch hier können schon Spuren chemischer Gifte wie Pflanzenschutzmittel das fein abgestimmte Miteinander stören.

Mikroben und unsere Gesundheit

Die Anzahl von Mikroorganismen in einem Lebensraum, wie sie bei Laboruntersuchungen ermittelt werden kann, dient häufig zur Einschätzung und Bewertung von Bodentauglichkeit, Wasserqualität und Geniessbarkeit von Nahrungsmitteln. Dabei wird das Augenmerk häufig auf die pathogenen (Leid verursachenden) Keime gelegt, die der Zivilisation oder der von ihr abhängigen Tierhaltung oder in Pflanzenkulturen Sorgen bereiten. Doch nur wenige der unzähligen Bakterienarten sind für die Menschheit gefährlich und laut Hans Peter Rusch «kein Fehler der Natur, der ausgemerzt werden muss,»[10] obwohl sich in uns eine grosse Angst vor Mikroben festgesetzt hat. Die meisten dienen dem Leben auf geniale und uneigennützige Weise.

Erst die massiven Eingriffe des Menschen haben zusätzlich einige der an sich gutartigen Bakterien zu Pathogene gemacht. Dadurch wurden mit der Veränderung der Erbanlagen (Mutation) neue, noch nie da gewesene Charaktere herangebildet. Hinzu kommt, dass nach häufigem Einsatz von Pflanzenschutzmitteln viele Krankheitserreger mit diesen Giften leben können, also resistent geworden sind. Der Ruf nach noch stärkeren Mitteln hat die lebensfeindliche Giftbelastung so in die Höhe getrieben, dass sich inzwischen viele Anwender gegen diese Entwicklung wehren. Sie besinnen sich mit Erfolg auf natürliche Abwehrmethoden und sorgen für ein aufbauendes Bodenmilieu.

Milchsäurebakterien gibt es sowohl in der Rhizosphäre der Pflanze als auch in unserer Rachen- und Darmschleimhaut. Filtert der Humus Giftstoffe aus dem Boden, geschieht das gleiche bei uns in Leber und Niere. Sind Pflanzenschutzmittel Urheber für neue Bakterienstämme, so sind es in unserer Nahrung synthetische Abführmittel, Konservierungsstoffe, Farb- und Aromastoffe. Hier werden Symbionten zu Reaktionen gezwungen, die im Lebensplan nicht vorgesehen sind. Das Gleichgewicht ist gestört.

Im biologisch gepflegten Landbau ist diese Problematik kein Thema, weil sich der Anbauende um einen ausgewogenen Boden bemüht, in dem das Kleinlebewesen ohne Giftbeschuss wirken kann. Der Einsatz von Effektiven Mikroorganismen unterstützt diese Bemühungen, indem diese Mikroben den Platz besetzen, (wo sich pathogene Keime verankern könnten) und das aufbauende Edaphon des Bodens zusätzlich aktivieren.

Zusammenfassung

Mikroben sind keine primitiven Lebewesen. Sie zeigen alle Merkmale kompliziert funktionierender Mechanismen auf, die Parallelen im Charakter und in der Arbeitsweise zu Menschen aufzeigen. Bakterien sind die einzigen Lebewesen, die aus anorganischem Material lebendige Substanz herstellen können. Ohne sie gäbe es kein Leben. Mikroorganismen kommunizieren über elektromagnetische Signale untereinander. Sie erkennen feindliche Antikörper und setzen diese in biologisch nützliche Substanzen um. Sie können Wasser speichern und bei Trockenheit in ihre Umgebung wieder abgeben. Sie wandeln Mineralien in pflanzenverfügbare Formen um. Der vorhandene Nährstoff eines fruchtbaren, lebendigen Bodens verdoppelt sich durch den Stickstoffgehalt der ausgedienten Mikrobenleiber.

Erst knapp 1 Prozent aller Mikroben ist bekannt und erforscht. Innerhalb 24 Stunden können sich aus einer Bakterie 300 Millionen Nachkommen bilden. Ein Quadratmeter Boden beherbergt bis zu 60 Billionen Kleinlebewesen. Sie können sich an neue Lebensbedingungen sehr rasch anpassen und Resistenzen gegen Pflanzenschutzmittel entwickeln. Die Natur hat es so eingerichtet, dass Mikroben nie ganz ausgerottet werden. Wir sind auf sie angewiesen.

Lebende Makromoleküle sind Träger aller Wachstums- und Aufbauprozesse. Wildpflanzen aus intakten Böden weisen zehnmal mehr lebende Makromoleküle auf als chemisch gedüngte Pflanzen.

Endozytose ist die Einverleibung von Makromolekülen und ihr Transport von Zelle zu Zelle. Neue Erkenntnisse beweisen, dass die Endozytose nicht nur bei Tier und Mensch stattfindet, sondern auch in der Pflanze. Die Lehre der Mineraltheorie verneint bisher diese Erkenntnis.

Symbionten scheiden gegenseitig fördernde oder erwünscht hemmende Stoffe aus, leben in «Symbiose» (Lebensgemeinschaft), um einander zu dienen und sich zu ergänzen; z. B. ist allgemein bekannt, dass Eichen oder Orchideen ohne ihre ganz spezifischen Mykorrhizen (Pilzfäden) im Wurzelbereich nicht lebensfähig sind.

Mikroben und unsere Gesundheit: Nur wenige Bakterienarten sind für den Menschen gefährlich, die meisten dienen uns. Die Milchsäurebakterien in der Rhizosphäre der Pflanze sind die gleichen wie in unseren Rachen- und Darmschleimhäuten. Sie filtern Giftstoffe aus ihrer Umgebung aus. Erst die massiven Eingriffe durch den Menschen und den Einsatz von Pflanzenschutzmitteln haben manche an sich harmlose Bakterienstämme zu pathogenen* Keimen gemacht. Der Biologische Anbau kennt diese Problematik nicht, weil man hier um ein aufbauendes Mikrobenleben bemüht ist. Der Einsatz von Effektiven Mikroorganismen unterstützt das vorhandene Bodenleben und besetzt den Platz, den pathogene Keime einnehmen könnten.

Die Effektiven Mikroorganismen sind eine «Mischkultur», die ungemein vielseitig und auf verschiedensten Ebenen wirksam sind.

Die Effektiven Mikroorganismen

Die Natur wertet nicht, ihr sind Einteilungen in «gut» oder «schlecht» fremd. Sie baut ab, um aufzubauen. Sie strebt immer das Gleichgewicht an – in allem, was lebendig ist – sie kann nicht anders.

Ein Blick auf die Entwicklungsgeschichte der Erde und auf das Leben auf und in ihr verrät, dass die Natur stets um ein perfektes Gleichgewicht bemüht ist. Selbstzerstörerische, abnorme Abläufe sind ihr fremd, auch wenn das auf den ersten Blick nicht so aussieht. Unnatürliche, vom Menschen erzeugte Eingriffe und Änderungen toleriert sie, solange sie die Löcher im Netz der Lebenskreisläufe reparieren und das Gleichgewicht einigermassen wiederherstellen kann. Erst wenn alle ihr zur Verfügung stehenden Massnahmen nicht mehr greifen, setzen die Zerstörung und die Reduktion zum Ursprung allen Lebens ein: Wir erfahren Naturkatastrophen. Von einer höheren Warte aus betrachtet, könnte man meinen, dass Mutter Erde nichts anderes dabei versucht, als sich uns, «ihre Läuse», aus dem Pelz zu schütteln. Aus diesem Blickwinkel heraus wird einem bewusst, wie sehr wir die Gutmütigkeit unserer Lebensträgerin strapazieren. Auch wird klar, dass die Natur immer stärker als alle menschlichen Kunstgriffe sein wird.

Das Kontrollorgan der Natur

Die besten und allgegenwärtigen «Kontrolleure» der natürlichen Kräfte sind winzige Kleinlebewesen, die Mikroorganismen. Sie bauen einerseits unentwegt auf, vitalisieren und arbeiten lebenserhaltend. Andererseits sortieren sie aus und bauen ab, was in seiner jeweiligen aktuellen Form nicht mehr taugt, um durch «Um-Wesung» neues Leben zu bilden. Der Kraft der Regeneration steht die Kraft der Degeneration gegenüber. Mikroben arbeiten fraglos für beide. Es entwickeln sich je nach Lage der Situation die erforderlichen Arten. Diese wunderbare Einrichtung funktioniert, solange sie mit der Natur im Einklang ist. In Schieflage geratene Lebensformen werden in jedem Fall wieder ins Gleichgewicht gelotet. Es ist eine Frage der Zeit, und die nimmt sich die Natur: Irgendwann einmal haben die Mikroben alles wieder in Ordnung gebracht – auch ohne uns (falls es uns gar nicht mehr gibt und weil es uns auch nicht unbedingt braucht).

Mikroben sind die Indikatoren für lebendige Substanz, biologische Wertigkeit, Zelltauglichkeit, Nahrungswert, Gesundheit eines Organismus, Tauglichkeit eines jeden Nährsubstrates, jeder Garten- oder Ackererde.[1]

1 Pommeresche 2004, S. 193

Gleiche Gedanken rund um den Globus

Warum sollten wir uns nicht dieser Gaben der Natur annehmen und das Gleichgewicht pflegen, wie es in früheren Zeiten üblich war? Warum nicht helfen, aus den Fugen geratene Balancen auszutarieren, damit die Not der Natur, wenn nicht behoben, so doch wenigstens gelindert wird?

Diesen Überlegungen sind seit Jahren viele Wissenschaftler und praktizierende Menschen nachgegangen:

- Im letzten Jahrhundert haben Forscher wie Rudolf Steiner (Begründer der Anthroposophie) die Zusammenhänge zwischen Boden, Pflanze, Tier einerseits und dem Menschen andererseits unter ganzheitlichen Ansätzen neu erfasst und brachten so den «Stein ins Rollen».
- Steiners Schüler Ehrenfried Pfeiffer (der zuvor Elektronik und physikalische Chemie studiert hatte) widmete sein ganzes Leben der Humuserforschung. Er begann, bodenbürtige Bakterien zu sammeln, die im Ruhezustand als Komposttstarter angewendet wurden, um die Umsetzung organischen Materials auf eine gesunde und nicht faulende Art zu fördern.
- Albert Howard wurde für sein Verständnis für biologische Zusammenhänge, die daraus resultierende Forschung und seine unermüdlichen Veröffentlichungen über lebendige Vorgänge im Boden von der englischen Königin in den Adelsstand erhoben.
- In den USA, wo die Böden durch hemmungslosen Einsatz von Kunstdünger und Pflanzenschutzmitteln auf riesigen Flächen versalzen und zunehmend unbrauchbar wurden, hat Ron Johnson, ein pfiffiger Freizeitfarmer, 47 Bakterienstämme aus einer kalifornischen Bakterienzüchtung zu einem Präparat zusammengefügt. Er konnte damit Mineralien, die durch falsche Bodenbehandlung in giftige Salze gebunden waren, wieder in ausgewogene und pflanzenverfügbare Nährstoffe umwandeln.

Pflanzen, mit symbiotischen Mikroorganismen versorgt, wachsen – für Mineraltheoretiker – unerklärlich gut.[2]

2 Zitat nach Pommeresche 2004, S. 196
3 Higa 1994, S. 7

- Der amerikanische Mikrobiologe Albert Schatz sammelte in Böden, Sümpfen und im Meer Bakterien und beschrieb das Konzept der Chelation*. Hans Peter Müller lieferte anhand seiner Beobachtungen der Abläufe im Boden viele wertvolle Erkenntnisse. Hans Peter Rusch und Erhard Hennig setzten diese Arbeit kompetent fort. Herwig Pommeresche kommt auf seine eigenständige Art zu ebenbürtigen Aussagen.
- Im Land der aufgehenden Sonne, in Japan, beschäftigte sich in den 60er Jahren des vorigen Jahrhunderts der Agrarwissenschaftler Tatsuji Kobayashi mit Photosynthesebakterien für den Einsatz in der Landwirtschaft.
- Gleichzeitig begann Teruo Higa, Professor für tropischen Gartenbau an der Universität Okinawa, sich ebenfalls mit Mikroben ernsthaft zu beschäftigen. Ihm ist es nach Jahren der Hoffnung und der Fehlschläge gelungen, über 80 Mikrobenstämme zusammenzufügen, die laut naturwissenschaftlicher Meinung nicht miteinander in Gemeinschaft existieren können, weil sie gegensätzlich wirken und sich gegenseitig ausmerzen.

Wie mit dem morphogenetischem Feld* bewiesen, hat sich der mannigfache Gedanke, über Mikroorganismen den strapazierten, ja sogar ziemlich kranken Boden zu heilen, in vielen Arbeiten engagierter Forscher manifestiert. Unabhängig voneinander, an den verschiedensten Orten rund um den ganzen Erdball, begann die intensive Erforschung des Bodenlebens. Alle hier aufgeführten Persönlichkeiten seien stellvertretend für viele kluge Köpfe genannt, die sich ebenfalls mit diesem Thema zunehmend auseinandersetzen.

EM und seine Geschichte

«Ich beanspruche keinesfalls, dass EM das Allheilmittel für alle Probleme der Erde sei ...[dennoch]... mit EM-Technologie beginnt ein neuer, wichtiger Trend in der Geschichte der Menschheit.»[3] Das sind starke Worte, hinter denen Professor Teruo Higa steht. Er hat sich das ehrgeizige Ziel gesetzt, seine Effektiven Mikroorganismen zur Gesundung der Erde in aller Welt zu verbreiten, und er tut das auch tatkräftig und mit viel Enthusiasmus.

Vor über 30 Jahren kamen Higa bei der Entwicklung von neuen chemischen Düngemitteln mit Hormonen, Mikronährstoffen, organischem Material und Mikroorganismen immer mehr Bedenken, ob diese Art Forschungsarbeit in eine Art Sackgasse führen könnte. Durch viele Versuche mit Pestiziden stellten sich ausserdem bei ihm gravierende gesundheitliche Probleme ein. Dieser Umstand und zahlreiche Untersuchungsberichte zu Umweltzerstörungen haben ihn wachgerüttelt. Er begann, sich andere Wege auf biologisch-ökologischer Basis zu erschliessen. Mit dem Einsatz von Mikroorganismen, zusammen mit Photosynthesebakterien, kam er einen entscheidenden Schritt weiter: Im Versuchsanbau wuchsen Mandarinen mit ausserordentlichen Qualitäten heran.

Oben: Tempel auf der Sekei Kyusei -Farm in Sara Buri (Thailand).

Unten: Zur Eröffnung des Europäischen Beratungsinstitutes pflanzt Professor Teruo Higa eine Zierkirsche als Symbol für eine glückliche Zukunft.

Angeregt von diesem Erfolg, sammelte er weitere Bakterienstämme und setzte immer wieder neue Mischungen zusammen, bis sich ihm 1981 – nach mehr als 10 Jahren Versuchsarbeit – endlich die richtige Zusammensetzung zeigte. Zu diesem Zeitpunkt wusste er, dass da eine grossartige Sache zum Nutzen einer umweltfreundlichen Technologie in der Landwirtschaft entstanden war. Er ahnte aber noch nicht, wie universell der Einsatz dieser Mikrobenmischung sein würde.

Zunächst stiess Higa in seinen vor Begeisterung sprühenden Vorträgen auf taube Ohren. Das Sprichwort «Der Prophet im eigenen Lande gilt nichts» bewahrheitet sich auch hier. Die Wende kam mit dem Interesse eines seiner Studenten, der der buddhistischen Religionsgemeinschaft Sekei Kyusei Kyo angehört. Die Gemeinschaft pflegt eine natürliche Anbaumethode, die dem biologisch-dynamischen Anbau im Westen sehr ähnlich ist. Den Grundsätzen der Sekei-Kyusei-Farm konnte Professor Higa ohne Einschränkungen zustimmen. Sie passt zu seiner Philosophie. Die Wirkungsweise der Effektiven Mikroorganismen fügte sich wunderbar ein.

Weil EM so rasch die Welt eroberte, wurde von einstigen Studenten Higas in Japan ein Beratungs-Institut mit Niederlassungen auf allen Kontinenten gegründet. Die Sekei-Kyusei-Gemeinschaft organisierte alle zwei Jahre insgesamt 7 Kongresse für den weltweiten Erfahrungsaustausch. Diese Anlässe fanden grossen Anklang. Wissenschaftler untersuchten die Wirkung der Effektiven Mikroorganismen in verschiedensten Einsatzbereichen. Es entstehen immer mehr EM-Produktionsstätten. Regierungen unterstützen EM-Projekte. Die einleuchtende und Umwelt reinigende EM-Anwendung ist im neuen Jahrtausend kein unbekanntes Mauerblümchen mehr, sondern erstaunt ob ihrer vielfältigen und effizienten Möglichkeiten.

Professor Higas Philosophie

Higa ist es wichtig, auf das Konkurrenzprinzip hinzuweisen, in dem das Wirtschaftswachstum gefördert wird. Er sagt, dass «eine Gesellschaft, in der überflüssige und zerstörerische Produktionen belasten, nur glücklich werden kann, wenn sie sich der Koexistenz, die auf Wohlstand für alle basiert, statt dem Konkurrenzverhalten verschreibt».[5] Als Optimist und Idealist will er seine authentische Technologie* allen Menschen zugänglich machen und setzt alles in Bewegung, dieses hoch angesetzte Ziel auch zu erreichen.

Wir müssen bereit sein, uns über die unvorstellbare Kraft der kleinen Lebewesen zu informieren und uns zusammen mit ihnen in der Biosphäre einrichten.[4]

Professor Higa will EM ganzen Nationen zugute kommen lassen, nicht nur einzelnen privaten Interessenten. Eine Monopolstellung oder Patentierung der Produkte schliesst er aus, weil die Effektiven Mikroorganismen keine neue Erfindung, sondern Bestandteil des biologisch funktionierenden Umfeldes der natürlichen Biospähre sind (oder besser gesagt: sein sollten, wären sie nicht durch das menschliche Fehlverhalten so dezimiert). Er sieht in EM eine Grundlage eines universalen Standards, eine perfekte Form der Koexistenz* und Koprosperität*. «Ich begrüsse jede weitere Forschung über EM aufs Wärmste»,[5] ist eine seiner wichtigen Botschaften.

Higa setzt voraus, dass ein Teil der mit EM erwirtschafteten Profite in einen Fonds kommt, aus dem die Förderung der alternativen Landwirtschaft und die dazugehörigen Ausbildungen bezahlt und Forschungsprojekte für die Umwelt unterstützt werden, vor allem in finanziell geschwächten Drittweltländern. Die Anstrengung, um diesen Ansprüchen gerecht zu werden, ist enorm und zerrinnt hoffentlich nicht hinter dem Schutzschild wohlgemeinter Vorhaben (die manchmal trotz gutem Willen versanden und nicht zur Umsetzung gelangen). Higa setzte durch, dass der Preis für EM-Produkte dem jeweiligen finanziellen Landesindex angepasst ist und dadurch bezahlbar wird. So ist EM in armen Ländern für verhältnismässig wenig Geld zu haben. In reicheren Ländern wie den europäischen und den USA wird für EM mehr verlangt, weil mit diesem «Mehr» wiederum in Projekte in Entwicklungsländern investiert werden kann.

Neue Erkenntnisse in der Welt der Mikroorganismen

In der Viehwirtschaft wird Heu oder Mais durch Milchsäurebakterien über Fermentation zu Futtersilage. Milchsäurevergorenes Gemüse, wie es in Japan sehr beliebt ist, kennen wir auch als sehr gesunde Kost, z.B. das Sauerkraut. Milchsäurebakterien gehören zu den Kräf-

4 Pommeresche 2004, S. 209
5 Higa 2000, S. 106

Es ist nicht neu und originell, EM zu nutzen. Wir machen das schon seit je her, um über Fermentation Brot, Wein und Bier herzustellen[6].

ten der Regeneration und erhalten Leben, bauen auf und fördern Antioxidantien. Andere Keime sind den Kräften der Degeneration zuzuordnen. Sie bauen ab, zerstören, machen krank und töten, geben alles dem Zerfall preis. Beide Kräfte sind sinnvoll und erfüllen – der Natur dienend – ihre Aufgaben.

Higa ist in seinen Überlegungen zur Ansicht gekommen, dass in einem ausgeglichenen Boden beide Arten der kleinen Lebewesen gleichzeitig und nebeneinander existieren können müssten, obwohl die Wissenschaft bisher davon ausgegangen ist, dass konkurrierende Mikroorganismen nie im gleichen Umfeld leben können und sich gegenseitig zerstören müssen. Higas Theorie konnte in vielen Beispielen beobachtet und bewiesen werden.

Higa versuchte zunächst in unzähligen Laborversuchen, die Kontrahenten zusammenzuführen, im Reagenzglas auf Nährböden und isoliert – also frei von Erdsubstraten –, wie das üblich ist. Das klappte aber nicht. Er stellte erst durch einen Zufall fest, dass sich das kleine Volk nur im Bodenmilieu untereinander vertrug: Nachdem er mal wieder entmutigt seine Forschung aufgeben wollte und seine ganze Sammlung von Bodenmikroben auf dem Rasen vor dem Labor entsorgte, stellte er nach ein paar Tagen verblüfft fest, dass ihm genau an dieser Stelle das Gras sattgrün entgegenleuchtete. Endlich konnten die Mikroorganismen sich wieder in ihrem heimatlichen Umfeld – dem Boden – tummeln und liessen diesen vertrockneten und vergilbten Rasenfleck in kürzester Zeit wieder frisch ergrünen. Hier konnten die aufbauenden wie die abbauenden Lebewesen neben- und nacheinander existieren und ihre Wirkung eindrücklich demonstrieren.

Die Erkenntnis ist neu, dass auf- und abbauende Mikroben in bestimmter Kombination trotz gegensätzlicher Aufgaben zusammenleben können. Als aufmerksamer Beobachter und geschult, Zusammenhänge zu erkennen, begann Higa damit, die Versuche unter neuen Vorzeichen fortzusetzen. Er sortierte aus 2000 Stämmen über 80 Mikrobenarten heraus, die entweder mit oder ohne Sauerstoff leben. Er fand heraus, wie das Zusammenspiel funktioniert.

Der Aufbau von Stickstoff als Beispiel für den Ablauf der Zusammenarbeit von Mikroorganismen:

- Die Stickstoff bindenden aeroben Azotobakter leben in organischem Material und verbrauchen bei ihrer Umsetzungsarbeit Sauerstoff. Es entsteht Sauerstoffmangel.
- Daraufhin kommen die anaeroben Photosynthesebakterien (ohne Sauerstoff lebend) zum Zuge und wandeln organische Substanz zu pflanzenverfügbaren Nährstoffe um. Dabei fressen sie für den eigenen Energiebedarf die Ausscheidungen und Rückstände der vorausgegangenen Azotobakter.
- Das Spiel beginnt aufs Neue, denn die Ausscheidungen und ausgedienten Leiber der Photosynthesebakterien sind wiederum willkommene Nahrung und neue Lebensbasis der Azotobakter.

So ist im Neben-, Mit- und Nacheinander der Mikroben der aerobe wie der anaerobe Aufbau von Stickstoff möglich.

Noch nicht lange bekannt: Hatte man früher die aeroben Bakterien als «gut» und die anaeroben als «schlecht» bewertet, weiss man heute, dass anaerobe Lactobazillen (L. bifidus) des Darmes, Zymogene (Fermentbakterien, Enzymbildner), Schwefel- und Sulfat reduzierende Bakterien, viele Chlostridien (u.a. stäbchenförmige Fermentationsbakterien) und die braun-grünen Photosynthesebakterien wirksame, wichtige Keime sind. Sie verzehren mit Vorliebe Schmutzstoffe, Gifte, Krankheitserreger und alles, was uns die Nase rümpfen lässt, weil es fault oder verwest und stinkt. In EM leben anaerobe Photosynthesebakterien mit den Fermentationsbakterien zusammen, regen andere Mikroorganismen unter Sauerstoffausschluss an und aktivieren sie. So wird der Abbau-Prozess wieder in einen aufbauenden umdirigiert.

Die EM-Technologie hat einen positiven Einfluss auf das gesamte Umfeld. Mit ihr wird es möglich, die Qualität unserer Nahrung deutlich zu verbessern.[7]

Am Anfang unserer Erdgeschichte bildete sich erst nach und nach Sauerstoff, die Anaerobier (die aufbauenden, antioxidativen) waren noch in der Überzahl. Diese Phase wandelte sich im Laufe der viele Millionen Jahre dauernden Entwicklung, je mehr sich die Gashülle um die Erde mit sauerstoffhaltiger Luft füllte. So gibt es in der heutigen Zeit weit mehr Sauerstoff liebende Aerobier, die abbauen und oxidativ arbeiten, als die aufbauenden, antioxidativ wirkenden Anaerobier.

Aufgabe von EM ist, das vorherrschende Milieu des Abbaus wieder in den Aufbau zu bringen. Je höher die Anzahl der Antioxidantien durch aufbauende Mikroben ist, umso besser ist die Wirkung auf Mensch, Tier und Pflanzen. Die ausgepumpte Vegetation wird wie-

6 Higa 1994, S. 96
7 Higa 1994, S. 105

der mit Vitalstoffen aufgefüllt. Es wird Fäulnis verhindert und organische Substanzen werden in pflanzenverfügbare Formen umgewandelt. Die Ausscheidungen von Effektiven Mikroorganismen enthalten viele aufbauende Stoffe wie Aminosäure, organische Säuren, Polysaccharide* und Vitamine.

Das Dominanzprinzip

Dies ist ein Naturgesetz und funktioniert auf allen Ebenen. Es steht wegen der auf der Erde herrschenden Polarität an vorderster Stelle, obwohl die Natur immer das Gleichgewicht anstrebt.

Ein fiktives Zahlenmodell zu Erklärung des Dominanzprinzipes

Für ein besseres Verständnis dieses Vorganges hier ein Beispiel: Angenommen,

- von 100 Prozent einer Menge gehören 5 Prozent dem aufbauenden, konstruktiven und meistens erwünschten Mechanismus an
- weitere 5 Prozent sind auf der Gegenseite. Sie bauen ab, wirken zerstörend und sind oft unerwünscht
- die restlichen 90 Prozent verhalten sich opportunistisch* und sind bestrebt, die Mechanismen der vorherrschenden Seite aufzunehmen. Sie setzen sich einfach auf die Waagschale, wo schon die grössere Menge einer Einheit ist

Für die Dominanz auf einer Seite der Waage braucht es gar nicht viel: Beträgt die aufbauende Menge nur etwas mehr, vielleicht 5,01 Prozent, die abbauende dafür nur 4,99 Prozent, so rennt die ganze neutrale Mannschaft (die Opportunisten) mit ihren 90 Prozent dem dominanten Aufbau hinterher, worauf die Waagschale mit den Aufbauenden 95,01 Prozent der gesamtem Masse enthält, die mit dem Abbau nur noch knappe 5 Prozent.

Eine Waagschale neigt sich dahin, wo die grössere Masse ist:

Abbau

Gleichgewicht

Aufbau

Dieses Prinzip nutzt Higa und gibt in seiner Mikrobenmischung den aufbauenden Mikroben die Oberhand, damit sie aus dem allseitigen Abbau herausführen können.

EM für aktiven und effizienten Umweltschutz

«Eine flächendeckende EM-Anwendung kann Umweltzerstörung verhindern und zur Gesundung umkehren», sagt Higa[8] in seinen Schriften. Er ist überzeugt, dass sich Umweltprobleme nur mit den Denkweisen der Syntropie-Technologien als ein geeignetes Medium aus der Entropie herausführen lassen. EM wird durch herausragende, aufbauende Leistungen allgemeine Zustimmung gewinnen.

Entropie entsteht, wenn bei Verschmutzungen stetig anwachsende Rückstände verbleiben, weil sie nicht wieder in den Naturkreislauf zurückgeführt werden können. Ein Beispiel ist die globale Erwärmung. Entropie steht laut Higas Schriften für Abbau, Oxidation und Verschleiss von Ressourcen bis hin zur Verschmutzung und Zerstörung der Biosphäre von Luft, Wasser und Boden. Die meiste Technik bringt durch Energieverbrauch, synthetisch hergestellte chemische Stoffe und Massenproduktionen Entropie hervor.
Syntropie ist eine Wortschöpfung von Higa (Syn aus dem Wort Synthesis = Zusammensetzung, Zusammenspiel und -tropie, dem Begriff «Entropie» entnommen). Der Ausdruck steht für Aufbau, Wiedergeburt, Antioxidation. Syntropie ist der Gegenbegriff von Entropie, sie ermöglicht die Reinigung von Verschmutzungen und die Umwandlung schädlicher Stoffe in «Bodenschätze» für Pflanzen. Dieser Vergleich ist stimmig, denn in der frühen, syntropischen und sauerstoffarmen Weltgeschichte entstanden in Jahrmillionen u.a. auch Bodenschätze wie Steinkohle und Erdöl. Die Funktion der Syntropie ist der Photosynthese bei Pflanzen ähnlich, deren wachsendes Grün die Umwelt reinigt.

Den Beweis der aufbauenden Kraft von EM hat Higa auf vielen Ebenen bereits erbracht. In den warmen Klimazonen des Erdballes können die Effektiven Mikroorganismen besonders schnell und eindrücklich wirken, denn eine angenehme «Brutwärme» verhilft zur raschen Vermehrung der Mikroben. Sie sind zwischen 20 und 38 Grad Celsius am aktivsten und wandeln innerhalb kürzester Zeit umweltbelastende Stoffe in umweltverträgliche um. Nicht unwesentlich sind dabei auch die finanziellen Einsparungen, weil viele teure Massnahmen durch kostengünstige EM-Anwendungen ersetzt werden können und nur noch ein Bruchteil der bisherigen

8 Higa 1994, S. 81

Kosten erforderlich ist, z.B. für Klärschlamm-Entsorgungen, teure Verbrennungsanlagen und Sondermüll-Endlager.

Ozonlöcher in der Erdhülle: Gasförmige Kohlenstoffe wie Methan, Ethylen oder Acetylen bilden Treibgase. Mülldeponien, Massentierhaltungen und Brandrodungen als Haupttäter machen die kostbare Ozonschicht kaputt, die uns vor schädigenden kosmischen Strahlungen schützt. Effektive Mikroorganismen, gezielt am «Tatort» eingesetzt, binden die zerstörerischen Gase und zerlegen sie in organischen Sauerstoff, Zuckerarten und nützliche Aminosäure – ein hochwertiger Dünger für den Boden und für das Plankton im Meer.

CO_2-Belastung: Bei globalem EM-Einsatz wird der stetige Anstieg von Kohlendioxyd in der Atmosphäre gebremst. Ein Beispiel: Brennkammern von Heizungen und Kehrichtverbrennungsanlagen mit EM-Keramik-Einlage mindern den CO_2-Ausstoss.

Schwermetallanreicherung im Boden und in Müllkippen sind ein gefundenes Fressen für Effektive Mikroorganismen. Sie befreien die belasteten Substrate auf natürliche Weise.

Geruchsbelästigungen aus Kläranlagen und Müllplätzen sind stinkende Nachweise für giftige Fäulnisprozesse. Es beeindruckt, wie EM besonders in warmen Regionen und Jahreszeiten diese belasteten Orte «rehabilitiert», indem die Mitläufer-Bakterien (Opportunisten) von der Seite der Degeneration auf die Seite der Regeneration gebracht werden.

Müllhalde in Vietnam, wo mit EM-Technologie aus dem stinkenden Abfall wohlriechender Dünger entsteht.

Wie EM auf Dioxin und andere synthetisch hergestellte Gifte einwirkt, beschreibt Higa aufschlussreich, denn es ist inzwischen unmöglich geworden, den Giften auszuweichen, sie sind überall. Zudem enthalten über 60 Prozent der Pflanzenschutzmittel Grundstoffe für unerwünschte, sich unkontrolliert bildende Umwelthormone, die nur schwer abbaubar sind.

Die natürliche Zersetzung von Dioxinen im Boden geht nur sehr langsam vor sich. Nach 10 bis 12 Jahren ist erst die Hälfte der Belastung abgebaut. Bei optimalem, grosszügig bemessenem Einsatz von aktiviertem EM verkürzt sich dieser Prozess enorm. Laut Higa war der Wert auf einem belasteten Feld in 50 Tagen um 30 Prozent gesunken, nach drei Jahren konnte kein Dioxin mehr nachgewiesen werden.

Dioxin ist ein Sammelbegriff für 50 verschiedene chlororganische Substanzen, von denen 17 besonders gefährlich sind und z. B. bei der Herstellung von Unkrautvernichtungsmitteln entstehen können. Dioxine sind hochgiftige Verbindungen, die sich auch durch Verbrennung (Kehricht, Metallverarbeitung) bilden können. Sie sind stark Krebs erregend, senken die Immunkräfte, schädigen die Leber und führen zu Unfruchtbarkeit. Sie belasten den Boden und das Grundwasser über viele Jahre. Über den Luftweg (Emission) oder über die Asche aus Verbrennungsanlagen kommen sie zurück zur Erde:

- auf Viehweiden
- ins Wasser, wo sie von Fischen aufgenommen werden
- als Staub auf Gemüse und Getreide

und gelangen so auf verschiedenste Art in die Nahrungskette.

Wo EM grosszügig angewendet wird, lösen sich Rückstände von Giften und Verschmutzungsstoffen allmählich auf.[9]

In Müllverbrennungsanlagen werden Dioxine freigesetzt, weil z.B. Rückstände von Frischhaltefolien (Venylchlorid) mit Kochsalz (aus dem Hausmüll) neue Verbindungen eingehen. Die Dioxin-Belastungen stammen zu 90 Prozent aus Müllverbrennungsanlagen. Aktiviertes EM und EM-Keramikpulver, die über den Müll vor der Verbrennung auf der Halde versprüht werden, reduzieren diese schlimmen Toxine bereits. Wird in den Brennkammern zusätzlich EM-Keramikpulver eingeblasen, wird die Dioxinbildung herabgesetzt.

Erosion, die Vorstufe zur Wüstenbildung, breitet sich rasend schnell aus, wo Erde ihre Lebendigkeit verloren hat und keinen Bewuchs mehr zulässt. Mit einer EM-Behandlung kann der Boden sehr effizient wiederbelebt werden. Die zerstörte Bodenstruktur baut sich wieder auf, Verschlämmungen und verkrustete, harte Oberflächen werden krümelig und können das Wasser wieder «schlucken». Pilzfäden (Hyphen) durchweben den Boden und bereiten mit einem dichten Geflecht die neue Begrünung vor.

Wüsten, wie wir sie kennen, waren einst fruchtbare Regionen.

Belastete oder gar tote Gewässer werden mit EM neu belebt. Wird bereits das Abwasser aus Haushalt und Industrie mit EM geimpft, setzt sich die Heilung über die Kanäle, Flüsse und Seen fort bis zum Meer. In Japan kehrten die Fische nach der EM-Behandlung wieder in die vor kurzem noch «gekippten» (eutrophierten) Gewässer zurück.

In Kläranlagen mit EM-Bewirtschaftung tummeln sich Fische im letzten Becken. Es entstehen keine Faulschlämme. Die Sedimente* gehen bis zu 90 Prozent zurück, werden von den Effektiven Mikroorganismen einfach weg gefressen. Die aufwändige Verbrennung

9 Higa 2000, S. 11

der Klärschlämme reduziert sich enorm und damit auch die hohen Kosten für deren Entsorgung.

Gesundes Vieh ohne Fliegenplage und Ammoniak-Belastung.

Landwirtschaft und Viehzucht mit konventioneller Anbaumethode belasten das Land und alles, was darauf und von ihm lebt mit

- Bioziden*
- Antibiotika
- Kunstdünger
- unsachgemäss behandelter Gülle und Mist
- keimtötenden Mitteln für die Hygiene des Viehs

Mit EM sind beängstigende, giftige Massnahmen nicht mehr nötig. Viele Pflegearbeiten machen wieder Spass, weil keine Schutzanzüge und Gasmasken erforderlich sind:

- Böden werden wieder belebt und tragen reiche, gehaltvolle Früchte
- die Mengen der Pflanzenschutzmittel werden extrem reduziert oder erübrigen sich
- das Vieh steht gesund im Stall; Geruch und Fliegen werden reduziert
- der die Luft belastende Methan-Ausstoss durch Mist, Gülle und Veratmung vom Milchvieh sinkt auf ein Minimum
- Effektive Mikroorganismen besetzen als «Platzhalter» die Flächen, wo sich sonst pathogene Keime breit machen könnten

Kalanchoe-Anbau im «geschlossenen Wasserkreislauf».

In der Pflanzen-Massenproduktion fallen die gleichen Belastungen mit Bioziden an wie in der konventionellen Landwirtschaft. In vielen Regionen ist deshalb der «geschlossene Kreislauf» eine staatliche Verordnung, die streng überprüft wird. Im geschlossenen Kreislauf werden alle Mittel, die durch das Giesswasser eingebracht werden, gefiltert und gereinigt den Pflanzen aufs Neue zugeführt. Dieses Wasser darf nach mehrmaligem Umlauf nur über teure Filteranlagen ins Abwasser abgeführt werden. Obwohl in dieser Kulturform ein EM-Einsatz sehr wirkungsvoll sein könnte, hat er sich bisher noch nicht im grossen Massstab durchgesetzt.

Ein EM-Betrieb in Süddeutschland mit 6000 Hühnern kann dem Besucher gesunde, friedvolle Tiere zeigen.

In Massentierhaltungen sind psychotische Störungen der Tiere, Seuchen und belastete Produkte grosse Probleme. Mit EM werden die Tiere ruhiger und toleranter, die lästige Fliegenplage entfällt, Seuchen treten nicht mehr auf. Milch, Eier, Fleisch, Fisch und Meeresfrüchte aus EM-gepflegten Tierhaltungen sind wegen der geschmacklichen und biologischen Qualität beliebt. Das sind alles Vorteile, die auch der Umwelt gut tun.

Alles, was unter dem Begriff «Industrie» zusammengefasst wird, bezieht sich auf Technologien, die in den meisten Fällen naturfremd arbeiten, also ein künstliches Umfeld haben und künstliche Produkte anfertigen. Das ist in den meisten Fällen umweltbelastend. Hier tut sich ein grosses Feld auf, wo mit den Effektiven Mikroorganismen umweltfreundliche Produktionsweisen ausprobiert werden könnten. Es braucht nur ein bisschen Mut zur Kreativität.

Hygiene im menschlichen Umfeld – privat im Haushalt oder gesetzlich verordnet im Gastgewerbe und in klinischen Bereichen – ist ein weiteres Einsatzgebiet: Hier ist EM in vielen Fällen eine grosse Hilfe, weil es eine ganze Reihe üblicher Entkeimungsmittel ersetzen kann.

Im Hausbau, in Industrieanlagen und bei öffentlichen Betonbauten wie Brücken, Hangbefestigungen und Mauern leistet EM wertvolle Dienste, wenn es in Baumaterialien eingemischt wird, denn es verhindert Korrosion und Alterungsprozesse. So rosten Armierungseisen im Beton nicht mehr, wenn dem Zement EM beigemischt wurde. Farben halten sich mit EM-Keramikpulver besser und geben eine gute Atmosphäre ab. Beim «Sick-House-Syndrom» (giftige Ausscheidungen aus Baumaterialien) kommt EM erfolgreich zum Zug. Verpilzte Räume (Schimmel, Stockflecken) können mit EM umweltgerecht behandelt werden. Wasserschäden am Bau nach Flutkatastrophen sind vor allem mit starken Faulgerüchen begleitet, die durch EM-Einsatz reduziert und nasse Wände vor Schimmelpilzen bewahrt werden.

EM wurde schon bei einigen Flutkatastrophen mit Erfolg eingesetzt.

Im privaten Haushalt wirkt der EM-Einsatz besonders vielfältig. Als Universalputzmittel ersetzt es eine Vielzahl der im Handel üblichen «Spezialpräparate». EM im Raum versprüht, bindet Staub und Gerüche (Kochdunst, Zigaretten), hält lästige Fliegen fern und sorgt für «gute Luft».

Beweggründe für Genmanipulationen, nämlich den Hunger der Welt zu stillen, geraten ins Wanken, da die Bodenfruchtbarkeit durch EM zu nicht mehr gekannten Ernten führt, wenn es gründlich und in grossen Mengen eingesetzt wird. Die Diskussion über höhere Erträge durch Gentechnik wird durch die EM-Technologie vom Tisch gefegt, weil sie auf natürlicher Basisarbeit und gesünder, wirkungsvoller und weitaus günstiger als die kostspieligen Anstrengungen der Gen-Wissenschaft ist.

Es gibt noch viele EM-Anwendungen, die im Einzelnen im praktischen Teil dieses Buches aufgeführt werden. Viele und bisher noch nicht bedachte Einsatzmöglichkeiten mit heilender Wirkung durch EM warten auf Entdeckung. So manche Anregungen und Ideen werden noch folgen.

EM sorgt für den Aufbau

Effektive Mikroorganismen stellen ein übergeordnetes Prinzip dar: Sie eröffnen unglaublich viele Anwendungsmöglichkeiten, die unseren Planeten wieder ins Lot rücken können. Ihr weltweiter Einsatz zeigt so viele positive Ergebnisse, dass die Hoffnung auf eine Gesundung des Globus kein Silberstreif am Horizont bleiben muss, sondern Stück für Stück Realität werden könnte. Zusammen mit anderen, die Natur schonenden Massnahmen kann EM den Schaden an der Biosphäre wieder in Ordnung bringen, kann Fäulnis- und Verwesungsbakterien abbauen und die Umwelt aus der Entropie in die lebenserhaltende Syntropie überführen. Die EM-Zusammensetzung aus probiotischen* Mikrobenstämmen mit Photosynthesebakterien, Pilzen, Hefen und Lactobazillen wirkt sich regenerativ und stärkend auf alles Leben aus. Die Photosynthesebakterien sind z.B. in dieser Mikrobenzusammensetzung die «Macher». Sie vertilgen die Abbauprodukte wie Schwefelwasserstoff, Kohlendioxid oder Ammoniak und bauen durch ihren Verdauungsprozess neue Stoffe daraus wieder auf. Sie scheiden nach diesem Umbauprozess grosse Mengen Nährstoffe aus wie Aminosäuren, organische Säuren, Mehrfachzucker und Vitamine, die alle für das Wachstum und die Entwicklung von Pflanze, Tier und Mensch wichtig sind. Somit sind Photosynthesebakterien fähig, aus verbrauchten, energiearmen Substanzen (z.B. Asche) wieder energiereiche Stoffe herzustellen.

Antioxidative Wirkungen: EM kann auf vielen Gebieten der Korrosion angewendet werden und Zerfallsprozesse stoppen, denn EM ist ein grosser Stein in dem Mosaik des aktiven Umweltschutzes. Es hat sich als sehr starkes Antioxidanz erwiesen. Mit grosssflächiger Anwendung von Effektiven Mikroorganismen sinkt das Niveau der Umweltbelastungen und der fortschreitenden Oxidation. Die Umkehr aus der Entropie in die Syntropie wird durch EM möglich. Eine Vielzahl von Mitteln mit Radikalefängern erübrigt sich, denn «wenn die Wirkung von EM einsetzt, verschwindet die Energie der Radikal-Reaktion.»[10])

Resonanzwellen und Magnetismus sind Kräfte, die uns umgeben. Alle Dinge stehen mit allem, was ist, in Resonanz, ziehen sich an

10 Higa 1994, S. 116
11 Zschocke, www.emater.de

oder stossen sich ab. Ohne Magnetismus könnten wir nicht auf der Erde stehen, ohne Resonanzwellen gingen alle Lebewesen zugrunde. Obwohl die Wissenschaft die Vorgänge dieser Energien längst erforscht und erklärt hat, bleiben sie ein geheimnisvolles Phänomen, weil es nicht einfach «greifbar» ist und doch Motor des Lebens zu sein scheint. Photosynthesebakterien senden Wellen aus, vergleichbar mit einem elektronischen Kommunikationssystem wie Radio, Fernsehen oder Telefon. Wichtigster Bestandteil der Effektiven Mikroorganismen ist, dass sie mit sehr hoher Frequenz und extrem niedriger Energie die Eigenschaft magnetischer Resonanz aufweisen. Sie produzieren Antioxidantien und u.a. auch die Vitamine C und E.

Magnetische Resonanzwellen sind Energieträger, die verschiedene Wellenlängen zu einer gleich schwingenden Energie abstimmen, in «Resonanz» treten, wenn sie auf Magnetismus treffen. Gebäude, die mit EM-Keramikzusatz gebaut wurden, sind bei Erdbeben stabiler, weil sie durch die Wirksamkeit der magnetischen Resonanz besser im Einklang mit den Erdbebenwellen mitschwingen als vergleichbare Bauten ohne EM-Zusatz. Radioaktive Strahlungen werden durch magnetische Resonanz abgebaut, indem ihre gefährlichen Wellen in harmlosere verändert werden. Mit EM-Keramik konnten radioaktiv belastete Böden nach wenigen Jahren auf normale Werte heruntergebracht werden.

EM – ein Mix aus über 80 Mikrobenstämmen

Die Effektiven Mikroorganismen, wie Higa die Mixtur aus den verschiedensten Mikroorganismen genannt hat, sind in flüssiger Form als Lösung und in Keramik eingebrannt im Handel.

Die EM-Grundmischungen setzen sich aus Photosynthesebakterien, Hefen, Pilzen, Actinomyceten (aerob und anaerob) und Milchsäurebakterien zusammen, wobei letztere die Hauptmenge bilden. Sie durchlaufen mit einer Lösung aus Wasser und Zuckerrohrmelasse einen Fermentationsprozess (= ohne Sauerstoff). Die Mischungen reifen einen Mondzyklus lang (28 Tage) unter gleichmässiger Temperatur, bevor sie abgefüllt in den Handel gelangen. Die Tinktur riecht angenehm süss-sauer, ähnlich dem Sauerkraut, und ist gold- bis dunkelbraun wegen der Zuckerrohrmelasse. Die Mikroben sind darin in einem Ruhezustand. Sobald sie in ihren zugedachten Lebensraum kommen, werden sie aktiv. Das Erdreich und alles, was darauf wächst, ist ihr hauptsächlicher Wirkungskreis. Mit Hilfe von

EM versetzt Pflanze, Tier und Mensch mit seiner ausgewogenen, vielseitigen Mikrobenzusammensetzung in die komfortable Lage, sich immer das auszuwählen, was gerade nötig ist.[11]

EM, zusammen mit organischen Substanzen, kann der ausgelaugte Boden wieder vollwertige Nahrung hervorbringen, was die Voraussetzung für eine gesunde Lebensgrundlage ist.

Aktiviertes EM ist eine Vermehrung der Originalmischung. Aktiviertes EM wird EMa genannt. Es kann relativ einfach hergestellt werden, was sich lohnt, wenn grössere Mengen gebraucht werden. Es ist sehr effizient, weil die Mikroben aus dem Ruhestand in die aktive Phase geführt werden und ausgebracht sofort auf ihr Umfeld einwirken. Während des Fermentationsprozesses vermehren sie sich stark, wenn über den Zeitraum von 7 Tagen die Temperatur konstant um 35 Grad Celsius gehalten wird. Die Mikroben brauchen in dieser Phase viel Energie und Nahrung, die ihnen die Wärme und die Zuckerrohrmelasse liefern.

Feuergeister in der EM-Keramik

Die meisten Mikroorganismen reagieren empfindlich auf hohe Temperaturen. Viele krankmachende, abbauende Bakterien sterben ab, wenn unser Körper mit gesunden Abwehrkräften Fieber erzeugt. Der Wissenschaftler Louis Pasteur fand heraus, dass viele pathogene Keime bei mehr als 70 Grad Celsius abgetötet werden (deshalb sagt man «pasteurisierte» Milch). Der Mikrobiologe Robert Koch leistete viel Aufklärungsarbeit über krankmachende Bazillen. Nach seiner Zeit sind viele weitere Mikroben entdeckt und entziffert worden. So halten manche Mikroorganismen bis zu 130 Grad Celsius aus.

Richtige «Feuergeister» sind die Photosynthesebakterien. Sie überstanden in Urzeiten die Lavaglut der vielen aktiven Vulkane und ertragen laut Higa die unvorstellbare Hitze von mehr als 1200 Grad Celsius. EM wird mit einem Spezial-Ton verknetet. Dieser Ton enthält organisches Material, das von Pflanzen stammt und im vor Jahrmillionen stattgefundenen Wandlungsprozess zusammen mit urzeitlichen Mikroben Enzyme gebildet hat. Mit den hinzugefügten Effektiven Mikroorganismen ist eine Kombination gelungen, die besonders wirkungsvoll ist.

Die in den Ton gebrannten Effektiven Mikroorganismen sind nicht mehr aktiv, sondern in einer Art Ruhezustand, wie 1993 nachgewiesen werden konnte. Als Keramik-Röhrchen (Pipes) oder fein gemahlen zu Pulver, unterstützt diese EM-Form alle Umsetzungsprozesse im Boden und im Wasser. Ganz erstaunliche Ergebnisse erzielt diese spezielle Keramik, fein gemahlen, zusammen mit

12 Braun, www.Wasserkristalle.ch

Urgesteinsmehl. Es hilft den Mikroben, Mineralien und Spurenelemente in pflanzentaugliche, organische Formen umzuwandeln, die über Haarwurzeln von der Pflanze aufgenommen werden können.

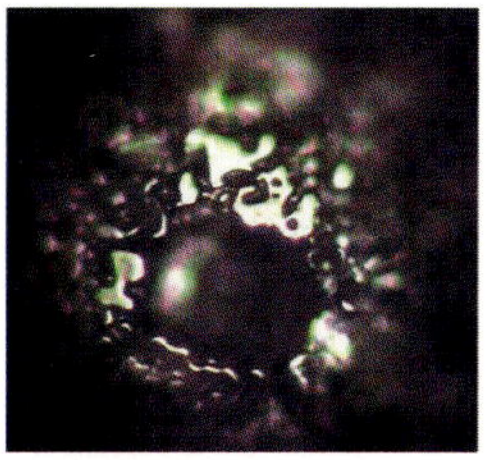

Wasserkristallbildung: Destilliertes Wasser oben ohne und unten mit EM-Keramikpipes. Während reines destilliertes Wasser keine Kristalle bildet, zeigt ein Wassertropfen des destillierten Wassers, mit aufbauenden EM-Keramikpipes informiert, einen wunderschönen Kristall.[12]

Der Grund für die phänomenale Wirkung der Keramik trotz stillgelegter EM-Aktivität sind die magnetischen Resonanzwellen und elektronischen Signale, die weiterhin ausstrahlen und ihre ganz spezifischen Informationen an die Umgebung abgeben: Für die Natur wird das Signal für Antioxidanz übermittelt und Oxidation verhindert, weil die bereits vorhandenen, aufbauenden Mikroorganismen aktiviert werden. Die EM-Keramik behält diese Eigenschaft, auch wenn sie anderen Materialien beigegeben wird. Je reiner ein Stoff ist, umso besser funktioniert die Übertragung der Information. Unbelastetes Wasser ist ein sehr geeignetes Medium, also Transportmittel für die Übertragung.

Oxidierte Substanzen geben keine magnetische Resonanz mehr ab. So behindert verschmutztes Wasser z. B. die korrekte Weitergabe der magnetischen Resonanz aus der EM-Keramik, bis deren Schwingungen das Wasser von den Belastungen befreit haben, worauf es derart gereinigt eine feinere Struktur annimmt.

EM-Keramik in Form gebracht: das feingemahlene EM-Keramikpulver, z. B. in Flüssigkeiten eingesetzt, ist nicht immer praktisch. Das Pulver setzt sich zwar auf den Grund der Flüssigkeit ab, es wird aber immer wieder aufgerührt, wenn es in Bewegung gerät. Hier bieten sich die verschiedenen festen Formen an. Universell und am meisten gebräuchlich sind die kleinen Hohlröhrchen (Pipes). Aber auch grössere Hohlzylinder, kleine Kugeln oder grössere Ringe sind je nach Bedarf im Einsatz.

Verschiedenste Formen der EM-Keramik. Im Glas ein EM-Fermentationsgetränk

Ein Wort zu EM als Nahrungsergänzung

Im Handel werden EM-Produkte als aufmunternde, Energie spendende Nahrungsergänzungsmittel oder als Zusatz zu Erfrischungsgetränken angeboten, entweder in einer dem Gesundheitsgesetz angepassten Form oder als Filtrat aus EM.

Diese Produkte tun dem menschlichen Organismus auf direktem Weg über Milchsäurebakterien auf EM-Basis oder indirekt über die Information via magnetischer Resonanz sehr gut. Obwohl sie keine offiziellen Heilmittel sind, wurden und werden sehr viele positive

Erfahrungen damit gemacht. Higa bezeichnet sie als Hilfsmittel zur Prophylaxe vieler Gesundheitsprobleme. Sie sind in den meisten Ländern** als einfaches Lebensmittel registriert und zugelassen oder liegen zum Zeitpunkt dieser EM-Buch-Herausgabe zur Genehmigung vor.

Bücher zum Thema EM und Mensch sind im OLV (Organischer Landbauverlag) erschienen und auf der letzten Seite des Buches aufgeführt.

Der japanische Arzt Shigeru Tanaka schreibt in seinem EMX-Buch sehr ausführlich über die Wirkungsweise von EM in der Ernährung.

EM-Salz ist Meersalz. Es wird in Japan aus grossen Tiefen gewonnen und in einem aufwändigen Herstellungsprozess mit Effektiven Mikroorganismen und dem EM-Fermentionsgetränk aufbereitet. Es kann als besonders edles Speisesalz wie das allseits bekannte Kristallsalz verwendet werden. Es wird, wie im Buch «EMX-Salz» von Teruo Higa und Ryuichi Chinen beschrieben, nicht nur für das Wohlbefinden erfolgreich eingesetzt, sondern wie die bei uns allgemein bekannte Salzsole und auch als unterstützendes Mittel bei vielen Krankheiten.

Weitere EM-Produkte auf dem Markt

Auf Grundlage der EM-Technologie wurden eine ganze Reihe Spezialprodukte entwickelt, und es werden laufend mehr. Für die Haushaltsreinigung oder die Körperpflege sind verschiedenste Mittel auf EM-Basis auf dem Markt. Da gibt es feine Pflegeserien oder Reinigungsmittel, mit wohlriechenden Essenzen angereichert. Ein spezielles EM für stark verschmutzte Gewässer, das in Kläranlagen, in Industrien wie Gerbereien oder auch nach Flutkatastrophen eingesetzt wird, ist ganz neu auf dem Markt. Hier sind solche Mikrobenstämme erhöht oder zusätzlich dazugegeben, die mit Vorliebe Öle, Schwermetalle und Gifte wegfressen und in verträglichere Substanzen umbauen. Aufkleber mit EM-Keramik lassen Elektrosmog verschwinden, und vieles andere mehr.

Es werden sicher noch viele weitere pfiffige EM-Produkte kreiert. Wichtig bleibt bei aller Kreativität der Gedanke daran, dass die Effektiven Mikroorganismen keine synthetisch hergestellten Chemikalien sind, sondern als Lebewesen betrachtet und behandelt werden sollten und dass nicht jede Manipulation oder die Zusammensetzung verschiedener Materialien von den Effektiven Mikroorganismen auch vertragen wird oder den gewünschten Nutzen bringen kann. Der Spruch «ein bisschen weniger ist oftmals mehr» gilt auch hier.

Zusammenfassung

Die Natur versucht trotz massiver Eingriffe das Netz der Lebenskreisläufe und das Gleichgewicht zu halten.

Das Kontrollorgan der Natur sind die Mikroorganismen. Sie bauen ab und bauen auf, je nach Erfordernis.

Gleiche Gedanken rund um den Globus entwickelten sich, nachdem das anthroposophisch ausgerichtete landwirtschaftliche Wissen alte und neue Erkenntnisse zusammenführte und provokative Ideen neue Technologien in Gang brachten. Die Welt der Mikroorganismen rückte zunehmend aus ihrem Dämmerschlaf ins Rampenlicht der Bodenbiologie-Wissenschaft.

EM und seine Entdeckung kam durch den japanischen Professor Dr. Teruo Higa in die Welt. Er hat in jahrelangen Tests die richtige Mixtur aus auf- und abbauenden Mikroorganismen gefunden. Mit grossem Erfolg geht seine Entdeckung seither rund um die Erde. Vor allem in den finanziell gebeutelten Drittweltländern fasste die EM-Technologie schnell Fuss und wird dort von vielen Regierungen unterstützt und subventioniert. Zu diesem Erfolg hat die Sekei-Kyusei-Natural-Farm in Thailand einen grossen Teil beigetragen.

Higas Philosophie wendet sich gegen das Konkurrenzprinzip, indem nur das Wirtschaftswachstum gefördert wird. Er sieht in EM die Grundlage für eine weltweite Koexistenz und Koprosperität und setzt voraus, dass ein Teil des mit EM erwirtschafteten Geldes in Fonds für Projekte in finanzschwächeren Ländern abgeleitet wird.

Neue Erkenntnisse belegen, dass sonst konkurrierende Mikroorganismen im Bodenmilieu mit-, neben- und nacheinander existieren und das Bodenleben wieder aktivieren können. Der Ablauf eines vielschichtigen Prozesses, der seit den Urzeiten der Erdgeschichte vom sauerstoffarmen Aufbau (Antioxidation) in den sauerstoffliebenden Abbau (Oxidation übergegangen ist, kann mit den effektiven Mikroorganismen wieder in den Aufbau umgewandelt werden.

Aktiver Umweltschutz ist mit EM auf einfache und wirksame Weise möglich, in den warmen Ländern sogar sehr effizient, weil dort die Temperaturen über das ganze Jahr eine angenehme Brutwärme liefern und nicht nur im Sommer wie bei uns. Der Einsatz von EM kann Vieles bewirken:

- die gefährlichen Treibgase wie Methan, die Löcher in die Ozonschicht der Atmosphäre fressen, werden in pflanzenverfügbare Aminosäure und andere Nährstoffe umgewandelt
- die CO_2-Belastung wird gebremst
- Schwermetalle sind ein gefundenes Fressen für EM
- der Geruch von Kläranlagen und Müllplätzen verschwindet
- Dioxinbelastungen können rascher abgebaut werden
- erodierte Böden werden wieder belebt
- belastete oder gar tote Gewässer gesunden wieder
- Land- und Viehwirtschaft sind weniger auf Chemikalien angewiesen
- Gärtnereien könnten EM wie in der Landwirtschaft einsetzen
- Massentierhaltungen kennen keine grassierende Epidemien mehr
- die Tiere verhalten sich harmonischer
- in der Hygiene könnte EM zukünftig eine wichtige Rolle spielen, weil dann kaum noch Entkeimungen mit giftigen Mitteln nötig sind
- Bauten werden haltbarer; Korrosionen der Materialien, Verpilzungen (Schimmel, Stockflecken) und das Sick-House-Syndrom können mit EM eingedämmt werden
- im privaten Haushalt hat sich EM u.a. als Universalputzmittel und zur Raumerfrischung bewährt
- Gentechnik für grosse Ernte ist nicht nötig, weil ein EM-gepflegter Anbau reichen Ertrag bringt

EM hat sehr starke, aufbauende Kräfte und wirkt dem allseits vorhandenen Abbau entgegen. Es kann Oxidation sogar wieder rückgängig machen und freie Radikale binden.

Magnetische Resonanzwellen in EM-Keramik wandeln gefährliche Wellen in harmlosere um.

EM-Anwendungsformen:

Die Originalmischung EM ist eine Flüssigkeit, in der Effektive Mikroorganismen im Ruhezustand und ohne Sauerstoff in geschlossenen Behältern auf ihren Einsatz warten. Sie ist als Bodenhilfsstoff registriert.

Aktiviertes EM ist die erste Vermehrung der Originalmischung unter dem nährstoffreichen Zusatz von Zuckerrohrmelasse. Die Vermehrung dauert bei gleichmässig gehaltener Temperatur eine Woche. Aktiviertes EM wirkt unmittelbarer, weil die Effektiven Mikroorganismen nicht wie in der Originalmischung erst geweckt werden müssen, sondern bereits sehr «wach» sind.

In EM-Keramik wurden Effektive Mikroorganismen mit Ton verknetet und bei über 1000 Grad Celsius gebrannt. Als Hohlröhrchen für Wasseranwendungen oder als fein gemahlenes Pulver für den Boden «kickt» EM-Keramik über magnetische Resonanzwellen ein neues, aufbauendes Mikrobenleben an. Sie entfaltet zusammen mit Urgesteinsmehl ihre volle Wirkung, weil EM in der Lage ist, Mineralien und Spurenelemente pflanzentauglich umzuwandeln.

EM als Zusatz zu Erfrischungsgetränken tut in modifizierter Form dem menschlichen Organismus via magnetischer Resonanz oder über die Milchsäurebakterienmischung gut.

EM-Salz ist als edles Speisesalz zum Wohlbefinden unseres Organismus oder als unterstützendes Medium für die Heilung bei vielen Krankheitsbildern im Einsatz.

Weitere EM-Produkte werden neu entwickelt und auf dem Markt angeboten. Ob Körperpflege-Serien oder Haushaltsreiniger oder das spezielle EM für stark belastete Gewässer, alle Produkte sind auf der Basis von der EM-Technologie aufgebaut und mit anderen Substanzen ergänzt.

EM-Projekte ausserhalb Europas

Spital in Thailand: Abwasser, mit vielen pathogenen Keimen besetzt, wird mit EM behandelt. Im letzten Becken tummeln sich bereits die Fische.

Vietnam: Im Düngerwerk wird der vorbokashierte Müll nochmals verlesen und mit EM-Beregnung aufbereitet. Vererdet kommt er als Dünger wieder zum Einwohner zurück .

Brasilien: Dr. A. K. Zschocke (2. v. r.) und A. Daenecke (ganz r.) zu Beuch im EM-Forschungszentrum «Centro de Pesquisa».

Das Interesse an der EM-Technologie wächst und auch die Anzahl Menschen, die sich mit den Effektiven Mikroorganismen befassen. Eine kleine Auswahl von vielen Projekten:

- In Japan wurde das Wasser des Seto-Binnenmeeres mit EM saniert und wieder belebt. Die Fische sind zurückgekehrt. Algen und Muscheln können wieder wie in früheren Zeiten geerntet werden.
- In Thailand hat sich die Regierung ganz auf die Effektiven Mikroorganismen eingestellt. Das Militär wird während der Wehrpflicht im Sekei Kyusei Nature Farm Center in der EM-Technologie ausgebildet. Die erworbenen Kenntnisse werden zu Hause in Selbstversorgung umgesetzt. In Krabben- und Fischzuchten mit EM-Praxis sind keine Antibiotika nötig: Die Jungbruten erleiden kaum Ausfälle, und somit fällt auch die Ernte um einiges höher aus. Die Arbeitenden haben keine Hautschäden mehr. Nach dem Tsunami wurde EM versprüht, um Verwesungsgeruch und Seuchen zu bannen. Trotz der Hitze traten keine Epidemien auf. Ein Spital verwendet für die Hygiene nur noch EM. Die Spitalverwaltung konnte die Kosten dafür von 100 Prozent auf unglaubliche 1 bis 2 Prozent senken.
- In Vietnam werden mehrere Pilotprojekte von der Regierung unterstützt. In Hanoi kommt der gesamte, grob vorsortierte Müll zur EM-Bokashierung.
- Afrika: EM-Projekte sind mit Plantagen, Müllentsorgung und Landwirtschaft punktuell verbreitet. In den Regionen mit grosser Wassernot hilft die EM-Technologie, das kostbare Wasser zu reinigen.
- Australien und Neuseeland: Auch hier hat die EM-Technologie Fuss gefasst.
- In Nordamerika versorgen zwei Produktionsstätten viele Farmen, die mit den zerstörten Böden Probleme haben, mit EM.
- In Costa Rica wird an der privaten Earth University der Umgang mit der EM-Technologie gelehrt und durch die motivierten Studienabgänger in der Landwirtschaft verbreitet.
- In Südamerika ist EM seit 15 Jahren im Einsatz. In der Forschung wurden weitere EM-Formen entwickelt: Im EM4 für starke Verschmutzungen ist der Anteil an Photosynthesebakterien erhöht, weil diese Art Mikrobe Dreck, Fett und Umweltgifte aller Art besonders gern mögen und z.B. nach Flutkatastrophen oder Öltanker-Unfällen sehr gute Leistungen zeigen.

Teil 2

EM-Praxis

Vielfältiger Einsatz mit Effektiven Mikroorganismen

Einführung in die EM-Praxis

EM wirkt am besten und am nachhaltigsten über den Boden

Die einzelnen Mikrobenstämme der Effektiven Mikroorganismen sind eigentlich Erdbewohner. Dort ist ihre Heimat, dort fühlen sie sich wohl, dort «entrümpeln» sie alles, was dem Boden schadet. Sie räumen so lange auf, bis ihre Wohnstatt wieder vollkommen eingerichtet ist. Wenn wir ihren Lebensrhythmus nicht stören, sondern unseren Beitrag dazu leisten, die Mikroben zu unterstützen, indem wir

- ohne Kunstdünger wirtschaften
- keine giftigen Pflanzenschutzmittel verwenden
- nicht mehr tiefgründig umgraben
- genug organisches Futter zuführen,

dann kann der Boden wieder gesunden und mit ihm eine kleine Parzelle der Umwelt.

Das Dominanzprinzip

Das Naturgesetz der Dominanz funktioniert auf der Ebene der Polarität und ist kein Widerspruch zum Naturgesetz des Gleichgewichtes, das alle Kräfte in den Ausgleich zu bringen sucht. Die Polarität und ihre dominanten Kräfte halten alles in Bewegung und scheinen Motor des Lebens zu sein. Solange eine Dominanz sehr übergewichtig ist, stockt das Leben und wird zerstört. Genauso bedeutet das absolute Gleichgewicht der Kräfte Stillstand und Tod. Das Wesen einer intakten Natur ist, bei aller Polarität sich möglichst nahe am absoluten Gleichgewicht zu bewegen.

Wenn viele kleine Bodenparzellen durch EM gesunden, kann die alarmierend rot gefärbte Umweltsituationskarte Stück für Stück wieder grüne Farbe zeigen.

Dominanz des Abbaus

Dominanz des Aufbaus

Für ein besseres Verständnis dieses Vorganges findet sich im Teil 1, Kapitel «Effektive Mikroorganismen» auf Seite 132 als Beispiel ein fiktives Zahlenmodell

Unsere Umwelt driftet in ihrer Entwicklung zunehmend in die Dominanz des Abbaus. Die Kraft der vorhandenen Antioxidanzien reicht nicht mehr, um das Pendel wieder auf die aufbauende Seite zu bringen. Das Geheimnis der Effektiven Mikroorganismen ist, dass sie ihr jeweiliges Tätigkeitsfeld durch ihre vielfältige Zusammensetzung verschiedenster Mikrobenstämme und durch ihre Zusammenarbeit untereinander aus der Dominanz des Abbaues in die Nähe des Gleichgewichts bringen, mit einem leichten Pendelausschlag in die aufbauende Dominanz.

Angestrebter Zustand: aufbauende Dominanz, nahe am Gleichgewicht.

Um das gestörte Bodenleben aus der vorwiegenden Oxidation herauszuholen, muss Antioxidation mit geballter Kraft angeschoben werden. Das heisst, dass eine Umkehrung in Richtung Aufbau mit massivem Einsatz von Effektiven Mikroorganismen erforderlich ist, bis sich unsere Erde wieder dem Gleichgewicht nähert. Erst dann kann der genesende Boden aus eigener Kraft weiterleben und braucht nur noch sporadische Schützenhilfe durch EM.

Für eine erfolgreiche Wendung aus der Oxidation in die Antioxidation sind demnach höhere EM-Konzentrationen, als in den allgemeingültigen Rezepturen angegeben, notwendig, bis sich je nach Bodenbeschaffenheit nach 3 bis 4 Vegetationsperioden das Bodenmilieu in den Aufbaustatus eingespielt hat und dort auch bleiben kann. Eine Behandlung mit EM ist im Boden am wirksamsten, Oberflächenspritzungen über das Blatt sind unterstützende «Hautpflege».

Effektive Mikroorganismen richten keinen Schaden an, wenn sie anfangs in doppelter bis vierfacher Menge angewendet werden, um das Bodenleben zu aktivieren. Es ist eine Frage des Zeitpunktes und der vorliegenden Bodenbeschaffenheit. Hier ist der Anwender gefordert, sich selber dazu Gedanken zu machen oder eine kompetente Beratung einzuholen. Festgesetzte Rezepturen können nicht gelten, weil Boden und Mikroben lebendige und sehr individuelle Organismen sind. Die hier aufgeführten Rezepturen – wie auch die Erklärungen über die Wirkungsweise von Effektiven Mikroorganismen und deren Zusammenhänge mit der jeweiligen Umgebung – sind wichtige Anhaltspunkte.

Je mehr Mikroben den Boden beleben, desto besser werden Organisches und Mineralien «verstoffwechselt», und umso vollkommener ist das Nährstoffangebot für die Pflanzen

Das Kohlenstoff-Stickstoff-Verhältnis

In der Pflanzenernährung steht Kohlenstoff (C) – häufig in Form von CO_2 – an erster Stelle, gefolgt von Stickstoff (N). Auch hier ist ein Gleichgewicht zwischen den einzelnen Komponenten wie überall wichtig. Zudem brauchen Mikroorganismen Stickstoff für ihre Arbeit, organische Masse in pflanzenverfügbare Nährstoffe umzuwandeln.

Für das ausgewogene Verhältnis zwischen Faser- und Nährstoffen im Boden ist der Anteil von Kohlenstoff zu Stickstoff ein wichtiges Merkmal, von dem die Fruchtbarkeit einer Erde abgelesen werden kann.

Organisches Material mit einem C/N-Verhältnis um 20 zu 1 ergibt einen fruchtbaren Boden, z.B. Grasschnitt oder Gemüseabfall mit ihren 10 bis 20 Anteilen an Kohlenstoff und 1 Anteil Stickstoff. Die Zersetzung läuft schnell ab, die Mikroben verbrauchen kaum Stickstoff für sich selbst.

Ist der Kohlenstoff-Anteil einer organischen Substanz sehr hoch, z.B. bei einem C/N-Verhältnis 250 bis 500 zu 1 (Gehäckseltes aus Holz, Gehölzschnitt oder Rindenschnitzel), brauchen Mikroorganismen zur Umsetzung länger und benötigen für diesen Einsatz folglich auch mehr Stickstoff für den Eigenbedarf, der dann den Pflanzen fehlt. Darum sehen Staudenpflanzungen mit Beikraut hemmendem Holzhäcksel-Mulch oft sehr erbärmlich aus und bleiben über Jahre klein und mickerig.

Was tun, wenn sehr viel Gehölzschnitt anfällt? Die Mischung macht's: zur Flächenkompostierung oder für eine Bokashi-Miete dem Holzhäckselgut leicht zersetzbare, organische Masse (Gemüseabfälle oder Pflanzenjauche) zugeben und mit dem zellulosereichen und schwer abbaubaren, holzigen Material gut durchmischen. So verbleibt im Boden trotz erschwerter, stickstoffzehrender Abbau-Arbeit durch Mikroben genügend Stickstoff für den Bewuchs.

Das C/N-Verhältnis organischer Stoffe in ihrer Trockensubstanz

Organische Masse	Anteil Kohlenstoff	Anteil Stickstoff
Harn	0.8	1
Mistsickersaft	2 bis 3	1
Fäkalien	6 bis 10	1
Grünmasse	5 bis 15	1
Schwarzerde	5 bis 20	1
Rasenschnitt	10 bis 15	1
Kot landwirtschaftl. Nutztiere	10 bis 15	1
Stapelmist	10 bis 15	1
Mistkompost	10 bis 20	1
Hülsenfruchtstroh	10 bis 20	1
Luzerne/Zwischenfrüchte	15 bis 25	1
Stroharmer Frischmist	20 bis 25	1
Küchenabfälle	20 bis 25	1
Strohreicher Mist	25 bis 30	1
Schwarztorf	30 bis 40	1
Stadtmüll	30 bis 40	1
Gehölzlaub	30 bis 50	1
Getreidekleie	30 bis 50	1
Getreidespelz	50 bis 80	1
Getreidestroh	50 bis 150	1
Verrottetes Sägemehl	150 bis 250	1
Sägemehl	250 bis 500	1

Der Mondzyklus und EM[1]

In den Sternen steht's geschrieben: Alles, was auf Erden gedeiht, ist ihrem Himmelslauf unterstellt. Der Mond als Erdtrabant ist ein wichtiger Mittler zwischen Kosmos und Erde. Sein Lauf rund um den Globus nimmt starken Einfluss auf alles, was auf ihm lebt. Sein Takt bestimmt den Atemrhythmus der Erde – in Ebbe und Flut erleb- und sichtbar.

Der siderische Mondlauf: Der Trabant wendet sich bei seiner Wanderung von einem Sternbild zum anderen dem Horizont zu und spaziert nahe an ihm entlang (absteigend) oder hoch hinauf zum Himmelszenit (aufsteigend). Dieser Zyklus dauert etwa 27 Tage.

1 Freitag-Lau/Lau 2005, Kalender-EM-Aussaattage.

Der synodische Mondlauf: Er bezieht sich auf seine Stellung zum Sonnenlauf und dauert 29 Tage:

- Bei Neumond steht der Erdtrabant genau der Sonne gegenüber, aber zwischen Erde und Sonne. Seine dunkle Schattenseite unterscheidet sich – mit blossem Auge gesehen – nicht vom übrigen Nachthimmel, ist eben scheinbar unsichtbar.

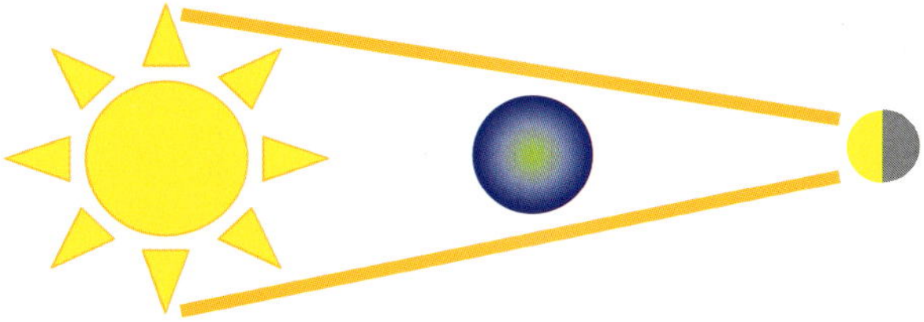

- Bei Vollmond steht der Erdtrabant der Sonne wieder genau gegenüber, die Erde aber zwischen Mond und Sonne. Wir sehen die von der Sonne voll beleuchtete Seite.

Beide Mondumläufe nehmen Einfluss auf die Wachstumskräfte:
Im siderischen Mondlauf (durch die 12 Tierkreissternzeichen) wirken die Kräfte auf die Pflanzenentwicklung ein.

- Wässrige Sternzeichen fördern die Blattmasse.
- Erdige Sternzeichen kräftigen das Wurzelwachstum.
- Lichtvolle Sternzeichen sorgen für Blütenfülle.
- Die feurigen Sternzeichen unterstützen die Fruchtbildung und lassen Früchte reifen.

Im synodischen Mondlauf (Periode Neu-, Voll- bis Neumond) wirken die Lebenskräfte auf die Pflanzen ein:

- Bei zunehmendem Mond steigt die Vitalität bis kurz vor Vollmond in den oberirdischen Pflanzenteilen an (z.B. günstig für Ernten).
- Bei abnehmendem Mond sinkt sie in den Wurzelbereich (z.B. günstig für das Anpflanzen).

Ein Mondkalender berücksichtigt in der Einteilung von günstigen und weniger guten Zeiten die Kräfte von beiden Mondumläufen. Sie sind entsprechend gekennzeichnet.

Wie die Effektiven Mikroorganismen auf den Mondzyklus reagieren und wann sie am aktivsten sind, haben Gabi und Kurt Walter Lau in mehr als zehn Jahren beobachtet und erforscht.

Was hat EM mit dem Mondzyklus zu tun? Sehr viel, denn diese Lebewesen reagieren auf den Mondzyklus wie alle anderen Organismen auch. Verantwortungsbewusste EM-Produzenten nehmen deshalb Rücksicht auf die Mondstellungen. Auch die Vermehrung von EM zu EMa verläuft bei einer günstigen Konstellation sicherer, und auch die Haltbarkeit wird dadurch beeinflusst (laut Aussagen von EM-Praktikern bis zu 50 Prozent länger).

EM-Anwendungen sind zu Pflanzzeiten, wie sie im Mondkalender angegeben sind, besonders wirksam, also beim absteigenden Mond an den lichtvollen Blütentagen oder an den Wärme spendenden Fruchttagen, denn die Effektiven Mikroorganismen lieben mollige Temperaturen und die kosmische Wärmestrahlung. Dann sind sie besonders aktiv und vermehren sich ohne Ende. Sie versagen ihren Dienst an den «Knotentagen» und kommen in aufsteigenden Mondphasen nicht so richtig in Gang. Die Vermehrung von EM zu EMa nimmt einen guten Verlauf, wenn es an Blüten- oder Fruchttagen angesetzt wird. Hier spielen die Zeiten des zu- und abnehmenden Mondes keine so grosse Rolle. Aktivitäten zu Mondknotenzeiten, wenn der Mond bei seinem Umlauf über die Kreuzung der beiden Bahnen zieht, wirken sich immer auf alles Lebendige ungünstig aus. Da stockt alles für einen Ewigkeitsmoment, ist die Führung der Energieströme eine kleine Spanne lang unklar.

EM ist kein Dünger

Soll die Wirkung von flüssigem EM im Boden anhalten, ist organische Substanz nötig, die dem Boden zugeführt wird in Form von

- Pflanzenresten (Mulch, Flächenkompost)
- stickstoffhaltigen Jauchen (Brennnesseln, Beinwell)
- fermentierter Gülle, Mist
- Bokashi (fermentiertes Allerlei)

Wenn EM effizient und dauerhaft wirken soll, muss immer eine gewisse Menge an organischem Material zugeführt werden, sonst kann es passieren, dass nach einigen Jahren trotz aller EM-Einsätze der Boden auf eine Art verhungert und mit ihm der Bewuchs.

Die Effektiven Mikroorganismen sind – bildlich gesprochen – die «Trainer» der bodenbürtigen Mikroben-Mannschaft, «kicken» die Umsetzung an und sorgen für eine vollkommene Umwandlung von organischen Substanzen und Mineralien zu pflanzengerechter Kost. Alle «Arbeiter» im Boden brauchen auch für sich selber Futter zum

Leben, das sie sich aus den organischen Pflanzenmaterialien herausziehen. Sie stellen den Pflanzen aber ihre nahrhaften Ausscheidungen und ihre stickstoffreichen, ausgedienten Körper wieder zur Verfügung.

Synthetischer Dünger wie Stickstoff, ganz gleich, ob als Einzelstoff oder mit anderen Mineralsalzen als Volldünger im Handel, hat in der biologischen Bewirtschaftung keinen Platz, weil er den Humus, die Gare und das Bodenleben zerstört. Künstlich hergestellter Harnstoff gehört auch zu den synthetischen Düngern. Superphosphat, für die Pflanze direkt verfügbar, ist auch ein Kunstdünger, allerdings in abgemilderter Form.
Organischer Dünger wie Hornspäne sind gute Stickstofflieferanten, bringen aber auch Fäulnis mit sich. Soll das Bodenmilieu aus der Oxidanz herausgeführt werden, ist es ratsam, diese Düngemittel vorweg über eine Bokashierung (Fermentierungsprozess) umzusetzen, d.h. für die Pflanzen «vorzuverdauen», ehe sie in den Boden kommen. Sie können mit pflanzlichen Abfällen aus Küche und Garten zusammen mit EM, EM-Keramik, Gesteinsmehl oder Algenkalk fermentiert werden.

EM ist kein Düngemittel, kein übliches Pflanzenschutzmittel, enthält keine chemisch-synthetischen Zusätze und ist nicht genmanipuliert.

Anwendungs-Hinweise zur EM-Praxis

EM ist eine sehr saure Flüssigkeit (pH-Wert unter 4) und wird von der Pflanze nur verdünnt oder nach Neutralisierung im Boden vertragen:

- Versprühung über das Blatt sollte nur bei trübem Wetter oder abends nach Sonnenuntergang stattfinden. Bei Sonnenschein kann empfindliches und zartes Blattwerk verbrennen. UV-Strahlen töten Mikroorganismen ab.
- Giessen Sie den Boden mit EM am besten einige Tage vor dem Anpflanzen. Noch besser: den Boden vor Regenwetter mit EM behandeln, damit die Mikroben gründlich eingeschwemmt werden können. Auch hier gilt: Sonne meiden.
- Frisches Bokashi nie direkt in die Wurzelzone einer Pflanze einbringen, sondern 20 bis 30 cm davon entfernt, oder das frische Bokashi vorab mit etwas Erde vermischt bis zur Neutralisation lagern. In der warmen Jahreszeit geht das sehr schnell, oft nur eine Woche. Bei kühlem Wetter dauert es bis zu drei Wochen.

Aufbewahrung, Haltbarkeit: EM-Lösung hält sich ungeöffnet bei ausgeglichenen Temperaturen (ohne grosse Schwankungen) bei 8 bis 14 Grad Celsius sehr lange, denn die Mikroben verharren im Ruhe-

Oben:
Um bei angebrochenen Flaschen den Luftraum zu verkleinern, wird die Flasche einfach zusammengedrückt.

Unten:
Graues EM-Keramikpulver.

zustand, bis sie durch Sauerstoff geweckt werden. Bei einer angebrochenen Flasche kann sich ein weiss-grauer Belag bilden. Das bedeutet keine Qualitätseinbusse, sondern eine Vermehrung der EM-zugehörigen Hefepilze. Weil bei jeder Öffnung ein Schwall frischer Luft in die Flasche kommt, werden diese Pilze als Erste aktiviert.

Solange EM angenehm süss-sauer riecht, ist der Inhalt in Ordnung. Fängt es an, unangenehm in die Nase zu stechen (stinkig), ist die Lösung «gekippt» und nur noch ins Abwasser oder zur Gülle zu geben.

Angebrochene EM-Flaschen: Einmal geöffnete Flaschen bald aufbrauchen, weil mit jeder Entnahme Luft und somit Sauerstoff in die Flasche gelangt, wodurch die Mikroben aus ihrem Ruhezustand herausgeholt und zum Stoffwechsel angeregt werden.
Tipp: Angebrochene Gebinde in mehrere kleine, lichtgeschützte Gefässe bis oben hin füllen. So kann eine Portion nach der anderen verbraucht werden, ohne dass zuviel Sauerstoff ins Gefäss gelangt und die sauerstoffliebenden, abbauenden Mikroben überhand nehmen und somit die Zusammensetzung der Mikrobenstämme ins Ungleichgewicht gerät.
Variante: Den Luftraum einer 1-Liter-EM-Flasche über dem Flüssigkeitspegel verengen: einfach die geöffnete Plastikflasche zusammen drücken und so zusammengequetscht verschliessen.

EM-Keramikpulver: Von dem feinen Pulver sind ganz geringe Mengen erforderlich, um die Wirkung durch die magnetische Resonanzschwingung zu entfalten. Damit sich das Pulver gut verteilen lässt, wird es mit Urgesteinsmehl vermischt. Diese Kombination ergänzt sich ideal und zeigt gerade im Zusammenspiel beider Kräfte eine noch bessere Wirkung, als wenn beide Substanzen getrennt zum Zuge kämen.

EM-Keramikpipes (Hohlröhrchen) werden überall da eingesetzt, wo das Pulver stören würde. Die bisherigen Erfahrungen (mehr als 10 Jahre) haben gezeigt, dass sich ihre Wirkung nicht erschöpft.

In den folgenden Praxis-Themen sind viele Rezepturen und Beispiele beschrieben, wie und wo die Effektiven Mikroorganismen wirksam sind. Die Anwendungen sollen auch zu neuen Ideen animieren, denn jeder kann mit Kreativität zu seinen ganz persönlichen EM-Einsätzen kommen.

EM-Keramik

Das Charakteristikum von EM-Keramik ist, dass es die Funktion von anorganischem Material (Ton) mit derjenigen von EM vereint. Diese Kombination stabilisiert die Wirkung von EM bei der Bodenverbesserung, verhindert Materialermüdung und ist hochwirksam bei der Wasserreinigung.[1]

Das Wasser bleibt klar und stinkt nicht mehr. Die EM-Keramikpipes erhöhen die Haltbarkeit der Schnittblumen.

1 Higa 1994, S.166

Das Aussergewöhnliche an der EM-Keramik ist, dass sie durch die Kraft ihrer aufbauenden, magnetischen Resonanz die Schwingung einer anderen Materie derjenigen von EM angleichen kann. So können in den Abbau geratene Substanzen wieder in den Aufbau umgelenkt werden. Ganz deutlich kommt dieser Wirkungsmechanismus zum Beispiel im Wasser zum Ausdruck. Belastet und zu grossen Molekülhaufen verklebt, teilen sich die Wassercluster durch den Einsatz von EM-Keramikpipes wieder in kleine Molekülhäufchen auf. Die Clusterstruktur wird feiner, das Wasser flüssiger, und es bekommt die Schwingungsqualität eines Quellwassers. Belastungen werden losgelassen, es ist wieder Platz für neue Informationen da. Wenn wir dafür sorgen, dass diese neuen Informationen antioxidativer Art sind, kann das ganze Umfeld durch Keramikpipes in die gesundende Richtung umgepolt werden. Dabei ist zusätzlich hinzugefügtes, flüssiges EM in vielen Fällen eine grosse Hilfe (mehr dazu im Kapitel «Effektive Mikroorganismen», Seite 139).

Oben: Verschiedene Formen der EM-Keramik für vielseitigen und wirkungsvollen Einsatz.

Unten: EM-Keramikpipes im Wasserkocher mindern Kalkablagerungen und verbessern die Wasserqualität.

In Ton eingebunden

Nach mehr als 10 Jahren Erfahrung zeigt sich, dass die Wirkung der EM – in Ton gebrannt – nicht nachlässt, sondern konstant erhalten bleibt. Die feste EM-Keramikform wird überall da eingesetzt, wo das Pulver stören würde (zum Beispiel im Wasser oder in der Hosentasche). Die grauen Pipes sind, mit lustig bunten Perlen zu Armbändern oder Ketten aufgefädelt, Schmuckstücke mit heilsamer Infrarotstrahlung und von antioxidativer Wirkung auf den Organismus. Mit zartrosa kleinen Pipes sind sie auch fertig zu kaufen. Die graue EM-Keramik ist als Pulver oder in Form von Pipes am häufigsten im Einsatz.

EM-Keramik-Anwendungen

Weil die Effektiven Mikroorganismen auf so vielfältige Arten eingesetzt werden können, sind auch hier nur die wichtigsten Anwendungen aufgeführt. In den nachfolgenden Kapiteln werden noch weitere Verwendungen, vor allem von EM-Keramikpulver, beschrieben.

Graues EM-Keramikpulver schafft gute Lebensbedingungen für die Effektiven Mikroorganismen und lässt sich mit anderen Materialien gut vermischen.

Das zartrosa Amron-EM-Keramikpulver ist besonders fein gemahlen, etwas poröser und nicht unbegrenzt haltbar. Es eignet sich ideal für Farbmischungen, weil es den Farbton nicht verändert. Oder für Pflanzenschutzspritzungen, weil es die Düsen weniger verstopft.

Graue EM-Keramikpipes: Als Faustregel rechnet man eine Pipe auf einen Liter Wasser. Aber es können ohne weiteres mehr Pipes pro Liter verwendet werden. Je kleiner die Wassermenge ist, desto schneller erfolgt die Wirkung. Bei einem Literkrug stellt sie sich schon nach einer halben Stunde ein, nach einer Stunde ist die volle Wirkung erreicht. Bei grösseren Flüssigkeitsmengen dauert es zwei bis drei Stunden. Etwas gefälliger anzuschauen sind die EM-Keramikringe, die es in zwei Grössen gibt: einen kleinen für Flüssigkeiten bis zu 300 Liter und den grossen für bis zu 1000 Liter.

1 EM-Keramikpipes haben einen Plus- und einen Minuspol. Damit sich die magnetische Resonanzschwingung nicht gegenseitig aufhebt, beim Auffädeln einen Knoten zwischen die Pipes als «Abstandshalter» machen.
2 EM-Keramikgeschirr verändert Flüssigkeiten positiv und hält Obst frisch.
3 40 Pipes (aufgefädelt) im WC-Spülkasten lösen Kalkrückstände.
4 EM-Keramikring im Brunnen verhindert Moos und Ablagerungen.
5 Wein wird milder im Geschmack.

2

3

6 Pfiffig: Keramikkette an Plastikflasche gebunden, schwimmt und hält das Regenwasser frisch.

4

5

1

6

7

8

7+8 Schnittblumen behalten mit Pipes im Wasser auch aufgetrocknet Farbe und Blütenblätter.

EMa-Vermehrung

Eine freundliche Umgebung ist für Mikroorganismen genau so bekömmlich wie allen Lebewesen. Dieser Platz wird abgedunkelt.

Achte auf deine Gedanken, denn sie werden Worte.
Achte auf deine Worte, denn sie werden Handlungen.
Achte auf deine Gewohnheiten,
denn sie werden dein Leben bestimmen. *(aus dem Talmud*)*

Wer sich mit der EM-Technologie auseinandersetzt, macht sich unweigerlich Gedanken zu bisherigen Handlungen und Gewohnheiten. Die dem Kapitel vorangestellten Worte sollen daran erinnern, dass eine EMa-Vermehrung nicht einfach eine materielle Angelegenheit ist, sondern dass wir hier mit Lebewesen umgehen. Es ist nicht nur eine sorgsame Behandlung gefragt. Auch ein freundliches Umfeld hat sehr wohl einen Einfluss auf eine gelungene Vermehrung, so wie sich Pflanzen, mit liebevollen Worten bedacht, besser entwickeln, als solche, die nur als «Grünzeug» aufgestellt werden. Geräte mit geballter Elektronic, Hip-Hop- oder Heavymetall-Music in der Nähe des Produktionssplatzes sind den Mikroben nicht zuträglich. Die Effektiven Mikroorganismen würden für ihre Vermehrung einen Ort ohne extreme Elektrosmog-Belastung durch Starkstrom bevorzugen, wenn sie wählen dürften, und hätten gegen harmonische Klänge sicher nichts einzuwenden.

EMa = aktiviertes EM ist die 1. Vermehrung vom ursprünglichen EM. Bei einem grösseren EM-Einsatz, z.B. auf einem Bauernhof vom Ackerboden über die Stallungen und Tiere bis zum Haushalt, lohnt sich die eigene EMa-Vermehrung. Aber auch bei kleinerem Bedarf ist eine EMa-Herstellung sinnvoll, um die Effektiven Mikroorganismen im Garten, Wasserbiotop und Haushalt vielseitig anzuwenden. In Industrie oder in kommunalen Anlagen ersetzt EM durch die praktische EMa-Vermehrung viele bisherige konventionelle Methoden.

Eine der vielen schönen Seiten von EM: Aus einem Liter werden durch Vermehrung 30 Liter EMa. Damit sind die Kosten pro Liter EMa auch fast 30-mal geringer als bei der gleichen Menge EM. Das erleichtert die grosszügige Verwendung. So kann EM breitgefächert eingesetzt werden, ohne den Geldbeutel zu sehr zu belasten.

EMa wird dann richtig interessant, wenn es vielerlei Präparate kostengünstig ersetzt, die sonst einzeln zum Putzen, zur Hygiene oder zur Wasserklärung verwendet werden und erhebliche Summen verschlingen. Zudem entfällt die bisherige Lagerhaltung von vielen verschiedenen Mitteln, weil nur noch eins nötig ist. Es entsteht kein Sondermüll mehr. Hautschäden, durch scharfe, konventionelle Mittel verursacht, kommen nicht mehr vor. Im Gegenteil, EM und EMa pflegen sogar strapazierte Hände.

Technisches

Die Grösse eines Behälters für die EMa-Vermehrung richtet sich nach dem EM-Bedarf innerhalb von 14 Tagen. Die Menge für diese Zeit muss jeder für sich selber ermitteln. Der Durchschnittshaushalt mit 4 Personen kommt mit 1 bis 5 Liter EMa aus, der landwirtschaftliche Betrieb braucht 100 Liter und mehr, je nach Jahreszeit, Betriebsgrösse und Einsatzbreite. Wichtig ist, dass die Temperatur während der Fermentierung von EM zu EMa stabil bleibt. In gemässigten Klimazonen verhilft eine Heizung zu gleichmässigen Temperaturen, in den tropischen Ländern reicht ein Platz mit Wärmegraden ohne grosse Schwankungen.

Ein Heizstab, wie er für Aquarien verwendet wird, mit Abstandshalterung zum Boden in die Wanne setzen.

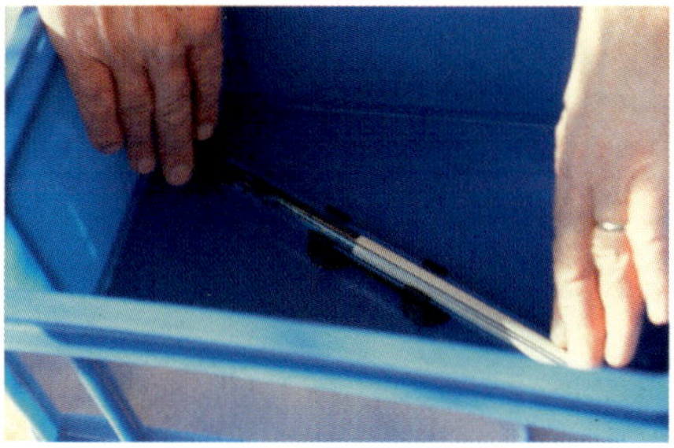

Einen Zwischenboden als Abstandshalter zum Vermehrungsgefäss ins Wasserbad einsetzen. Hier ist es eine U-förmige Chromstahlplatte auf die das Vermehrungsgefäss gestellt wird.

Die EMa-Vermehrung ist eine Fermentierung (Gärung ohne Sauerstoff) und nicht schwierig, wenn grundlegende Regeln eingehalten werden:

- gleichmässige Temperaturen um ±35 Grad Celsius
- saubere Vermehrungsbehälter aus lebensmittelechtem Kunststoff oder aus Chromstahl
- die elektrische Wärmequelle muss für Flüssigkeiten zugelassen sein. Genügend Abstand von Elektrosmog-Quellen einräumen
- EM verwenden, das eine gute Qualität hat und gut riecht. Der pH-Wert sollte zwischen 3,3 und 3,8 liegen. Zur Vermehrung nur ein EM verwenden, das innerhalb der Haltbarkeitsdaten liegt
- Zuckerrohrmelasse möglichst aus zertifiziertem biologischem Anbau verwenden
- reines Wasser mit EM-Keramikpipes aufbereiten

Die EMa-Vermehrung ist nicht mit einer Fermentierung von Wein oder Schnaps zu vergleichen, denn hier sind ausser den Hefen auch andere Mikroben am Werk: Sorgfältiges und sauberes Arbeiten ist Voraussetzung für eine geglückte Vermehrung (begleitende, freundliche Gedanken an EM werden bestimmt erhört).

- tägliche Kontrolle des Gärprozesses
- Gärgase müssen entweichen können, ohne Luft einzulassen (mit Gärspund* fermentieren)

Variationen von selbst gebastelten EMa-Vermehrungsanlagen: 1 isolierte Kammer mit Heizgerät (mit Thermostat). 2 Vermehrung literweise im Wasserbad. 3 Plastikflasche mit Heizstab in der Kühltasche

Fermentierungsanlagen in Variationen: Findige Köpfe haben die unterschiedlichsten EMa-Vermehrungsanlagen aus Kunststoffbehältern gebastelt oder ganz edel aus Chromstahl gebaut. Da sind Wärmekisten aus Holz und mit Styropor-Isolierung entstanden, die mit Glühbirnenlicht aufgeheizt werden. Mancher Vermehrungskanister kuschelt sich in warme Decken gehüllt an einem Heizkörper mit Thermostat oder ist in Isoliertaschen eingebettet, die eigentlich zur Kühlung gedacht sind. Es sind die abenteuerlichsten Vermehrungskisten entstanden. Es gibt auch verschiedene Systeme als Set zu kaufen.

Für alle Konstruktionen gilt: Die Temperaturen und die Fermentationsdauer müssen eingehalten werden, damit sich alle Bakterien in der gewünschten Zusammensetzung vermehren. Diskussionen über möglichen E-Smog durch den Heizstab verunsichern. Man kann davon ausgehen, dass die Mikroorganismen wie die Fische im Aquarium dadurch keinen Schaden nehmen.

Fermentierungsdauer, Wärmegrade: Die konstante Temperatur von ±35 Grad Celsius garantiert eine korrekte Vermehrung, die 7 Tage dauert, bis alle Prozesse durchlaufen sind und eine ausgeglichene Mikrobenzusammensetzung herangewachsen ist. Bei Temperaturen, die unter 32 Grad Celsius sinken oder über 38 Grad Celsius steigen, verändert sich die ursprüngliche Anzahl und Menge der Mikrobenstämme, die nicht mehr als effektiv bezeichnet werden können und nicht die Wirkung bringen, wie sie von EM erwartet wird.

EMa-Herstellung

Entwicklung der Effektiven Mikroorganismen bei optimalen Bedingungen

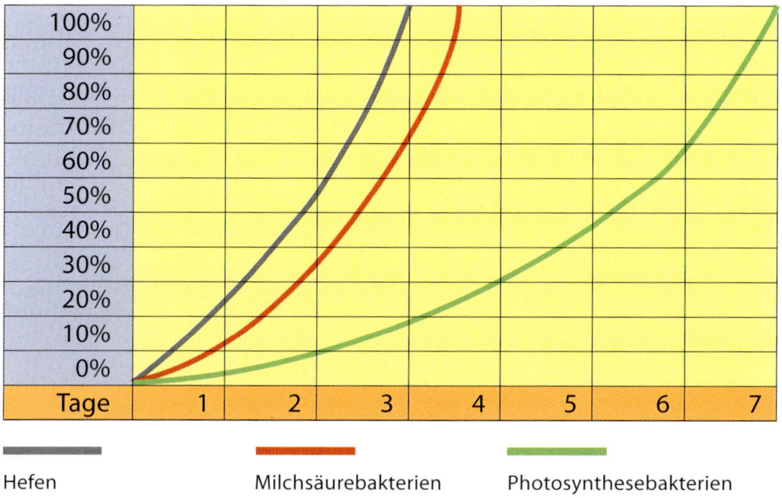

Entwicklung der Effektiven Mikroorganismen bei nicht optimalen Bedingungen

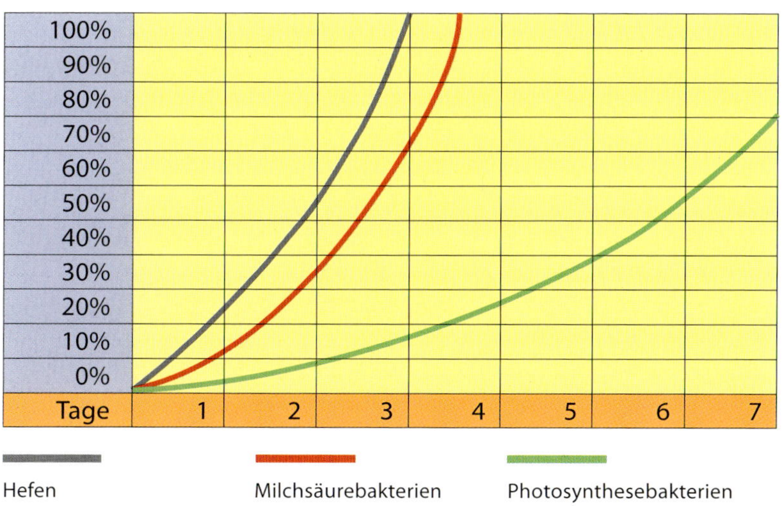

Warum Zuckerrohrmelasse? Immer wieder taucht diese Frage auf, wenn doch heimische Zuckerrübenmelasse oder Honig den gleichen Zweck erfüllen können, nämlich die Fermentation in Gang zu bringen.

Die Melasse muss nicht nur ein guter Kohlehydratlieferant für das Mikrobenfutter sein. Der zuckrige Saft darf auch keine Fremdkeime enthalten, die auf dem Weg zum Verbraucher durch mehrmaliges Umfüllen in die Masse gelangen können und die EMa-Vermehrung verfälschen würden. Ausserdem enthält Zuckerrübenmelasse geringere Mengen an Mineralien und Spurenelementen als Zuckerrohr (Effektive Mikroorganismen mögen Mineralien). Honig behindert durch seine antibakterielle Wirkung die gewünschte Mikrobenvermehrung. Melasse aus der Drogerie oder aus anderen Herkünften wird u.a. für die Süssung von Speisen gebraucht und muss nicht so rein sein, wie die Melasse für eine EMa-Vermehrung. EM-Produzenten bieten dagegen eine Zuckerrohrmelasse an, die den Kriterien für eine korrekte Vermehrung am ehesten entspricht.

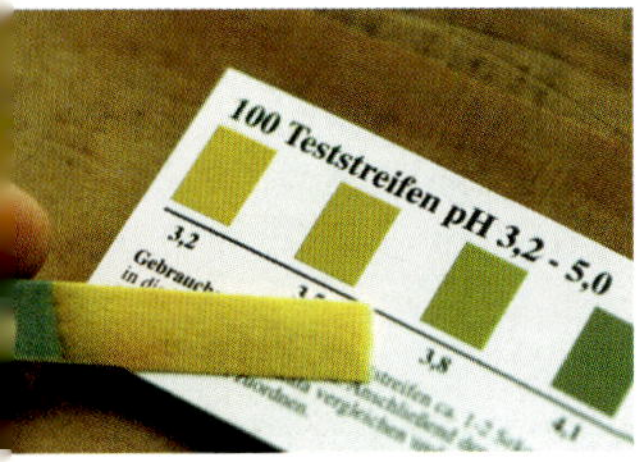

Der pH-Wert liegt zwischen 3,2 und 3,5 (Lackmuspapier mit der Wertescala von 3,2 bis 5 verwenden).

Gärung ohne Sauerstoff: Die Vermehrung verläuft sehr hitzig. Im Gärspund blubbert es vor sich hin. Die Mikroben verstoffwechseln unaufhörlich und atmen CO_2 aus, das sich durch den entstandenen Überdruck seinen Weg über das Wasserreservoir im Gärspund nach draussen sucht. Nach 5 Tagen beruhigt sich die aktive Phase und klingt bis zum 7. Tag aus: Das EMa ist fertig ausgereift, der pH-Wert liegt bei 3,3 bis 3,8.

EMa selber herstellen

Die Rezeptur für EMa ist einfach, das herangereifte Ergebnis ein kleines Wunder, und es macht Spass, die eifrigen kleinen Helfer grosszügig und ohne zu geizen im gesamten Umfeld einzusetzen.

Sind weitere Folgevermehrungen von EMa sinnvoll?

In einer korrekten EMa-Vermehrung aus dem ursprünglichen EM hat sich die Mikrobenzusammensetzung noch nicht verändert oder nur ganz geringfügig. Nun liegt der Gedanke nahe, aus EMa wiederum eine oder weitere Folgevermehrungen zu machen. Das führt zu Verschiebungen in der Zusammensetzung der Mikrobenstämme und zu grossen Qualitätseinbussen. Professor Higa warnt vor dem leichtsinnigen Umgang mit weiteren EMa-Vermehrungsreihen, wo sich nach und nach kleine Fehlgänge zu grossen multiplizieren können, und lehnt Vermehrungsnachfolgen ab.

Vorbereitung:

- Gutes Trinkwasser für das EMa am Tag vorher oder für einige Stunden mit EM-Keramikpipes «abstehen» lassen. Chlor oder andere Zusätze können abgasen. EM-Keramikpipes wandeln das grobe Leitungswasser in feinere Strukturen um, wie sie noch im reinen Quellwasser zu finden sind.

- Wenn mit dem Wasserbadsystem vermehrt wird, ist es sinnvoll, das Bad vorzuheizen.
- Das vorbereitete Trinkwasser für die Vermehrung erhitzen (nicht über 60 Grad Celsius), um eventuelle Fremdkeime aus der beizufügenden Melasse zu entfernen. Die abgemessene Melassemenge in das heisse Wasser einrühren und auf unter 40 Grad abkühlen lassen. In dieser Zeit alle anderen Zutaten und Gerätschaften bereitlegen.

Zutatenmengen

für 1 l EMa	**für 2,5 l EMa**	**für 5 l EMa**
30 ml EM	75 ml EM	150 ml EM
30 ml Melasse	75 ml Melasse	150 ml Melasse
940 ml Wasser	2,350 l Wasser	4,700 l Wasser

Für grosse Mengen EMa, wie sie in der Landwirtschaft gebraucht werden, lassen sich diese Angaben leicht hochrechnen.

Diese Mengenverhältnisse der Zutaten haben sich bewährt. Wer noch nie eine Fermentierung gemacht hat und ganz sichergehen will, kann die Mengen von 3 Prozent auf 5 Prozent erhöhen (50 ml EM, 50 ml Melasse und 900 ml Wasser). Wer sich zu den Experten zählt, hat auch schon die Mengen EM und Melasse sogar bis auf ein Prozent reduziert. Aber das setzt besondere hygienische Verhältnisse und Sorgfalt voraus und ist sehr gewagt. Ob dabei noch alle Mikrobenstämme in der geordneten Zusammensetzung vorhanden sind, ist noch nicht untersucht worden.

Die Erfahrungen haben gezeigt, dass weniger als drei Prozent EM bei der Vermehrung zu EMa in den warmen Ländern durchaus möglich ist. Im gemässigten Klima Mitteleuropas ist es nicht zu empfehlen.

Zusätze: Pro Liter EMa kann man zur Fermentierung ein Gramm Kristallsalz oder natürliches Meersalz oder – noch besser: das hochenergetische EM-Salz – zufügen. Diese Salze, natürlichen Ursprungs und ohne chemische Nachbehandlung, enthalten geringe Mengen an Mineralien und Spurenelemente. Diese Substanzen gehören zur Grundlage des Energiebedarfs der Mikroben und sind für sie quasi «das Salz in der Suppe».

Zubereitung am Beispiel einer EMa-Vermehrung im Wasserbad:

- Das Gefäss und die «Handwerkszeuge» wie Messbecher und Rührlöffel kurz vor Vermehrung gründlich reinigen und mit kochend heissem Wasser nachspülen
- Die abgekühlte Melasselösung (unter 40 Grad Celsius) in den Kanister einfüllen

EMa-Vermehrung ansetzen (im Wasserbad)

Für die EMa-Vermehrung alles bereitstellen: Wasserbad mit Heizstab-Abdeckung, EM und Melasse, Heizstab, Messzylinder mit Feineinteilung, Vermehrungskanister mit Gärspund.

Biologische Zuckerrohrmelasse mit einem Teil des vorbereiteten und erwärmten Wassers anrühren und abkühlen lassen (unter 40 Grad Celsius).

Abgekühlte Melasse, Wasser und EM in den Kanister einfüllen. Pro Liter Inhalt einen Pipe zugeben. Möglicher Zusatz: pro Liter ein Gramm Kristallsalz oder EM-Meersalz zugeben.

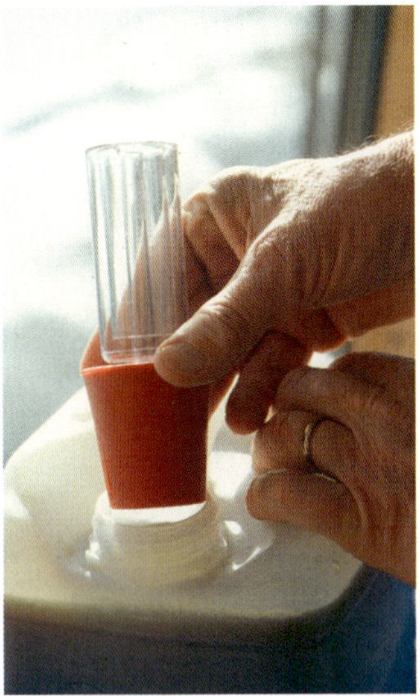

Die Vermehrungssuppe ohne Hast umrühren. Den Kanister ins vorgeheizte Wasserbad auf die Abdeckplatte setzen. Der EMa-Behälter sollte 4 cm tief im Wasser stehen. Dann den Gärspund aufsetzen.

In den Gärspundzylinder etwas Wasser (bis zur Markierung) einfüllen. So kann CO_2 entweichen, aber kein Sauerstoff hinzukommen. Ventildeckel aufsetzen. Standort: abgedunkelt.

- EM dazugeben
- Man kann ein paar EM-Keramikpipes hinzufügen (pro Liter eine Pipe)
- Kanister schliessen und mit ruhiger Bewegung hin und her wenden (Inhalt vermischt sich). Bei grösseren Mengen die Vermehrungsmischung sorgfältig durchrühren
- Kanister ins Wasserbad setzen. Die Vermehrung läuft ohne Unterbruch an, wenn es zuvor schon angeheizt wurde
- Gummistopfen mit Gärspund aufsetzen: Gärspund mit Wasser bis zur Kennzeichnung (feine Linie) auffüllen und Ventildeckel aufsetzen
- Kontrollen: Täglich mehrmals überprüfen und den Gärprozess beobachten (aufsteigende Bläschen im Gärspund). Für die Messung eignet sich ein einfaches Fieberthermometer. Nach 5 Tagen beruhigt sich die Gärung, nach 7 Tagen ist sie fertig

Merkmale für eine gelungene EMa-Vermehrung:

- Das EMa riecht fein säuerlich wie EM. Weil die Effektiven Mikroorganismen individuelle Lebewesen und keine Retorten-Babys sind, kann sich der Geruch von einem EMa-Ansatz zum nächsten leicht verändern.
- Der optimale pH-Wert ist ein weiteres Merkmal und liegt zwischen 3,3 und 3,8. Höhere Werte als 3,8 sind nicht mehr gut. Das gleiche gilt, wenn der pH-Wert unter 3,0 abgesunken ist.

Messung des pH-Wertes:

- Lackmus-Papier mit einer Werteskala von 3 bis 5. Eine Messskala von 4 bis 14 ist zu ungenau
- Elektrischem pH-Meter mit Feineinteilungen für genaue Messergebnisse. (Foto pH-Wert Seite 164)

Mögliche Gründe für eine missratene Vermehrung:

- das EM (Ausgangssubstanz) hatte eine mindere Qualität
- zu grosse Temperaturschwankungen
- Störfaktoren wie Elektrosmog (z. B. auch ein Handy) oder Wasseradern, die das Energiefeld von EM empfindlich stören können: In diesem Fall den Platz wechseln.
- nur halb gefüllte Kanister: Das Luftpolster über der Vermehrungsflüssigkeit ist zu gross, das Vermehrungsgefäss muss immer bis kurz unter den Rand gefüllt sein
- das Vermehrungsgefäss ist nicht luftdicht abgeschlossen oder hat undichte Stellen

- das Gefäss wurde vor der Vermehrung nicht korrekt gereinigt. Unerwünschte Bakterienkolonien bringen die EMa-Vermehrung aus dem Kurs

Soll der Kanister mehrfach zur Vermehrung benutzt werden, muss jeweils das fertige EMa in andere Behälter oder Flaschen umgefüllt werden. Der Grund: die aktivierten Mikroben greifen mit der Zeit den EMa-Behälter an und löchern den etwas teuren, lebensmittelechten Kunststoff, denn die Effektiven Mikroorganismen sind in der aktiven Phase ja durchaus in der Lage, auch Plastik zu zersetzen. Deshalb den entleerten Behälter mit Wasser ausschwenken und bis zum nächsten Vermehrungsansatz zum Trocknen kopfüber aufstellen oder -hängen.

Tipp: Bei grösseren Vermehrungsmengen EMa in handliche 10-Liter-Foliensäcke mit Ablasshahn abfüllen, wie sie in Süssmostereien verwendet werden. Den Hahn nur zu zwei Dritteln in die Hahnenmanschette einführen (bis zum 2. Ring). Dann kann der gleiche Sack mehrmals nacheinander verwendet werden, weil sich der Ablasshahn für eine neue Füllung problemlos aus dem Sack herauslösen und erneut einsetzen lässt.

Haltbarkeit: In kleinere, handliche Flaschen abgefüllt und mit Datum versehen wie EM kühl (8 bis 14 Grad Celsius) und dunkel aufbewahren (nicht im Kühlschrank). EMa hält sich gut 2 Wochen. Danach baut es zusehends ab und verliert seine volle Wirkung. Nach 4 Wochen hat sich das Mikrobenleben so veratmet, dass es nur noch zur Gülle oder ins Abwasser gegeben werden sollte. Der Geruch wird mit der Zeit unangenehm, erst muffig, dann faulig, dann stechend stinkig (Buttersäure).

EMa für den Pflanzenschutz

Die Effektiven Mikroorganismen stärken mit ihren antioxidativen Kräften das Immunsystem aller Lebewesen und führen unsere Umwelt aus der Degeneration in die Regeneration. Bis aber EM sein Umfeld in die aufbauende Dominanz gebracht hat, fordern noch mancherlei Schad-Erreger zu intensiven Massnahmen heraus. Diese Plagen weisen uns zuverlässig darauf hin, dass etwas nicht in Ordnung ist und die Gesundheit noch fehlt.

EM5 oder EM-FKE oder EM-FPE?

Hinter diesen Abkürzungen verstecken sich EMa-Vermehrungen, in denen Zusätze für den Pflanzenschutz fermentiert wurden. So aufbereitet, kann EMa noch gezielter wirken:

- EM5 = EM + Alkohol = vielseitig zum Pflanzenschutz einsetzbar
- EM-FKE = EM + fermentierter Kräuterextrakt, unterstützt die Pflanzenschutzwirkung von EM5
- EM-FPE = EM + fermentierter Pflanzenextrakt, stärkt und fördert das Pflanzenwachstum

EM5, wenn Läuse-Truppen wüten: EM5 ist ein ungiftiges, Nützlinge schonendes Mittel und zur Vorbeugung oder bei einem Schädlingsbefall als biologisches Insektizid bei Pflanze und Tier einzusetzen.

Rezeptur für 1 Liter EM5

Wie für die EMa-Vermehrung (ab Seite 164) alle Zutaten vorbereiten und die nötigen Gerätschaften bereitstellen:

100 ml Zuckerrohrmelasse 600 ml aufbereitetes Trink- oder Quellwasser	verrühren, auf 60 Grad Celsius erhitzen und wieder auf 40 Grad Celsius abkühlen
100 ml biologischen Essig 100 ml Alkohol, 40–44%ig (z.B. Obstwasser, Korn)	zugeben und verrühren

100 ml EM oder frisches, einwandfreies EMa zum Schluss unterrühren

Das Gefäss luftdicht mit dem Gärspund verschliessen, im warmen Wasserbad mit 33 bis 37 Grad Celsius an einem dunklen Platz aufstellen.

Die Fermentierung von EM5 dauert länger als eine EMa-Vermehrung, obwohl 10 Prozent EM (statt nur 3 Prozent) zugegeben werden: Alkohol lähmt anfangs einen Teil der Mikroben und lässt andere Stämme sich rasch vermehren. Bis sich alles in die Nähe des Gleichgewichts eingependelt hat, vergeht eine Zeitspanne bis zu 4 Wochen.

Die Reifung zu EM5 ist abgeschlossen, wenn es eher nach Alkohol als nach Melasse riecht und der pH-Wert zwischen 3,3 und 3,7 liegt.

Grosse Anlage für EMa-Herstellung in der Landwirtschaft.

Haltbarkeit: Verschlossen und dunkel bei gleichmässig kühlen Temperaturen von 12 bis 18 Grad Celsius aufbewahrt, hält sich EM5 bis zu 6 Monaten.

Bei Schädlingsbefall: Für 5 l Spritzbrühe
4,7 l Wasser
100 bis 250 ml EM5
▸ zusammen verrühren

Zur Verstärkung der Wirksamkeit können 50 ml Brennspiritus zugesetzt werden.
Als Netzmittel zur besseren Haftung zusätzlich 50 ml Geschirrspülmittel zumischen.

Die Anwendungen werden in den jeweiligen Folgekapiteln unter «Pflanzenschutz» oder «Insektizid» aufgeführt.

EM-FKE = EM mit fermentiertem Kräuter-Extrakt

Die EM-Vermehrung mit Kräutern ist vordergründig sicher eine gute Idee. Doch setzt dies eine fundierte Kenntnis über die Wirkungen der Kräuter voraus. Nicht alle Vertreter der Heilkräuter sind geeignet, obwohl sie für den Pflanzenschutz an sich sehr gut wären. Wir haben es aber z. B. nicht einfach mit einem Kräuterauszug wie Schachtelhalmbrühe gegen Pilzbefall zu tun, sondern mit einer Lösung voller nützlicher, lebendiger Mikroben, die z. B. keimtötende Kräuteressenzen gar nicht vertragen. Was macht der Schachtelhalm mit den nützlichen Pilzen im EM? Knoblauch und andere feurige Gewürze wie Chili vertreiben Läuse. Freuen sich die Effektiven Mikroorganismen über den scharfen Beschuss? Wie weit verschiebt sich dann die Zusammensetzung der Effektiven Mikroorganismen? Solche Überlegungen sind ratsam, wenn ein EM–FKE hergestellt werden soll.

EM-FPE = mit EM fermentierter Pflanzenextrakt

Hier gelten die gleichen Gedanken wie zu EM-FKE, nämlich, ob es Sinn macht, die an sich schon sehr wirksame EM-Mixtur noch zu verbessern oder gar zu «verschlimmbessern». Pflanzenzusätze, die stickstoffreich sind und sehr starke Lebenskräfte haben, sind sicher zu bevorzugen. Auch hier muss darauf geachtet werden, dass an sich gute Stickstofflieferanten aber auch noch andere Stoffe beinhalten, die den Effektiven Mikroorganismen wiederum nicht förderlich sein könnten. Wie wirken Brennnesseln oder Beinwell, die mit unbändigen Lebenskräften ausgestattet sind, aber auch als Heilmittel für viele Krankheiten eingesetzt werden, zusammen mit EM? Hier tut sich ein grosses Forschungsfeld auf, und es müssen noch mehr Erfahrungen gesammelt werden.

Rezeptur für 1 Liter EM-FKE oder EM-FPE

Wie für die EMa-Vermehrung vorgehen (ab Seite 164):
Bei Verwendung von getrockneten Kräutern 30 bis 50 ml (mit dem Messbecher abmessen) ins Gefäss einmischen. Bei Zusatz von frischen Pflanzenteilen sind es 100 bis 150 ml (zerkleinert und zusammengepresst). Die Pflanzenteile in die abgekühlte Melasselösung einrühren, dann EM zugeben.
Fermentierung: Mit dem Zusatz von Kräutern oder Pflanzen dauert der Wandlungsprozess etwa 3 Wochen, bis die Pflanzenteile fermentiert sind. Die Flüssigkeit in dieser Zeit alle 3 bis 4 Tage kurz umrühren. Das gereifte EM-FKE oder EM-FPE absieben, verschlossen und dunkel bei gleichmässiger Temperatur lagern.
Haltbarkeit: bis zu 4 Wochen.

Umrechnungstabelle für Mengenangaben:

EM	Wasser	Prozent	Verhältnis
1 ml	1 l	0.01	1 zu 1000
2 ml	1 l	0.02	1 zu 500
4 ml	1 l	0.04	1 zu 250
5 ml	1 l	0.05	1 zu 200
10 ml	1 l	0.10	1 zu 100
20 ml	1 l	0.20	1 zu 50
40 ml	1 l	0.40	1 zu 20
50 ml	1 l	0.50	1 zu 50
100 ml	1 l	1.00	1 zu 10
200 ml	1 l	2.00	1 zu 5
250 ml	1 l	2.50	1 zu 4
500 ml	1 l	5.00	1 zu 2
10 ml	10 l	0.10	1 zu 1000
20 ml	10 l	0.20	1 zu 500
40 ml	10 l	0.40	1 zu 250
50 ml	10 l	0.50	1 zu 200
100 ml	10 l	1.00	1 zu 100
200 ml	10 l	2.00	1 zu 50
250 ml	10 l	2.50	1 zu 40
400 ml	10 l	4.00	1 zu 25
500 ml	10 l	5.00	1 zu 20
1 l	10 l	10.00	1 zu 10

EM	Wasser	Prozent	Verhältnis
1 l	100 l	0.10	1 zu 100
2 l	100 l	0.20	1 zu 50
4 l	100 l	0.40	1 zu 25
5 l	100 l	0.50	1 zu 20
10 l	100 l	1.00	1 zu 10
1 l	1000 l	0.01	1 zu 1000
2 l	1000 l	0.02	1 zu 500
4 l	1000 l	0.04	1 zu 250
5 l	1000 l	0.05	1 zu 200
10 l	1000 l	1.00	1 zu 100
20 l	1000 l	2.00	1 zu 50
25 l	1000 l	2.50	1 zu 40
40 l	1000 l	4.00	1 zu 25
50 l	1000 l	5.00	1 zu 20
100 l	1000 l	10.00	1 zu 10
100 l	10 000 l	1.00	1 zu 100
200 l	10 000 l	2.00	1 zu 50
250 l	10 000 l	2.50	1 zu 40
400 l	10 000 l	4.00	1 zu 25
500 l	10 000 l	5.00	1 zu 20
1000 l	10 000 l	10.00	1 zu 10

Aus Erde kommt es
und wieder zur Erde
muss es.

Bokashi

Gesund für Boden – Pflanze – Mensch

Wer träumt nicht von vitalen Pflanzen, reicheren Erträgen und noch schmackhafterem Gemüse? Bokashi ist eine geeignete Methode, hochwertigen, organischen Dünger herzustellen und gleichzeitig den Boden auf vielfältigste Weise mit Mikrobenleben und Nährstoffen zu versorgen: die beste Voraussetzung für Nahrung aus gehaltvollen Ernten.

Der Ausdruck «Bokashi» kommt aus Japan und heisst so viel wie «fermentiertes, organisches Allerlei». Es wird unter Zusatz von Effektiven Mikroorganismen und unter Luftausschluss hergestellt. Während beim Kompostieren eine Zersetzung mit Sauerstoff geschieht und das organische Material noch einen langen Reifeprozess braucht, bis alle pflanzenfeindlichen Verwesungsgifte abgebaut sind, wandelt die Bokashierung das gleiche Ausgangsmaterial durch Fermentierung in eine für Pflanzen schnell verfügbare Form um. Dabei bleiben alle Nährstoffe erhalten und werden durch Milchsäurevergärung sogar noch aufgewertet, vergleichbar mit Weisskohl, der in Form von Sauerkraut auch mehr lebenswichtige Stoffe enthält als ursprünglich. Mit Bokashi-Gaben wird der Garten mit bodenbürtigen Mikroben reich beschickt. Das fermentierte Material vererdet rasch und ist für Pflanzen innerhalb von ein bis zwei Wochen «verdaulich».

Denk «Leben» bei allem, was du dir im Garten vornimmst. Diese Anweisung gilt dem Edaphon, dem Plankton der Gartenerde.[1]

Die Effektiven Mikroorganismen im fertigen Bokashi vermehren sich – im Boden ausgebracht – weiter und aktivieren auch die bereits vorhandenen Mikroben. Ihr Ausscheidungsprodukt ist u. a. die für Pflanzen verfügbare Aminosäure (aufbauende Eiweiss-Verbindung). Weil keine Fäulnis und keine Zersetzungsgifte vorhanden sind, wachsen Pflanzen mit stabiler Widerstandskraft heran. Pilzkrankheiten fehlen die Angriffspunkte, Schnecken finden keine Aufgabe in diesem starken, gesunden Umfeld vor und vermehren sich nicht mehr so ausgiebig. Das ist ein wesentlicher Unterschied zum herkömmlichen Kompost.

Bokashi-Herstellung

Es gibt eine ganze Reihe von Möglichkeiten, wie aus Pflanzenteilen Bokashi entstehen kann, je nach Menge der anfallenden Pflanzenmaterialien. Im Privathaushalt kommt täglich nur wenig in den

1 Pommeresche 2004, S. 105

Gemüseabfall aus Küche und Garten zwei bis drei Tage sammeln, jede Gabe mit EM-Lösung übersprühen und an einem kühlen Ort aufheben. So braucht die Tonne nur zwei- bis dreimal pro Woche gefüllt zu werden. Grosse und harte Teile vorher zerkleinern.

Grünabfall. Im Garten fällt schon mehr an: im Frühling und Sommer Grasschnitt, im Herbst Berge von Ernterückständen und im Winter grosse Haufen von Baum- und Strauchschnitt. Im Gemüse-Anbau sind täglich grosse Abfallmassen zu bewältigen. In der Landwirtschaft mit Vieh wird der Mist bokashiert. Grosse Anlagen sind erforderlich, wenn die Grünabfuhr von Gemeinden oder in tropischen Ländern vorsortierte Müllhalden (ohne Metall und Plastikteile) bokashiert werden. Inzwischen wird Bokashi auch industriell als Zusatz zu Tierfutter oder als organischer Dünger hergestellt.

Was wird fermentiert?

Das organische Allerlei wird nach den gleichen Gesichtspunkten wie für den konventionellen Kompost gesammelt. Wie beim Kompost auch hier keine gekochten Essensreste verwenden. Es eignen sich

❶ **für «Küchenbokashi»:** alles, was beim Gemüseputzen in der Küche anfällt, auch Bananen u.a.

❷ **Für Bokashi aus Gartenabfällen:** Ernterückstände, Sträucher-, Gras- und Staudenrückschnitt. Auch unliebsame, samentragende Beikräuter und «gefährliche» Wurzeln können bedenkenlos fermentiert werden

❸ **in der Landwirtschaft** der Mist, auch in Mischung mit Pflanzenteilen aus dem Gemüseanbau

❹ **für «Futterbokashi»** für Tiere: z.B. Weizenkleie oder andere Getreidekleien, Spreu und Sojaschrot

❺ **Für «Düngebokashi»** z.B. dem fertigen Bokashi einen Teil Stallmist als Stickstofflieferant zusetzen

Futterbokashi und Düngebokashi sind als Fertigprodukte im Handel, können aber auch selber hergestellt werden. Es gibt schon kommunale Anlagen, die wie bei einer Gemeindekompostierung die Grünabfuhr oder das Sammelgut aus der Biotonne fermentieren und das fertige Bokashi den Anwohnern zur Bodenverbesserung wieder zur Verfügung stellen.

Als Faustregel gilt: je feiner das Material zerkleinert ist und je besser es miteinander vermischt ist, desto rascher verläuft die Bokashierung. Ideal ist eine Temperatur zwischen 18 und 25 Grad Celsius.

Wie lange dauert eine Bokashierung?

Die Fermentation ist ein lebendiger Wandlungsprozess und nicht in genaue Zeitabschnitte einzugrenzen. Die Zusammensetzung des organischen Ausgangsmaterials bestimmt das Tempo.
Die Temperaturen spielen eine wichtige Rolle. Bei 20 bis 25 Grad Celsius Wärme geht die Umwesung rascher voran als in der Kühle, sie ruht unter 8 Grad. Bei ausgeglichenen 20 Grad Wärme und korrekter Füllarbeit dauert eine Bokashierung etwa 3 Wochen, in kühlen Perioden kann sie sich auf 6 Wochen ausdehnen. Bokashi mit Mistanteilen hat eine Reifedauer bis zu 2 Monate und richtet sich danach, wie stark der Mistanteil schon vorweg vorfermentiert wurde.

Anwendungs-Hinweise
Abkürzungen für EM-Grundmengen: Sie gelten immer, **wenn nichts anderes vermerkt ist.** Sie sind auf der hinteren Buchumschlagsklappe aufgeführt.

❶ Küchenbokashi

Um in das umfangreiche Thema auf einfache Art einzusteigen und Erfahrungen zu sammeln, eignet sich die Herstellung von Küchenbokashi am besten. Wenn der Kompostplatz weiter von der Küche entfernt liegt (z. B. in Schrebergärten), ist diese Bokashierung besonders praktisch, weil sie zu Hause in der Wohnung durchgeführt werden kann.

Das Bokashi-Gefäss

Es muss luftdicht abgeschlossen werden können. Eine Lochplatte (Sieb) 5 Zentimeter über dem Innenboden einsetzen und einen Ablasshahn knapp über dem Boden installieren, denn das feuchte Material bildet Sickersaft, der sich am Grund des Gefässes sammelt und als hochwertiger Dünger abgezogen werden kann.

Sickersaft entsteht, weil bei der Fermentierung die Gewebeflüssigkeiten aus den Zellen des organischen Materials austreten. Dieser fermentierte Saft enthält enorme Mengen an Nährstoffen und ist zu wertvoll, um ihn einfach zu entsorgen. An der Luft verdirbt er aber sehr schnell und beginnt nach kurzer Zeit zu stinken. Deshalb sollte man die Sickerflüssigkeit am besten täglich ablassen und so frisch wie möglich verbrauchen. Solange dieser Zellgewebesaft gut säuerlich riecht, kann man ihn stark verdünnt (10 ml auf 1 l Wasser) verwenden:

- als hochwertigen Dünger
- für Toilette, Ausgüsse, Abflussrohre

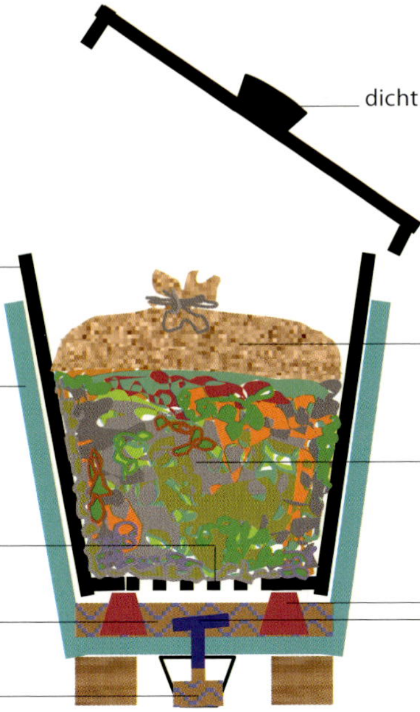

Bokashi-Eimer, selbst gebaut: zwei gleich grosse Kunststoffeimer (z.B. leere Farbkübel) ineinander setzen. Den Boden des inneren Eimers wie ein Sieb löchern. Im äusseren Eimer einen Ablaufhahn oder Zapfen knapp über dem Boden in die Eimerwand einbauen.
Variante: Statt zwei gleich grossen Eimern nur einen Behälter verwenden und eine Art Sieb oder Rost (z.B. einen gelöcherten Blumentopf-Untersatz) für die Trennung zwischen festem Material und Sickersaft einbauen (Sieb auf umgestülpte kleine Plastiktöpfe oder Steine stellen). Kein Metall verwenden.

Spezieller Bokashi-Eimer mit herausnehmbarem Sieb, Auslaufhahn und dicht schliessendem Deckel. Hinten EM+U und Sprühflasche mit EML.

Der spezielle Bokashi-Eimer: Der Kunststoff dieses Behälters wurde mit EM-Keramikpulver-Zusatz hergestellt und trägt die Schwingungsinformation von EM in sich. Das unterstützt die Umsetzung der Grünabfälle. Der Behälter kann in der Küche oder an einem Platz stehen, der von der Küche aus bequem zu erreichen und keinen grossen Temperaturschwankungen ausgesetzt ist (z.B. eine kleine Ecke im Hausgang, oder Abstellkammer).
Vorbereitung: Gemüseabfälle zerkleinern, damit die Umsetzung gleichmässig verläuft, denn grössere Stücke brauchen für die Umwesung länger. Kommt täglich nur wenig organisches Material zusammen, kann es an einem kühlen Ort noch ein paar Tage zwischengelagert und mit EML übersprüht werden, bis es sich lohnt, den Eimer zu füllen. Besser ist es, alle Abfälle so frisch wie möglich in den Bokashi-Eimer einzufüllen, bevor sich Zersetzung durch Fäulnis breit macht.

Keine gekochten Speisereste verwenden. Die können zwar auch bokashiert werden, dies ist aber ein Verlustgeschäft in punkto Nährstoffgehalt, denn durch den Kochvorgang sind viele der wichtigen Vitalstoffe nicht mehr verwertbar oder zerstört.

Das fertige Küchen-Bokashi zeigt immer noch die ursprünglichen Strukturen des organischen Materials. Nur die frische Farbe der Rüstabfälle hat sich in ein fahles Grau-Braun verwandelt. Manchmal bildet sich ein weisses Pilzgeflecht, das sich netzartig ausbreitet. Diese Pilzfäden sind wie beim Kompost ein erwünschtes Anzeichen für gute Umsetzung.

Qualitätsprüfung: Gutes Bokashi riecht süss-säuerlich, auch der Sickersaft. Wenn es faulig stinkt, ist Sauerstoff am Werk gewesen, der Fermentierungsprozess konnte nicht richtig ablaufen. In diesem Falle sollte das Bokashi kompostiert werden.

«Mhm, das Bokashi riecht fein.»

Jede Schicht frischer Gemüse-Abfälle 10 bis 15 cm hoch einfüllen, mit EML benetzen. Das Multimikroben-Präparat bringt die Fermentierung in Gang.

Nach EM-Benetzung etwas EM+U drüberstreuen. Statt EML und EM+U Futter- oder Düngebokashi «aussäen». Es verursacht weniger Sickerflüssigkeit als EML.

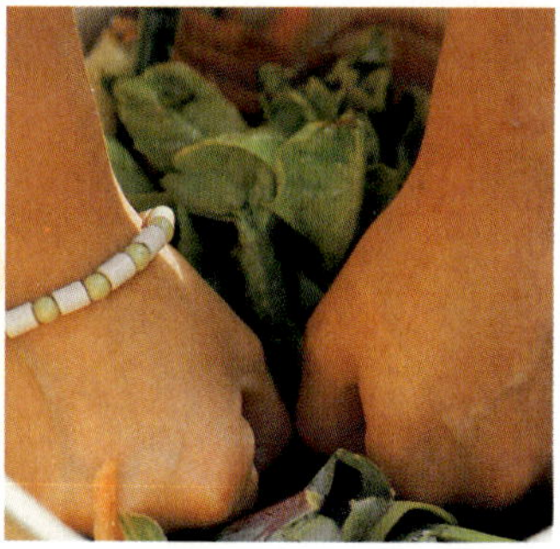

Gemüseabfall-Schicht zusammenstauchen, damit alle Luft herausgepresst wird. Mit Sauerstoff würde der Abbau durch Fäulnis stattfinden (Oxidation, übler Geruch).

Einen mit Sand gefüllten Folienbeutel oben drauflegen. Den Sand zum Rand hin verteilen, damit der Sack überall gut abschliesst.

Den Deckel nach jeder Füllung luftdicht aufsetzen. Den Eimer an einen gleichmässig temperierten Platz stellen, ohne pralle Sonne.

Sickersaft spätestens alle zwei Tage ablassen. Bleibt er länger im Eimer, beginnt er zu stinken.

Oben: Der Foliensack muss lichtundurchlässig und luftdicht sein
Unten: In der rechten Hand ist frisches Bokashi, in der linken schon vererdetes.

Fertiges Bokashi lagern

Wenn sich mehr Bokashi angesammelt hat, als gebraucht wird, kann man es bei Kellertemperatur (7 bis 12 Grad Celsius) bis zu einem Jahr lagern.

Lagerung im Sack: Den luftdichten, stabilen Foliensack gut verschlossen auf den Kopf stellen, damit die Verschlussstelle satt auf dem Boden sitzt und keine Luft eintreten kann. Die Mikroben fallen dann in eine Art Schlaf.

Lagerung in der Erdmiete: An einem schattigen Platz Bokashi und Erde jeweils 15 Zentimeter hoch im Wechsel aufschichten und mit stabiler, lichtundurchlässiger Folie vor Nässe, UV-Bestrahlung und Luftzufuhr schützen. Die Abdeckung ringsherum mit Steinen beschwert am Boden verankern.

Tipp: Schwarze Folie mit einem hellen Vlies vor Sonnenhitze schützen.

Lagerung in der Grube: Ein Loch von 30 bis 60 Zentimeter Breite und Tiefe ausheben. Das Bokashi einfüllen. Pro Schicht (10 Zentimeter) eine Schaufel Erde drüber verteilen und wie Sauerkraut einstampfen. Dieses Depot ist nach 6 Wochen so vererdet, dass es im Garten eingesetzt werden kann.

Der tiefe pH-Wert (unter 4) von Bokashi wirkt sehr aggressiv, wenn direkt ins frisch fermentierte Material gepflanzt wird. Die Wurzeln würden verätzen, die Blätter verbrennen. Aber nach 2 Wochen im Boden ist Bokashi bereits neutralisiert (pH-Wert um 7), schon ziemlich zu Erde umgewandelt und «verdaulicher». Zu diesem Zeitpunkt sind nur noch grobe Teile des Ausgangsmaterials zu erkennen. Nach insgesamt 3 bis 4 Wochen finden wir dunkle, fruchtbare Erde vor, die fein nach Waldboden duftet und eine stabile Krümelstruktur aufweist.

❷ Bokashi aus Gartenabfällen

Im Sommer ist es der Rasenschnitt, im Herbst fallen bei der Ernte grosse Mengen an Kohlkopf-Hüllblättern, Sellerie- und Karottenkraut, Überreste von Bohnenranken, Chicoréeschöpfen und erdigen Wurzelstrünken an. Im Winter kommt noch der Strauch- und Baumschnitt dazu. Das ist Biomasse, die dem Boden viele wertvolle Substanzen entzogen hat und von denen wir einen Teil – eben diese Rückstände – der Erde wieder zuführen. Der Vorgang ist gleich wie bei der Herstellung von Bokashi aus organischen Küchenabfällen, die bei der täglichen Zubereitung von Speisen anfallen.

Der Fermentierungs-Prozess läuft ohne Sauerstoff ab, als
2.1 Tonnenbokashi luftdicht im Gefäss abgeschlossen
2.2 Sackbokashi/Rasenschnittbokashi im stabilen Foliensack
2.3 Bokashimiete satt zusammengepresst und mit Folie abgedichtet
2.4 Grubenbokashi in der Erdgrube vergraben
2.5 Bokashi-Packung auf dem Beet (Wintermulch)

Alle fünf Formen der Bokashierung sind in der warmen Jahreszeit nach 2 Monaten abgeschlossen, also vererdet und fertig als Nährstoffgaben für die Beetvorbereitung zu verwenden. Im Winter verläuft der Wandlungsprozess langsamer und kann bis zum Frühjahr dauern. Das Füllgut wird umso schneller und perfekter zu nahrhafter Erde umgesetzt, je gründlicher gröbere Teile zerkleinert, gehäckselt oder zerquetscht werden.

Je mehr die Pflanzenteile zerkleinert, angeritzt oder zerquetscht sind, umso besser können die Mikroorganismen in das Material eindringen und den Umwesungsprozess dadurch beschleunigen.

2.1 Tonnenbokashi: Diese Bokashi-Variante eignet sich das ganze Jahr über für den grösseren Haushalt, wenn täglich viele Rüstabfälle entsorgt werden müssen und der kleine Bokashi-Eimer zu schnell gefüllt wäre, oder im Herbst zu viele Ernterückstände aus dem Garten anfallen.
Die Tonne muss mit Ablasshahn, Rost und luftdicht schliessendem Deckel ausgestattet sein (wie der kleine Bokashi-Eimer). Wie beim Küchenbokashi Schicht um Schicht einfüllen, mit EMU überstäuben und mit EML besprühen.
Variante: mit Futter- oder Düngebokashi überstreuen. Wichtig ist, dass die Luft im lockeren Füllgut nach der Einschichtung hinausgepresst wird und nicht wieder einfliessen kann.
Flaschenzug erleichtert die Befüllung: Weil bei der grossen Tonne ein Sandsack als Abdeckung zu schwer wird und nicht mehr einfach aus dem Behälter herausgeholt werden kann, ist der selbst gebastelte Flaschenzug eine gewitzte Idee. Damit kann der Sandbeutel leicht und unkompliziert hochgehievt werden.
Variante: statt Sandbeschwerung einen passend zugeschnittenen Holzdeckel mit einzelnen Steinen beschweren.
Die Tonne mit stabiler Folie zudecken und über den Randwulst einen Fahrradschlauch oder ein Seil mit Spannfeder legen und alles luftdicht abbinden.

Bokashi-Herstellung für grössere Gemüse-Abfallmengen

Bei grossen Mengen Rüstabfall eignet sich die grosse Tonne (100 l). Der Sandsack besteht aus einer kleinen Plane , die mit 15 bis 20 Liter Sand gefüllt wird.

EML und EM+U über jede Schicht sprühen/streuen. Das Füllgut feststampfen. Praktisch: Ein Abziehbrett aus Holz mit einem Griff (wie es der Gipser braucht).

Sandsack per Flaschenzug wieder herunterlassen: Zwei Umlenkrollen reduzieren die Last auf ein handliches Mass. Der Sandsack lässt sich leicht heben und absenken.

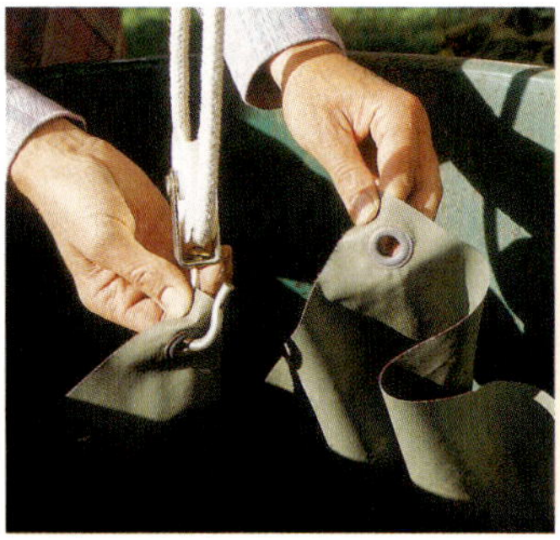

Die Zipfel der quadratischen Plane zum Beutel zusammenfassen.
Die stabilen, eingenieteten Ösen in jeder Ecke sind praktisch, um den Flaschenzughaken einzuhängen.

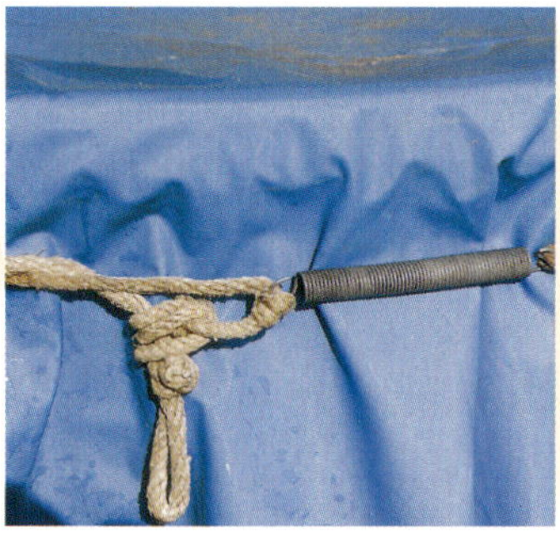

Die Tonne mit stabiler Folie zudecken und über den Randwulst einen Fahrradschlauch oder ein Seil mit Spannfeder legen und alles luftdicht abbinden.

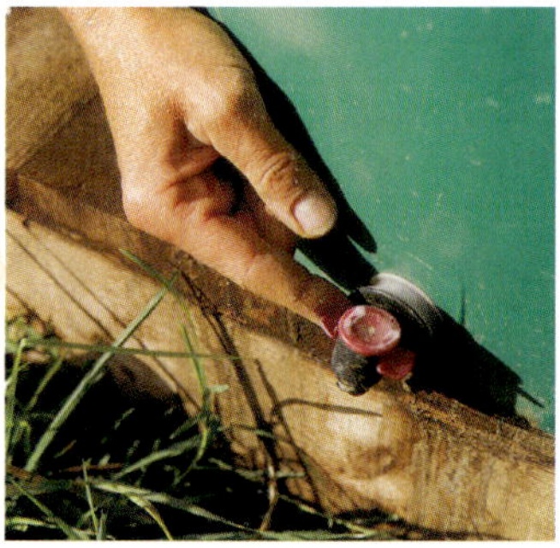

Wichtig ist auch hier der Abflusshahn am unteren Tonnenrand zur Entnahme der Sickerflüssigkeit. Dieser Bokashisaft ist hochwertiger Flüssigdünger.

2.2 Sackbokashi: Zu bokashierendes Material in Säcke aus dicker, luftdichter Silagefolie in Schichten (10 bis 15 Zentimeter hoch) einfüllen und jede Schicht mit Futter- oder Düngebokashi überstreuen. Den vollen Sack zubinden und kopfüber aufbewahren oder aufhängen. Wenn sich noch etwas Sickerflüssigkeit bilden sollte, kann sie ungehindert aus dem Verschluss tröpfeln oder abgelassen werden. Dieser Sackbokashi ist besonders handlich, weil er ohne Schubkarre und Umschaufeln an Ort und Stelle ausgebracht werden kann.

Variante Rasenschnittbokashi: Fällt beim Rasenmähen zuviel Grasschnitt an, kann er im Sack wie eine Futtersilage fermentiert werden. Es läuft der gleiche Vorgang wie bei der Silierung in der Landwirtschaft ab, aber im Miniformat: nach dem Mähen das kurzhalmige Schnittgut 2 Stunden anwelken lassen und mit EML übersprühen. Erst dann Schicht um Schicht in den Sack einfüllen und zusammenpressen. Jede Schicht mit Futter- oder Düngebokashi überstreuen.

Den angewelkten Rasenschnitt im stabilen Foliensack schichtweise mit Fertigbokashi überstreuen und jede Schicht verfestigen.

Variante Rasenschnitt mit Laub bokashieren: Falllaub kann bokashiert werden. Allerdings ist der Kohlenstoffgehalt mit 50 Anteilen zu 1 Anteil Stickstoff zu hoch und muss mit stickstoffreichen Materialien auf ein günstigeres C/N-Verhältnis von etwa 20 zu 1 gebracht werden. Angewelkter Rasenschnitt eignet sich sehr gut:

60 ml EM oder EMa
60 ml ZRM
▸ Melasse in 1 l heissem Wasser einrühren, 2 l kaltes Wasser + EM dazugeben

5 kg Falllaub
10 kg angewelkten Rasenschnitt
▸ trocken vormischen

200 g EM+U zugeben und nochmals alles gut durchmischen.

Erst dann mit der vorbereiteten EM-Lösung die trockenen Materialien anfeuchten. Das geht am besten, wenn einer schaufelt, während ein anderer mit EM übersprüht. Das Bokashi darf nicht zu nass werden. In eine Tonne mit Ablasshahn fest und dicht einstampfen.

Rasenschnitt ist sehr schnell fermentiert. In der linken Hand angetrocknetes Gras. In der rechten Hand fertiges Rasenschnittbokashi.

2.3 Die Bokashi-Miete ist eine gute Alternative zum Komposthaufen: Sie bietet sich an, wenn Grasschnitt mit gehäckseltem Strauchschnitt gemischt wird und/oder gejätete Beikräuter mit erdigen Wurzelballen anfallen. Das bringt den Wandlungsprozess schnell in Gang, weil sich die Effektiven Mikroorganismen im Erdmilieu am wohlsten fühlen, Heimat in der Miete antreffen und rasch an die Umwesungsarbeit gehen. Auch hier wird beim Aufsetzen der Miete Schicht um Schicht mit EMU überstäubt und mit EML übersprüht oder mit Futter- oder Düngebokashi überstreut.

Der Haufen darf nicht zu nass sein und muss bei jeder Schichtung festgetreten oder -gestampft werden. Mit Folie luftdicht abschliessen. Dazu Folienränder in die Erde eingraben oder ringsum mit Steinen beschweren.

Gejätetes, an dem noch Erde in den Wurzeln hängt, ergibt fantastisches Bokashi.

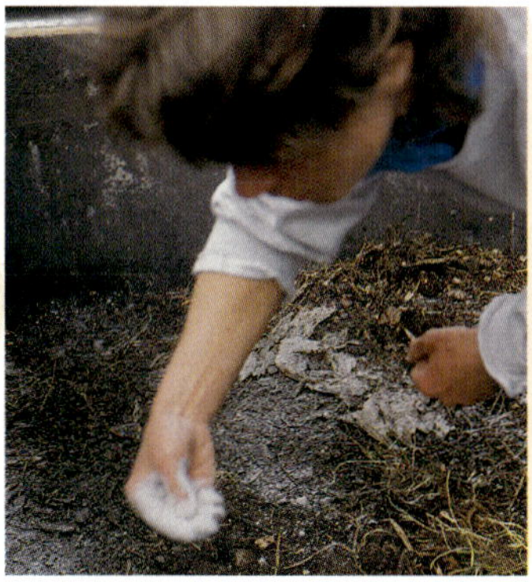

Das Beikraut mit EM+U überpudern und mit EML übersprühen oder mit Düngebokashi impfen.

Alles gut festtreten und mit einer Folie oder mit einer Erdeschicht bedecken.

Schon nach 8 Wochen ist alles zu guter Erde gewandelt, nur noch die groben Teile sind zu erkennen.

Tipp: Grasschnitt hat sehr viel Feuchtigkeit. Darum erst anwelken lassen und dann mit anderen, trockeneren Materialen mischen. Unliebsames wie Beikrautsamen und -wurzeln können bedenkenlos fermentiert werden.

Variante Grubenbokashi: Je nach anfallender Materialmenge eine entsprechende Fläche abstecken und 30 Zentimeter tief ausheben. Das zu bokashierende Gut einschichten und mit EM – wie vorher beschrieben – behandeln. Jede Schicht mit einer dünnen Erdkrume (vom Aushub) bedecken und festklopfen, -treten oder -stampfen. Zum Schluss das Ganze mit der restlichen Aushuberde dick überdecken und mit Folie luftdicht einpacken.

2.5. Bokashi-Winterpackung auf dem Beet als wunderbare Bodenvorbereitung für den Frühling: Die abgeernteten Beete im Herbst vorab mit EML übersprühen, damit auch die Bodenoberfläche mit Effektiven Mikroorganismen besetzt wird und Schnecken oder Fäulnispilze keinen Ansatzpunkt für ihre Art der Bearbeitung vorfinden. Dann erst Ernterückstände direkt als Schicht auf dem Beet verteilen. Sie übergeben bis zum Frühjahr mit Hilfe der Effektiven Mikroorganismen ihre Nährstoffe an den Boden ab. Mit EMU überstäuben und EML übersprühen. Alles gut festklopfen. Eine Decke aus Mist (15 Zentimeter) schliesst das Bokashi-Material ab und wird bis zur nächsten Saison eine wunderbare, gehaltvolle Erde.

Beet für Beet mit EML überbrausen, mit Ernteabfällen abdecken, härtere Materialien wie Wurzelstrünke vorher zerkleinern.

Die Mulchschicht gründlich mit EML benetzen, dem etwas EM+U zugegeben wurde. Praktisch ist die Rückenspritze.

EM-Rossmist auf die Gemüseabfälle verteilen. Mist ohne EM-Rotte mit EML übersprühen.

Angerotteter Mist aus Tier-Haltung mit EM muss nicht mehr zusätzlich überbraust werden, wenn der Stall regelmässig mit EM ausgesprüht wurde. Die Mikroorganismen haben ja schon auf dem Stapelmisthaufen* mit ihrer Umwesungsarbeit begonnen. Wer keinen EM-geimpften Mist hat, kann die Mulchschicht auf dem Beet mit einer Mischung aus Erde und gutem Mist (Bio-Stroh, ohne Halmverkürzung und ohne Pestizidrückstände) aufsetzen und abschliessend nochmals mit EM einsprühen.

EM-Flüssigdünger «Bokashi-Suppe»

Ein schnell wirkender Blattdünger mit leichter Pflanzenschutzwirkung ist die «Bokashi-Suppe». Das ist ein hervorragender Flüssigdünger, wenn eine rasche Wirkung «über das Blatt» nötig ist. Kein Futterbokashi verwenden, ihm fehlt der düngende Stickstoffanteil.

Grund-Rezeptur für 10 l Bokashi-Suppe

- 1 l gereiftes Bokashi, in einen Stoff- oder Jutesack eingebunden, für etwa 10 Stunden in 10 l Wasser legen. Das Wasser löst die Nährstoffe und Mikroorganismen aus der Bokashisubstanz heraus
- Danach den Sack aus der Nährlösung herausnehmen
- Mit 90 l Wasser verdünnt auf die Kulturen versprühen

Bokashi-Suppe wie alle EM-Anwendungen nur bei bedecktem Himmel oder in den Abendstunden ausbringen.

Giessen mit dem Aquamix.

Wohin mit der Bokashi-Sickerflüssigkeit?
Bei wasserhaltigen Gemüsen wie Salaten, Gurken, Melonen u. a. fällt mehr Sickerflüssigkeit an. Leider hält sie sich nicht lange. Da der Saft einen guten Flüssigdünger abgibt, ist es viel zu schade, als dass er einfach entsorgt wird und kann wie die Bokashi-Suppe verwendet werden.

Aquamix: Genial ist eine Blattdüngung für den ganzen Garten einschliesslich Rasenflächen mit dem Aquamix. Er dosiert den Bokashi-Sickersaft in der richtigen Verdünnung, wenn er für den Behälter mit gleicher Menge Wasser vorverdünnt wurde. Das entspricht einer Lösung von 10 ml Bokashi-Saft auf 1 l Wasser.

Landwirtschaft: 1 l Bokashi-Saft in 500 l Wasser einrühren und mit zwischengeschaltetem Aquamix oder einem Dosiergerät über den Regner versprengen.

Gewächshäuser: 1 l Bokashi-Sickerflüssigkeit in 500 l Wasser einrühren und über das Dosiergerät in die Tröpfchenbewässerung oder den Nebler einspeisen.

Die Düngemischung aus Sickerflüssigkeit kann mit der Zeit die Tropfschläuche verstopfen, weil sich ein Mikroben-eigener Schleim bildet. Der ist völlig harmlos und dient den Mikroorganismen als Schutzschicht. Deshalb nur stundenweise mit EM-Zusatz bewässern, dann wieder mit reinem Wasser durchspülen.

❸ Bokashi in der Landwirtschaft

Futterbokashi ist schon in vielen landwirtschaftlichen Betrieben etabliert und hat sich als kostengünstige Ergänzungsnahrung bewährt. Es wird in den gesamten Nahrungskreislauf eingeschleust, wenn es den Verdauungstrakt der Nutztiere passiert und über die Gülle oder den Mist aufs Land gelangt. Der Boden wird auf diesem Weg mit EM geimpft und belebt. Was daraus erwächst, ist hochwertige, vitalstoffreiche Nahrung für alles, was auf und von diesem Land lebt.

Mistbokashi: Die Einstreu und den ganzen Stallraum wöchentlich mit EML vernebeln. Geniesst das Vieh Futterbokashi, geht zusätzlich EM über die Ausscheidungen in die Einstreu. Als Stapelmist* aufgesetzt und Schicht um Schicht mit EML übersprüht, geht die Rotte schon auf dem Haufen in den Fermentationsprozess über. Als Miete, mit Erde vermischt und mit Folienabdeckung dicht abgeschlossen, kann dieses Mistbokashi heranreifen. Diesen nahrhaften Dünger zur Feldvorbereitung mit dem Mistzetter ausbringen.

❹ Futterbokashi**

Für Nutztiere wird in Japan aus Reiskleie, Ölpresskuchen und Fischmehl mit Zuckerrohrmelasse und EM hergestellt. In Europa besteht es aus heimischen Getreideprodukten, Trockengrünfutter, Früchten, Ölsaaten, Mineralstoffen, Zuckerprodukten und Fetten. Es ist als Futterzusatz nicht überall zugelassen (siehe Zulassungsindex auf der hinteren Umschlagsklappe).

...mhm, lecker! Dieses Futterbokashi ist zusätzlich mit feinen Kräutern angereichert.

❺ Düngebokashi**

Düngebokashi kann im Handel erworben werden. Es wird aus dem ursprünglichen Futterbokashi hergestellt, indem zusätzlich stickstoffreiches, organisches Material zugegeben wird, damit den Pflanzen ausser den Mikroorganismen auch Nährstoffe zugeführt werden. Es besteht aus

- **Rohfaserstoffen** wie z.B. Weizenkleie oder Ausputzgetreide
- **Stärke** wie z.B. in Wein-, Raps-, oder Leinkuchen enthalten
- **Stickstoff** wie z.B. in getrocknetem Hühnermist, Guano oder Sojamehl enthalten
- **EM** oder **EMa,** manchmal zusätzlich **EM+U**

Dieses Bokashi kann bei allen «trockenen» Bokashierungen im Garten oder in der Landwirtschaft statt dem flüssigen EM oder EMa verwendet werden, wenn Sickerflüssigkeit unerwünscht ist. Dieses Düngebokashi ist ideal als

- direkter Zusatz zu Erdmischungen
- Dünger-Depot in Pflanzengefässen
- zur Herstellung von Bokashi aus Ernterückständen

Düngebokashi selber herstellen

Je feinkörniger diese Mischung ist, umso besser lässt sie sich verdichten, umso weniger verbleibt Sauerstoff in den Zwischenräumen und umso sicherer läuft die Fermentierung ab.

Der Feuchtigkeitsgehalt soll total bei 33 Prozent liegen. Die trockenen Zutaten haben eine Feuchtigkeit von durchschnittlich 10 bis 12 Prozent. Also müssen noch rund 20 Prozent an Flüssigkeit zugegeben werden.

Die Daumenprobe gibt Aufschluss über den Feuchtigkeitsgehalt: Bokashi in die Hand nehmen und zusammenpressen. Das auf diese Weise zusammengeballte Bokashi mit dem Daumen leicht eindrücken. Zerfällt der Bokashi-Batzen, stimmt die Feuchtigkeit.

Eine der möglichen Rezepturen für 100 l Düngebokashi

Es lohnt sich, gleich eine grössere Menge Düngebokashi herzustellen, vielleicht sogar den ganzen Jahresbedarf, denn es kann ja lange gelagert werden.

Das Verhältnis der Mengen zueinander allgemein:

Von insgesamt 5 Anteilen (100 %) der trockenen Materialen sind zum Beispiel

- 3 Teile Faserstofflieferanten wie Weizenkleie (60 %)
- 1 Teil Stärklieferanten wie Leinkuchenmehl , Obst- oder Traubentrester (20 %)
- 1 Teil Stickstoff wie Sojamehl, getrockneter Hühnermist oder Guano (20 %).

Diese 5 trockenen Anteile mehrmals umschaufeln und während dieses Vorganges laufend mit EM oder EMa überbrausen.

Tipp: Einer schaufelt, während ein anderer gleichzeitig mit EM überbraust.

Vorbereitung: Alle Gerätschaften, wie Giesskanne oder Rückenspritze und Schaufel. Die abgewogenen Zutatenmengen bereitstellen. Auf dem Boden, auf dem die Mischung angesetzt wird, am besten eine Folie auslegen.

Rezept für 100 Liter Düngebokashi

20 l Wasser 400 ml EM + 400 ml ZRM oder statt EM und Melasse: 1 l EMa	miteinander verrühren
48 l Faserstoffe (Getreidekleie) 16 l Stärke (Leinkuchen, Rapskuchenmehl) 16 l Stickstoff (getr. Hühnermist, Sojamehl)	trocken vormischen, mit EM zusammen vermengen

Für die Reifung das Düngebokashi in eine 100-l-Tonne mit Deckel, oder in stabile Säcke aus Silofolie füllen oder als Miete aufsetzen. Dabei immer Schicht um Schicht verdichten und luftdicht verschliessen.

Reifung: Das fertig gemischte Bokashi reift bei 22 bis 25 Grad Celsius am schnellsten (6 bis 8 Wochen). Unter 8 Grad Celsius ruht die Fermentierung. Dieses Bokashi hat sein Aussehen nicht gross verändert, aber es wurde in eine andere organische Form überführt, die von Pflanzen aufgenommen werden kann. Es ist auf eine Art «vorverdaut». Es riecht leicht süss-sauer und rieselt locker durch die Hand.

Trockenbokashi: Für eine lange Lagerung kann es getrocknet werden. Dazu das Bokashi in einer dunklen Ecke (ohne Sonnenlicht) auf einer Folie ausbreiten. Nach 1 bis 2 Tagen ist der Dünger abgetrocknet und kann in luft- und lichtundurchlässige Säcke satt und verdichtet eingefüllt werden.

Grosse Bokashi-Anlagen

In kommunalen Anlagen wird die Grünabfuhr in langen Mieten aufgesetzt und Schicht für Schicht mit EML überbraust, dann maschinell mit dem Schaufelbagger oder Traktor verdichtet und mit dicken Planen abgedeckt.

Bokashi-Anlage in Vietnam: Abfall, der grob vorsortiert wurde (ohne Plastik und Metallteile), wird mit EM-Lösung besprüht.

In manchen Städten warmer Länder, wie z.B. Thailand und Vietnam, bekommt der vorsortierte Müll auf der Halde grosszügige EM-Gaben. Auf diesem Gelände stinkt es nicht mehr. Der Müll reift durch die Bokashierung nach der Verdichtung und Folienabdeckung zu wertvollem Dünger heran, der dann an die Bevölkerung verteilt oder verkauft wird.

Leuchtende Farben
und unbändige Wuchskraft
mit EM-Pflege.

Garten und EM

Narren hasten
Kluge warten
Weise gehen in den Garten.
(Östliche Weisheit)

Wer EM zum ersten Mal anwendet, staunt nicht schlecht, in welch kurzer Zeit Pflanzen darauf positiv reagieren: Blumen, die nicht mehr richtig blühen wollten, überraschen mit vollem Flor. Absterbende Obstbäume erhalten neue Vitalität. Gemüseernten fallen reicher und gehaltvoller aus, Krankheiten und Schädlinge bleiben im Hintergrund. Lagergemüse hält sich länger. Alles duftet und schmeckt aromatischer, die Farben leuchten kräftiger. Kurzum: Die Effektiven Mikroorganismen bauen unseren strapazierten Boden wieder zu Werten auf, wie sie nur noch in ungestörten Naturparadiesen anzutreffen sind.

EM-Lösung (EML) kann mit EM oder mit EMa angesetzt werden.

EM-gepflegte Pflanzen bleiben gesünder, reagieren auf Temperatur- und Feuchtigkeitsschwankungen weniger empfindlich. Gerüstetes Gemüse läuft auch nach Stunden nicht an (keine Oxidation). Salate bleiben länger knackig (für die Gastronomie ein wichtiger Faktor).

Anfangs wird EM intensiv eingesetzt, bis sich die aus den Fugen geratenen Verhältnisse ausbalanciert haben, denn nach einer Saison hat sich ein ausgemergelter Boden noch nicht ganz erholt, obwohl das Wachstum erfreulich ist. Erst nach zwei bis drei Jahren Behandlung stellt sich das stabile Gleichgewicht ein. Während anfangs ein Garten mehr EM-Gaben zur Belebung braucht, als in den ungefähren Rezepturen angegeben ist, benötigen der Boden und die Pflanze nach und nach immer weniger EM und nach drei Jahren nur noch «sporadische» Erhaltungsgaben.

Praktisch: der Aquamix.

Anwendungs-Hinweise
Abkürzungen für EM-Grundmengen, gelten immer, **wenn nichts anderes vermerkt ist.** Sie sind auf der hinteren Buchumschlagsklappe aufgeführt.

- **Aquamix:** Wer keine Giesskannen mit EML schleppen mag oder kann, dem ist das einfache Dosiergerät am Schlauch eine grosse Hilfe. Es führt dem Wasserdurchlauf kontinuierlich EM in der gewünschten Dosis von 20 ml auf 1 l Wasser zu

Urgesteinsmehl entfaltet seine volle Wirkungskraft nur, wenn genug Mikrobenleben im Boden vorhanden ist, das die Mineralien aufschliesst. EM-Keramikpulver aktiviert und EM-Lösung vermehrt das Bodenleben. Sie sind also ideale Partner zum Gesteinsmehl.

Tipp: Soll mit jedem Giessen etwas EM zugeführt werden, eine EM-Lösung mit nur 100 ml auf 10 l Wasser verwenden. Behälter nur zur Hälfte mit EML füllen und mit Wasser ergänzen.

Wird für den Garten EM-behandeltes Regenwasser verwendet, muss dem Giesswasser keine Extra-Portion EML zugegeben werden.

Boden- und Erdevorbereitung mit EM+U und EML

Ob Erde selber gemischt oder Beete für Anpflanzungen vorbereitet werden: eine Zugabe von Effektiven Mikroorganismen tut immer gut.

Erdmischungen

Eine «gute» Erde enthält alles, was eine Pflanze für ein üppiges Wachstum braucht.

Grundmischung für 100 Liter Erde:

60 l Gartenerde 30 l reifes Bokashi 10 l Torf oder Torfersatz wie Kokosfasern	mischen, während dem Umschaufeln 1 Tasse EM+U einstäuben und EML übersprühen

Diese Erdmischung unter einer luftdurchlässigen Abdeckung (Jute, Lochfolie) noch 2 bis 3 Wochen reifen lassen.

Variante: EM+U in EML einrühren und beides zusammen über die Mischung brausen. Zwischendurch die Lösung immer wieder aufrühren, weil sich EM+U schnell absetzt.

Alternative: Gekaufte Pflanzenerde kann mit einer Bokashi-Gabe und EML aufgewertet werden:

- für 100 l Erde 1 l Düngebokashi untermischen
- gleichzeitig mit EML anfeuchten.

Aussaaterde: Aus Samen gehen Pflanzenkinder hervor, die sich wie andere neugeborene Lebewesen in einem feinen, weichen Bett wohl fühlen. Diese Erdmischung enthält keinen Düngerzusatz. Das wäre zu schwere Kost für den zarten Nachwuchs. Gekaufte Aussaaterde kann mit EM+U angereichert werden:

- ½ Tasse EM+U pro 10 l Erde

Selber hergestellte Aussaaterde:

10 l gesiebte Gartenerde 1 l feinen Sand 2 Essl. EM+U	mischen

Beete vorbereiten

Optimal ist es, wenn die Beetflächen 2 bis 3 Wochen vor der geplanten Anpflanzung mit EM geimpft werden. Die Mikroben können sich in die neue Umgebung eingewöhnen. Sie mögen es warm und feucht, deshalb den Boden von der Sonne erwärmen lassen und erst ab 8 Grad Celsius Bodenwärme mit einer EM-Behandlung beginnen. Die Beetflächen mit Mulch oder mit einem Vlies bedecken. Ohne Bodenabdeckung würden die Effektiven Mikroorganismen durch das UV-Licht abgetötet, bevor sie wirken können.

1 Mulchdecke mit dem Rechen abziehen.

2 die frei gewordene Fläche mit EM+U überstäuben.

3 den Boden mit der Grabgabel lockern und mit EML gut einschwemmen.

Beikräuter reduzieren: Bei Böden ohne Mulchdecke keimen unerwünschte Beikräuter nach einer Behandlung mit EML sehr schnell. Die gekeimten Sämlinge kurz vor dem Anpflanzen oberflächlich abschaben und als Mulch liegen lassen.

Alle Beikräuter – auch wenn sie noch so lästig sind – wachsen, um ein gestörtes Bodenmilieu auszugleichen. Ihre Wirksamkeit ist dort, wo sie auftauchen, also sehr wichtig. Das gerupfte Kraut als Mulch möglichst an seinem Platz liegen lassen oder bokashiert an den Boden zurückgeben.

Mit Bokashi: Nur dann Bokashi verwenden, wenn vor dem Anpflanzen genug Zeit für die Neutralisierung des sauren Materials verbleibt (je nach Temperatur 2 bis 3 Wochen). Pro Quadratmeter Beetfläche eine dünne Schicht Bokashi (maximal 2 Liter) ausstreuen und oberflächlich einharken. Weil dieses Bokashi gern von Tieren wieder ausgebuddelt und gefressen wird, ist es ratsam, diese Beete mit Mulch oder Folie wieder gut zuzudecken.

Aussaaten

Samen mit EM-Behandlung drängen rascher ans Licht als üblich. Bei langsam keimenden Gemüsen wie Karotten verkürzt sich die Keimzeit um bis zu 10 Tagen. Krankheiten wie Schwarzbeinigkeit, Umfallkrankheit oder Grauschimmel treten kaum mehr auf. Die Keimlinge wachsen zügig, halten Temperaturschwankungen besser aus und profitieren von der feinen Wärmestrahlung durch das angeregte Bodenleben. Selbst Saatgut aus kranken Beständen zeigt neue Vitalität, weil es eine Erde mit antioxidativem Charakter vorfindet.

Samen beizen:

1. feinkörniges Saatgut mit EML übersprühen
2. gröbere Samen kurz in EML tauchen
3. auf einem Tuch oder Haushaltspapier ausbreiten und danach leicht mit EM+U überstäuben
3. das Saatgut nur antrocknen lassen und sobald wie möglich aussäen

Samen vor Aussaat zur Keimung anregen und gegen Umfallkrankheiten «beizen»: Kleine Samen übersprühen, mittlere 1 bis 3 Minuten baden, grosse 40 bis 60 Minuten lang. Dann mit EM-Keramikpulver überstäuben und sofort aussäen.

Mit der feinen EM-Ummantelung keimt der Samen sicher und schnell und ist in der kritischen Öffnungsphase der Samenhülle vor Pilzbefall geschützt. Für die Samenbeizung kommt das Saatgut nur kurz mit EML in Berührung. Soll Samen rasch aufgehen, kann die Keimung mit einem EM-Bad zusätzlich angeregt (geweckt) werden.

Samen wecken:

- feine Samen (z.B. Karotten) mit EML nur übersprühen
- gröberen Samen (z.B. Radieschen) 1 bis 3 Minuten in EML baden
- grosse Samenkerne wie Bohnen, Mais oder Kürbis 40 bis 60 Minuten in EML quellen lassen

Samen nicht länger als angegeben in EML liegen lassen, weil die Mikroorganismen sonst anfangen, Samenkörner wie anderes organisches Material zu «kompostieren».

Den zur Keimung angeregte Samen nur antrocknen lassen und dann säen, damit es zu keinem Unterbruch bei dieser «Geburt» von neuem Leben kommt.

Tipp: Für das Bad den Samen in ein Stück Mull, Nylonstrumpf oder feine Baumwollsocken einbinden oder gröbere Samen in einem Sieb ins EML einhängen.

Aussaat unter Glas

Vor Aussaat Etiketten schreiben, temperiertes EML und Abdeckfolien bereitstellen.

Für feinkörnigem Samen

- Saatschalen mit Erde füllen und diese glatt streichen
- nach der Aussaat den Samen mit einem Brettchen leicht andrücken und bei Dunkelkeimern mit etwas Sand oder feinkörniger Erde in dünner Schicht (bis 5 Millimeter) überdecken
- mit EML überbrausen
- eine Glasscheibe auflegen oder die Saatschale mit einem transparenten Folienzelt überspannen
- am hellen Platz (Fenster, Glashaus) bei 18 bis 22 Grad Celsius aufstellen

Grosse Samen wie Bohnen, Gurken, Zucchetten:

- in mit Erde gefüllten Töpfchen oder in Multiplatten auslegen
- leicht andrücken
- mit Erde 1 bis 3 Zentimeter hoch abdecken
- mit EML überbrausen
- mit einer Glasscheibe bedecken oder mit einem transparenten Folienzelt überspannen
- am hellen Platz (Fenster, Glashaus) bei 18 bis 22 Grad Wärme aufstellen.

Aussaat: Vor Aussaat die Erde mit EML anfeuchten. Nach Ansaat das Saatgut (Dunkelkeimer) mit Erde 1 bis 2 Zentimeter hoch übersieben (Schichthöhe = 2 bis 3-fache Körnergrösse).

Die Erdabdeckung wiederum mit EML gut durchfeuchten. Lichtkeimer ohne Erdabdeckung anfeuchten und eine transparente Haube überstülpen.

Aussaatvariante mit Bokashi Seiten 208 und 209.

Freilandsaat

Das vorbereitete Beet glatt abharken. Bei ungebeiztem Samen vorweg etwas EMU über die Fläche ausstäuben und leicht einharken.

Flächensaat: die breitwürfige Ansaat mit einem handlichen Brett leicht andrücken und mit etwas Erde übersieben. Mit EML angiessen.

Reihensaat: eine 3 cm tiefe Rille ziehen. Für Samen ohne EM-Beizung die Aussaatrille mit EM+U einstäuben. Samen dünn aussäen, mit dem Rechenrücken leicht andrücken und die Rille wieder schliessen. Mit EML gut angiessen.

Ansaat mit grobem Samen, z.B bei Bohnen, Erbsen oder Mais

- jeweils 3 Kerne zusammen 3 cm tief als Grüppchen «stupfen». Abstand zwischen den Samengruppen 15 bis 20 cm
- bei ungebeiztem Samen vor dem Stupfen etwas EM+U punktuell ausstreuen. Es wird beim Versenken des Samens mit in die Erde eingeschleust
- nach der Aussaat den Boden mit EML angiessen

Pflege: Zwei Wochen nach Keimung wieder mit EML überbrausen und diesen Vorgang im 14-Tage-Rhythmus noch 2- bis 3-mal wiederholen (zusätzlich zum normalen Giessen).

Eine 3 cm tiefe Rille ziehen, EM+U einstäuben und Samen aussäen.

Saat mit dem Rechenrücken oder dem Handrücken leicht andrücken.

Aussaatrille mit dem Rechen oder von Hand mit Erde zuschieben und mit EML angiessen.

Mit dem Pikierholz ein Loch stupfen, vom Sämling zu lange Wurzeln abkneifen, Wurzel ins Loch einsenken, mit dem Holz Erde anschieben und festdrücken.

Pikieren: Die Erde für Pikierschalen mit EM+U vermischen (2 Tassen EM+U auf 50 Liter Erde), nach dem Pikieren die Jungpflänzchen mit temperiertem EML angiessen. Wöchentlich einmal mit EML giessen.

Effektive Mikroorganismen bringen den Lebenskreislauf in der Erde wieder in Schwung. Nach der Ausbalancierung des Bodenlebens mit EM könnten sogar gleiche Kulturen mehrmals hintereinander ohne Einbussen am selben Platz wachsen, wie das schon erfolgreich ausprobiert wurde.

Anpflanzung

Jungpflanzen erleiden einen Schock, wenn sie aus der warmen Kinderstube in die raue Welt des Gartens ausgesetzt werden. Durch das Verpflanzen werden viele feine Wurzeln verletzt oder abgerissen. Schnecken und anderes Getier freuen sich auf die zarte Kost. Damit muss der kleine Zögling fertig werden. Mit EM-Unterstützung herangewachsen, bringt er die beste Voraussetzung mit, dass er diesen Platzwechsel gut übersteht und mit vitaler Kraft weiter gedeihen kann. Ist das Beet mit EM vorbereitet, sollten auch die gefürchteten Feinde nicht viel zu melden haben.

Wenn noch Wintermulch vorhanden ist: wieder um die Setzlinge herum ausbreiten. Bis der Boden vom Blätterdach der Pflanzen bedeckt wird, ist er ziemlich verrottet (Nährdecke für den Boden). Nach dem Setzen alles mit EML angiessen.

Gemüse- oder Sommerblumen-Setzlinge: Wurzelballen kurz in EML tauchen, dann pflanzen. Sollte das Beet nicht mit EM vorbereitet

1 Hennig 1983, S. 43

Jungpflanzen auf Abstand auslegen und pflanzen. Vorhandenen Wintermulch wieder um die Pflänzchen legen und alles mit EML angiessen und mit EML angiessen.

Auf ein gut entwickeltes Wurzelsystem kommt es an. Nicht die Fläche, sondern der durchwurzelte Bodenraum ist unsere Gesundheit.[1]

sein, in jedes Pflanzloch – bevor der Setzling gepflanzt wird – zusätzlich etwas EM+U einpudern.

Tomaten: Um guten Ertrag zu liefern, brauchen sie viel Nährstoff. Deshalb muss ihr Pflanzplatz besonders üppig mit Stickstoff ausgestattet werden. Eine Hand voll organischen Dünger, Bokashi-Kompost oder vererdetes Düngebokashi pro Pflanze mit Erde vermischt ins Beet einarbeiten. Eine zusätzliche Gabe EM+U ist immer willkommen.

Kartoffeln: vor dem Pflanzen vorkeimen. Dazu die Knollen 3 Wochen vor der Pflanzung mit EM+U überstäuben. Mit dem «Nabel» nach unten und den «Augen» nach oben dicht an dicht in flache Obstkisten einordnen und an der Wärme aufstellen. Am hellen Licht bleiben die Keime schön kurz. Die gepflanzten Kartoffeln überstehen so vorbereitet auch kühle, nasse Wetterperioden, die den kälteempfindlichen Knollen sonst arg mit Pilzkrankheiten wie Braunfäule zusetzen würden.

Stauden: Wurzelballen kurz in EML tauchen, das Pflanzloch mit EM+U einstäuben. In der Einwurzelungsphase hin und wieder mit EML giessen.

Bäume und Sträucher: Die Zeit von der Anpflanzung bis zur Einwurzelung ist für grössere Gehölze nicht leicht. Mit Wurzelballen schaffen sie es problemloser als mit nacktem Wurzelwerk. Zur Starthilfe Wurzelballen in EML tauchen oder kurz darin baden. Das Pflanzloch mit EM+U auspudern und die ausgehobene Erde mit EM+U mischen (2 Essl. EM+U auf 10 Liter Erde). Mit EML angiessen und die Wurzelzone in den nächsten Wochen ab und zu mit EML wässern.

Ernteglück im Lagerkeller.

Mit EM übersteht der Wirsing auch eisige Temperaturen.

Bei der Schneeschmelze wird sichtbar, wie Mikroben den Boden erwärmen.

Bei ersten EM-Anwendungen den Boden mit stärkerer EM-Lösung versorgen als üblich.

Gemüse-Ernte einlagern

Alles, was mit EM-Behandlung herangewachsen ist, hat ein besonders stabiles, kerniges Pflanzengewebe und mehr Vitalstoffe als alle anderen Gemüse, die mit biologischer oder konventioneller Kulturweise angebaut werden. Das zeigt sich insbesondere in der Lagerfähigkeit. Die durch die Effektiven Mikroorganismen erworbene Antioxidanz verhindert Fäulnis. Das Gemüse bleibt viel länger knackig und schrumpft nicht so schnell. Es behält Geschmack und Aroma. Bei einem Versuch hatten Karotten nach einem Jahr Lagerung in der Erdmiete immer noch «Biss» und schmeckten gut. In milden Klimazonen hält EM-gepflegtes Lagergemüse draussen – ungeerntet – trotz ein paar Minusgraden unbeschadet durch und kann nach Bedarf portionenweise «frisch ab Beet» hereingeholt werden werden.

Ein Winterpelz fürs Bodenleben

Erntereste auf dem Beet flächig kompostieren, vielleicht sogar mit angerottetem Strohmist überdecken und dann alles mit EM behandeln: Das ist eine optimale Vorbereitung für die nächste Saison. So warm eingemummelt können die Effektiven Mikroorganismen im Boden zusammen mit all ihren «Kollegen» noch lange bis zur beissenden Kälte tätig bleiben. Beet-Einwinterung mit Bokashi Seite 182.

Pflanzenpflege

Soll der Boden mit den Effektiven Mikroorganismen aus dem Abbaumilieu in den aufbauenden Status gebracht werden, kann bei den ersten Anwendungen eine stärkere EM-Lösung ausgebracht werden, um das Bodenleben zu aktivieren:

- 500 ml EM + 1 Teel. EM-Keramikpulver auf 10 l Wasser

Stellt sich der Erfolg ein, indem alles freudig und gesund heranwächst und kaum noch Krankheiten oder massiver Schädlingsbefall auftreten, kann die Konzentration wieder auf normale EML-Werte gesenkt werden:

- 200 ml EM auf 10 l Wasser

Die Umstellung des Bodenmilieus auf EM kann manchmal sehr schnell gelingen, manchmal aber auch 3 bis 4 Jahre dauern, je nach Bodenbeschaffenheit. Deshalb ist eine genaue Angabe für die insgesamt benötigte EM-Menge und den Zeitaufwand nicht möglich. Es muss ausprobiert werden.

Einjährige Kulturen: Vor allem die einjährigen Sommerblumen verausgaben sich mit ihrer Blütenfülle. Sie sind für einen «EML-Abendtau» sehr dankbar. Im Frühling mit der Giesskanne, Rückenspritze oder dem Aquamix bis zu 3-mal wöchentlich benetzen, im Sommer nur noch ab und zu.

Mehrjährige Kulturen wie Stauden brauchen für die Umstellung des Bodens auf EM etwas länger, weil hier die Effektiven Mikroorganismen nicht in die dicht bepflanzte Bodendecke eingearbeitet werden können:

- Anpflanzungen im Frühling mit EML einmal durchdringend giessen, dann wöchentlich besprengen
- im Sommer nur noch ab und zu
- Im Herbst die natürliche Mulchdecke aus den verdorrten oberirdischen Pflanzenteilen der Stauden und das Falllaub von Gehölzen mit EM+U überstäuben und mit EML einschwemmen.

Beerenobst (Erdbeeren, Himbeeren, Johannis-, Stachel- und Heidelbeeren) liebt den etwas sauren Boden. Hier fühlen sich die Effektiven Mikroorganismen besonders wohl. Ein Mulchmix aus Grasschnitt und Gehölzhäcksel – mit EM+U überstäubt und von EML durchtränkt – liefert den Beeren genau das, was sie zum gesunden Wuchs und für die aromatische Ausbildung der Früchte brauchen. Diesen Mulchmix von Zeit zu Zeit ergänzen. Noch besser: vor dem Mulchen etwas reifes, neutralisiertes Bokashi zu Füssen des Beerenobstes auslegen und dann den Mulch darüber decken.

Wichtig ist, dass dem Bodenleben immer genug organisches Material in Form von Bokashi oder Mulch zur Verfügung steht.

Rasen

Sattes Grün, weniger Krankheiten und schnellere Regeneration sind das Ergebnis mit einer EM-Behandlung.

Rasenfilz und Moos: Ist die Rasendecke sehr verfilzt und muss vertikutiert werden, nach dem Aufriss der Rasendecke eine Mischung aus Sand und EM+K ausstreuen und leicht einharken:

- für 20 Quadratmeter Rasenfläche 0,5 Liter EM + Korallenalgenkalk (statt Urgesteinsmehl) auf 50 Liter Sand

Diese Mischung wirkt sich auch sehr günstig auf vermooste Rasenflächen aus.

Für die laufende Pflege: 1 l EML pro Quadratmeter alle 2 Wochen als Start in den Frühling versprengen, später reichen monatliche Gaben (abends oder bei bedecktem Himmel).

Tipp: Das Mähgut vom kurzhalmigen Rasenschnitt 2 Stunden antrocknen lassen, langes Gras bis zu 20 Stunden, je nach Wetter. Dann mit EML übersprühen und zu Grasschnittsilage bokashieren (Seite 181). Die Silage im Frühling vor der Anwendung mit etwas Erde vermischen und noch 3 Wochen als Miete aufsetzen. Erst danach auf die Rasenflächen fein verteilen. So ist der grüne Teppich für die neue Saison bestens versorgt.

Rosen

Die Königin der Blumen verlangt in unserem Garten mehr Aufmerksamkeit als alle anderen Pflanzenkinder und dankt es dann mit herrlichsten Blütenfreuden. Behagt einer Strauchrose ihr Pflanzplatz, kann sie sehr alt werden, wie der 1000jährige Rosenstock am Dom zu Hildesheim/Norddeutschland beweist. Er trieb nach mittelalterlichen Brandschatzungen immer wieder erneut aus und überstand – übel zugerichtet – selbst die Bombardierung im Zweiten Weltkrieg.

Edle Züchtungen allerdings erfordern eine spezielle Pflege und Aufmerksamkeit. Sie reagieren auf Pilz- und Insektenbefall empfindlich. Der Grund: In der Kreuzungsarbeit wurde über viele Jahre auf Schönheit und Blühwilligkeit Wert gelegt. Erst in den letzten Jahren haben die Züchter wieder mehr auf Widerstandsfähigkeit geachtet.

Standort-Anspruch: Die Rose liebt einen tiefgründigen, lehmhaltigen Boden, eine grüne Kulisse um sich herum und Wind um die Nase. Ist ihr Standort an einer heissen Hauswand oder nicht tiefgründig genug, oder gestaltet sich der Sommer kühl und nass, haben Rostpilze, Mehltau und Knospenfäule Saison und freuen sich Läuse auf zarte Triebe.

Die Rose braucht viel Nährstoff, um eine grosse Blütenfülle auszubilden. Da tut die jährliche Kompostgabe oder sogar eine winterliche, fermentierte Rossmistpackung gut. Kommt dann noch

- EM+U bei kalkhaltigem Boden
- EM + K bei saurem Boden

dazu, erfreut sich der Rosenliebhaber am satten Grün, an leuchtenden Blütenfarben und über die strotzende Gesundheit seiner Schützlinge.

Neue Rosen am alten Platz? Sollen alte Rosenstöcke durch neue Pflanzen ersetzt werden, muss normalerweise ein neuer Pflanzplatz gesucht oder die Erde am bisherigen Ort bis zu 80 Zentimeter tief ausgewechselt werden. Im Wurzelbereich alter Rosen haben sich oft Wurzelälchen (Nematoden) und andere Schädiger angesiedelt, die für die «Bodenmüdigkeit» in Rosenrabatten verantwortlich gemacht werden und eine Einwurzelung neuer Rosenpflanzen behindern, wodurch Kümmerwuchs angesagt ist. Wird nach der Entfernung der alten Stöcke reichlich EML gegossen und danach dem Boden vor Neupflanzung eine Pause von 4 Wochen eingeräumt, haben Wurzelnematoden und andere Schad-Erreger das Feld geräumt. So kann tatsächlich ohne Erde-Austausch eine neue Generation auf dem alten Rosenplatz ohne Einbussen heimisch werden.

Der Rosenbogen zeigt unterschiedlichen Bewuchs. Links wächst die Rose gesund und üppig. Sie wurde mehrfach mit EML gespritzt und gegossen.
Die Rose auf der rechten Seite ohne EM-Behandlung ist wie bisher mit Rost und Mehltau befallen.

Pflanzenschutz: Rosen gehören zu den Hätschelkindern des Gartens. Sie erfordern besondere Aufmerksamkeit. EM-Gaben scheinen sie zu mögen und danken es mit üppiger Blütenfülle, auch, weil ungebetene Liebhaber wie Läuse und Pilze fern gehalten werden. Rezepturen für EM-Spritzbrühen Seite 201):

- Austriebsspritzung: im Frühjahr, wenn die Knospen ergrünen, mit EM5-Spritzbrühe benetzen, damit überwinterte Pilzsporen (Rost, Mehltau, Sternrusstau) nicht aktiv werden

Rosen mit EM spritzen: bei feuchter Witterung oder starkem Läusebefall mehrmals hintereinander, im Abstand von 3 bis zu 8 Tagen.

- Bei Läusebefall mehrmals mit EM-Spritzbrühe (+ Spiritus), behandeln, bis die saugenden Insekten verschwunden sind. EM+U kann die Behandlung unterstützen. Dieser feine Puderfilm behagt den Saugern gar nicht, das ist für sie «Sand zwischen den Zähnen»
- Weiter alle 4 Wochen mit EML behandelt, bleiben die gefürchteten Pilzerkrankungen im tolerierbaren Rahmen oder treten überhaupt nicht auf, je nach Witterungsverlauf.

Pflanzenschutz

Weil die Effektiven Mikroorganismen für einen ausgewogenen Boden und gesundes Pflanzenwachstum sorgen, ist der Pflanzenschutz nach der Umstellung auf den Anbau mit EM-Technologie bestenfalls noch ein Randthema, denn Krankheitserreger, die ja nur geschwächte Kulturen mit zersetzender, fauliger Kondition besiedeln, finden im EM-geführten Garten kaum noch Nährboden vor.

- Schnecken finden das energiestarke Pflanzenwachstum reizlos und bleiben bis auf wenige weg.
- Schadinsekten schlüpfen gar nicht erst aus ihren Eiablagen. Dazu ein Beispiel für die Wirkung einer EM-Behandlung auf Ameisen: EM bildet im Nahrungsvorrat der Ameisennester ein fremdes Zymogen*, das den Ameisen nicht schmeckt. Auch ihre Eier entwickeln sich nicht weiter und schlafen ein. Die Ameisen verlegen daraufhin ihre Nester.
- Pflanzenfressende Insektenlarven verpuppen sich zwar, entwickeln aber kein Insekt, weil ihnen die dazu notwendigen Hormone aus einer fauligen Nahrung fehlen.

Das alles passiert nicht sofort, aber nach zwei bis vier Jahren Anwendung – je nachdem, in welchem Zustand der Garten vorher war – ist die Wirkung nachhaltig.

Spritzung mit EM: Bis der Garten aus der Oxidanz in die Antioxidanz gelangt, werden alle Pflanzenschutzprobleme mit Effektiven Mikroorganismen, und in krassen Fällen zusätzlich mit biologischen Mitteln, angegangen.

EM5 ist eine EMa-Vermehrung mit Alkohol (Seite 169). Der Alkohol ätzt kleine Löcher in die Cuticula (Wachshaut). In diesen Buchten nisten sich die Effektiven Mikroorganismen ein, fressen alles Schädliche weg und fungieren als «Platzhalter», indem sie den Platz besetzen, wo sich sonst die Schad-Erreger gern niederlassen. Mit entsprechenden Kräutern oder Pflanzenessenzen zu EM-FKE fermentiert, verstärkt sich die Schutzwirkung (EM-FKE Seite 171).

EMa mit Netzmittel haftet besser: Damit eine EMa-Spritzung nicht gleich wieder vom nächsten Regenguss abgewaschen wird, kann der Spritzbrühe etwas Geschirrspülmittel wie Pril zugegeben werden (10 ml Spülmittel pro 1 l EM-Spritzbrühe). Zuckerrohrmelasse ist ebenso ein sehr gutes Haftmittel, lockt aber Läuse, ihre Ameisenfreunde und anderes Geziefer an und wirkt sich eher kontraproduktiv auf den Schädlingsbefall aus.

Läusekolonie an der Schönmalve (Abutilon) oder/und

Spritzbrühe für eine 5-Liter-Rückenspritze, ausreichend für etwa 50 Quadratmeter Fläche:

5 l Wasser
300 ml EM5 oder EM-FKE
10 ml Geschirrspülmittel
▶ gut miteinander verrühren

Sehr zu empfehlen ist ein Zusatz von EM+U (1 Teel./5 l EM-Spritzbrühe). Es unterstützt die Wirkung, setzt sich aber in Flüssigkeiten leider schnell ab (zwischendurch immer wieder aufrühren). Auch die Spritzdüse verstopft schnell einmal.

Tipp: Eine gute Alternative zum üblichen Gesteinsmehl ist Diabas. Es ist das Urgesteinsmehl mit der feinsten Körnung, setzt sich gut eingerührt kaum ab und ist für Spritzungen sehr zu empfehlen.

Zur Vorbeugung wird in der aktiven, warmen Wachstumsperiode alle 2 bis 3 Wochen gespritzt. Bei anhaltend kühlem Wetter nur alle 4 Wochen, im Winter gar nicht behandeln, weil die Effektiven Mikroorganismen zu diesem Zeitpunkt nicht aktiv sein können. Ihnen fehlt die «Brutwärme» zur raschen Vermehrung, und sie ruhen, bis die Temperaturen wieder steigen.

Marienkäfer verspeist die letzte Laus am Kirschenblattaustrieb. Spritzungen mit EM schaden ihm nicht.

Zeitpunkt für Spritzungen mit EML:

Wie bisher bei Spritzungen mit konventionellen Mitteln über das Laub, so auch das Blattgrün mit EML möglichst bei trübem Wetter oder am Abend benetzen. Am Sonnenlicht gehen zu viele Mikroben durch UV-Bestrahlung ein, bevor sie wirken können. Ausserdem kann empfindliches Laub durch EML-Behandlung bei Sonnenschein verbrennen.

EM-FKE: Manche Kräuter wirken an sich antiseptisch, also keimtötend. Die Frage «Was geschieht bei diesen Zusätzen mit den Effektiven Mikroorganismen?» liegt nahe und muss überlegt werden: Will ich die Schad-Erreger weghaben oder will ich mit den Effektiven Mikroorganismen die Pflanzen stärken?

Tomaten: Gerade Sorten, die besonders aromatisch schmecken, sind oft empfindlich für Krankheiten und Schädlingsbefall. Ausser

Gesunde Tomatenpflanzen bringen hohen Ertrag.

einer guten Bodenvorbereitung mit Bokashi- oder anorganischem Dünger-Depot unterstützt eine mehrmals zu wiederholende EM-Spritzung die Immunkraft der Pflanzen. Das Tomatenlaub bleibt gesund. Es treten kaum noch Weisse Fliegen auf. Die Tomaten platzen bei extremen Schwankungen zwischen Trockenheit und Nässe nicht mehr so schnell.

Obstbäume (Obstanbau Seite 249)

Gewebewunden nach Hagelschlag: Entsetzen und Trauer erfüllen uns, wenn nach einem Hagelunwetter alles Gartengrün zerstört wurde. Noch Wochen danach sind die Verwüstungen zu sehen, erholen sich die Pflanzen nur langsam oder faulen vor sich hin. Wenn EML sofort und grosszügig gespritzt oder gegossen wird, vernarben die schlimmen Wunden ganz schnell und die Pflanzen erholen sich so rasant, dass man ihnen dabei zuschauen könnte.

Der linke Gartenteil wird biologisch-organisch und mit EM bewirtschaftet. Der rechte Teil bologisch-organisch. Links erholten sich die Pflanzen sehr schnell, man sieht ihnen den Rückschlag nicht an. Rechts litt die Pflanzung sehr und musste z.T. ersetzt werden.

Die von Eiskörnern zerhackte Zucchinipflanze wurde unmittelbar nach dem Unwetter mit EML behandelt. Die Wunden vernarbten rasch, nirgends setzte die übliche Fäulnis ein. Alles trieb wieder sehr schnell durch.

Pflanzenjauche mit EM: Welche Jauchen auch angesetzt werden, ob als wirksame Stickstoffgabe (z.B. Beinwell, Brennnesseln) oder zur Vorbeugung gegen Pilzkrankheiten (z.B. mit Rainfarn, Schachtelhalm) oder gegen Schädlinge (mit Brennnesseln), immer ist die Zugabe von EM+U und EML eine Verstärkung der Wirkung dieser biologischen Mittel. Ein angenehmer Nebeneffekt: Die Jauchen stinken nicht mehr so bestialisch, sondern riechen erträglich. Stechmücken werden nicht angelockt und legen somit auch keine Eier in die Tonne.

Die Öffnung des Jauchefasses immer mit einem Gitter oder Deckel abdecken, damit keine Kleintiere oder Vögel darin ertrinken. Die Tonne darf man nicht luftdicht schliessen, damit Kohlenstoffgase wie Methan während der Gärung entweichen können.

Schnecken-Invasionen: Was tun?

Kann es sein, dass immer wieder EM-Anwender berichten, wie wunderbar ihr Garten nun ist, wie alles wächst und selbst die Lieblingsspeisen der Schnecken wie Salat, Radieschen und Tagetes ohne Verlust gedeihen? Oder umgekehrt: Kann es sein, dass immer wieder verzweifelte Hilferufe zu hören sind, wenn trotz EM-Anwendungen die Schnecken eher zu- statt abnehmen und wie Rasenmäher alles kurz und klein raspeln?

Schneckenhochzeit

Ja, es kann, denn Schnecken sind eine Art Ordnungshüter des Gartens. Sie sorgen dafür, dass alles Unbrauchbare aufgeräumt wird und Faulendes sich nicht ausbreiten kann:

- Sie vermehren sich in ungeahnten Mengen, wenn sie einen reich gedeckten Tisch geschwächter und kränkelnder Pflanzen vorfinden
- Sie reduzieren ihren Nachwuchs durch geringere Eiablagen, wenn es in ihrer Umgebung nichts zu tun gibt

Sie folgen damit einem Naturgesetz, wie es bei allen «Aufräumarbeitern» gilt, denn unliebsame Gartenbewohner werden oft erst dann zu Schädlingen, wenn sie im Übermass auftreten. Eine Übervölkerung zeigt immer an, dass das Gleichgewicht eines Ökosystems aus den Fugen gekippt ist.

Eiablage: In einem zusammengerollten Lauchblatt, das achtlos im Weg lag, hat die Schnecke ihre zukünftige Nachkommenschaft abgelegt.

Ein paar der Gartenpolizisten braucht es im Gleichgewichtsparadies, denn neben dem Aufbau hat auch der Abbau seine Berechtigung und ist erwünscht, wenn er dem Aufbau untergeordnet bleibt.

Noch eine Eigenart der Schnecken: Sie lieben eine abwechslungsreiche Speisekarte. Alle 3 bis 4 Tage wechseln sie zum nächsten Gartenmenü. Selbst in einem EM-gepflegten Beet naschen sie als Beikost auch mal zarte Salatblättchen. Doch hält sich der Schaden in Grenzen.

Gründe für eine überbordende Schnecken-Population:

- Beete, die mit schlecht gereiftem Kompost versorgt sind. Faulende Substanzen senden starke Signale aus, dass etwas in Ordnung gebracht werden sollte.
- Kunstdünger bläht Pflanzen mit Wasser auf. Solche Gewächse haben keine innere Kraft und sind sehr anfällig für Krankheiten.
- Organische Dünger wie Hornspäne müssen im Boden erst verrotten, bevor sie für die Pflanzenwurzeln Nahrung sein können. Dieser Umwandlungsprozess verläuft oft über Fäulnis.
- Frisch gesetzte Jungpflanzen sind gestresst, haben Wurzelverletzungen, standen oft zu eng in der Pikierschale und sind dadurch kraftlos aufgeschossen.

Solange ein Garten in einem solchen Milieu bewirtschaftet wird, haben die Schnecken viel zu tun.

«Wer Fäulnis sät, wird Fäulnis ernten»

Ein Versuch hat gezeigt, wie sich Schnecken bei verschiedenen Düngern verhalten

Gedüngt mit **Ammonium** (Kunstdünger), Abbau über Fäulnis, Schnecken fressen alles auf.

Nitrat Übergang zu Aufbau, Schnecken sind weniger aktiv.

Aminosäuren (organisch) Aufbau ohne Fäulnis, Schnecken sind nicht mehr interessiert.

EM kann den Boden in die aufbauende Richtung lenken. Je nach Beschaffenheit der Erde geht das schnell (bei leichten Böden), dauert aber bei schwerer Erde 3 bis 4 Vegetationsperioden. Voraussetzung ist, dass in jedem Fall kein konventioneller Kompost mit Fäulnisanteilen mehr ausgebracht oder aber vorher mit EM behandelt wird. Ein Garten, der viele Jahre mit Kunstdünger versorgt wurde, braucht etwas länger, bis sich das Bodenleben so weit erholt hat und organische Substanz zu Nahrung für Pflanzen aufschliessen kann. Jungpflanzen aus Anzucht mit EM haben starke innere Kräfte und überstehen eine Verpflanzung leichter.

Schnecken-Abwehr, bis sich ein Ausgleich zwischen Ab- und Aufbau einstellt:

- Alte, grau verwitterte Bretter auf Wege legen. Schnecken verkriechen sich gern darunter und legen dort auch ihre Eier ab. Wir können sie mühelos einsammeln. Neue Bretter mögen die Kriechtiere nicht.
- Boden ohne Pflanzen- oder Mulchdecke reisst bei Trockenheit tief auf. Das sind einladende Eingangspforten für Schneckenschlafplätze im feuchten Boden.
- Bei schweren Böden bleibt eine dicke Mulchdecke zu lange nass und kann in Fäulnis übergehen: für Schnecken ein Paradies. Dort ist es feucht und gemütlich. Den Boden mit EML begiessen, bevor organisches Mulchmaterial als Nährdecke dünn ausgebreitet wird. So kommt keine Fäulnis auf. Wird diese Bodendecke zusätzlich mit EM+U überstäubt, suchen sich die Schnecken andere Verstecke.
- Schneckenvertilgern wie Igeln, Kröten oder Blindschleichen Wohnungen mit Altholzhaufen und Laub anbieten.
- Einen Schneckenzaun da installieren, wo besonders gefährdete Kulturen wachsen.
- Mit EM fermentierter Kompost und Bokashi wird von Schnecken gemieden
- Weniger zu empfehlen: Bierfallen locken ständig neue Schnecken aus der Umgebung an, ebenso Lockmittel wie Kleie mit Hundefutter.

«Wo, bitte, geht es weiter?»
Junge Schnecke auf Erkundungstour.

Es gäbe noch 100 andere erprobte Rezepte, wie die ungeliebten Gartengäste vergrault werden könnten. Mit EM erübrigen sich mit der Zeit alle aufwändigen Jagdmanöver. In einem Garten, wo sich das ökologische Gleichgewicht eingependelt hat, fallen ein paar der schleimigen Kriecher überhaupt nicht mehr ins Gewicht.

Bokashi im Garten

Es ist gar nicht so viel organische Substanz nötig, um den Boden ausreichend mit Nahrung zu versorgen. Eine Mischung aus vielerlei Gemüseresten liefert durch Fermentierung ausgewogenen Nährstoff für Pflanzen und sorgt für ein Bodenmilieu ohne Fäulnis – da macht die Entsorgung des Küchenabfalls oder die Fermentierung von Ernterückständen durch den Bokashi-Prozess Sinn.

Eine 4-köpfige Familie verursacht täglich 300 bis 600 Gramm organischen Küchenabfall (ohne Fisch und Fleisch). Das ist der Nährwert von 3 bis 6 Kartoffeln. Das Edaphon* braucht auf 16 bis 33 Quadratmetern Gartenfläche nur 100 bis 200 Gramm organisches Material, um eine gute Ernte hervorzubringen.

Bokashi im Vergleich zu Kompost

Kompost erfordert sehr viel Pflege, wenn er gute Dienste leisten soll. Er braucht für den Umsetzungsprozess viel Sauerstoff, der mit häufigem Wenden der Miete immer wieder zugeführt werden muss. Das ist bei einem Kubikmeter unreifem, organischem Abfall soviel wie 100 Menschen an einem Tag veratmen. Durch die erwünschte Erhitzung (wegen der Wildkräutersamen und -wurzeln) entweicht viel Ammonium in Form von Ammoniak. So verpufft bereits viel Stickstoff in die Luft (bis zu 70 Prozent).

EM-gepflegte Kulturen halten bei krassen Schwankungen zwischen Regen- und Trockenperioden besser durch. Die inneren Qualitäten (Vitalstoffe) steigen, das Gemüse bleibt länger lagerfähig.

Kompost gibt auch viele Nährstoffe durch Sickerwasser ab, das wiederum unser Grundwasser belastet. Wegen dieses Nährstoffverlustes sehen manche Kulturflächen im biologischen Anbau trotz Kompost hungrig aus. Der Zersetzungsprozess in der Kompostmiete bildet Wurzelgifte wie Nitride und Sulfide, die später Pilzerkrankungen und Fäulnis und somit auch Schädlingsbefall an Pflanzen fördern. Deshalb darf kein frischer Kompost ausgebracht werden, sondern nur der «reife», gut abgelagerte, in dem alle pflanzenfeindlichen Stoffe «umgewest» sind. Trotz dieser negativen Merkmale ist das «schwarze Gold der Erde» immer ein wertvoller Lieferant für den Humusaufbau und wichtiger Bestandteil des biologischen Anbaus gewesen. Wenn mit Kompostgaben aber zu oft Schädlinge und Pilzbefall an Pflanzen auftreten, ist das Bodenleben trotz gut gemeinter Behandlung nicht im Gleichgewicht, denn das Kompostmaterial wurde degenerativ über Fäulnisprozesse abgebaut. So ein «Pseudokompost» stinkt, ist Brutstätte für Schadbakterien und arm an Nährstoffen.

Bokashi dagegen baut auf. Die Pflanzen sind gesund, strahlen farbiger, sind im Geschmack aromatischer. Es erschliesst durch anaerobe Aufbereitung (Fermentierung) in der Humuspflege völlig neue Dimensionen, denn – in die Erde eingearbeitet – wird aus den bokashierten Abfällen innerhalb von 8 Wochen wohlriechende, weitgehendst vererdete Pflanzennahrung. Die aufwändige Kompostbereitung entfällt.

Die Bereitung von Bokashi ist im Kapitel ab Seite 173 ausführlich beschrieben.

Was geschieht mit einem bereits vorhandenen Komposthaufen?
Sehr gehaltvoll ist dieser Kompost nicht mehr, aber er kann mit Hilfe der Effektiven Mikroorganismen aus der Fäulnis in den Aufbau überführt und aktiviert werden. Dazu mindestens 2 Wochen vor der Verwendung mit EM oder EMa behandeln. Ganz praktisch geht das, wenn einer den reifen Kompost umschaufelt, während eine andere Person gleichzeitig EM mit der Kanne oder Rückenspritze drübersprüht, damit sich die Effektiven Mikroorganismen gut verteilen und die toxischen wie die pathogenen* Substanzen verarbeiten. Zwischendurch den neu aufgesetzten Haufen immer wieder verfestigen (stampfen, festklopfen), damit möglichst alle Luft herausgepresst wird.

Eine Umstellung zu biologischem Anbau und der damit verbundene Umdenkungsprozess kann mit EM viel zügiger vorangehen und schreckt nicht mehr mit dem Fluidum «Mehrarbeit, Unbequemlichkeiten und unordentliche Beete».

Beet- und Erdevorbereitung mit Bokashi

Mit dieser Vorbereitung wird der Boden durch Bokashi ausreichend mit Nährstoffen für die ersten 3 Monate der Vegetationsperiode versorgt.

Beete mit einer dünnen Schicht (2 Zentimeter) Bokashi überstreuen und oberflächlich einarbeiten. Bei kühlem Wetter das Bokashi 3 Wochen vor dem Anpflanzen ausbringen, bei warmem Wetter und erwärmtem Boden geht die Neutralisierung rascher voran und dauert bei gut temperiertem Boden nur eine Woche.

Küchenbokashi in dünner Schicht verteilt...

....oberflächlich maximal bis 6 cm tief einarbeiten und...

....mit Vlies abdecken, damit es Tiere nicht wieder ausbuddeln.

Alle Tiere scheinen Bokashi zu mögen. Deshalb Bokashi immer leicht in den Oberboden einarbeiten, ev. noch mit einem Vlies überspannen; denn Füchse, Marder und Hunde spüren es auf, wenn es nicht vollkommen mit Erde bedeckt ist. Es wird ausgebuddelt und gern gefressen.

Eine weitere Bokashierung im Laufe des Sommers wird von den Ansprüchen einer Nachfolgekultur bestimmt: die schwach zehrenden haben noch genug Vorrat. Stark zehrende Gemüse brauchen Nachschub. Wenn nach einer Ernte von Frühgemüse noch eine Folgekultur angepflanzt wird, ist die Zeit für die Aufbereitung des Bodens mit Bokashi knapp. Hier entweder eine dünne Schicht vererdetes Bokashi (nicht mehr sauer) vor Anpflanzung ausstreuen und leicht einarbeiten oder nach der Anpflanzung 20 cm vom Wurzelballen entfernt ein Bokashi-Depot anlegen (Seiten 209 und 210).

Aussaat in Schalen: Eine Woche vorher eine Hand voll feines Futterbokashi und 1 Essl. EM+U mit 10 Liter Aussaaterde mischen und die

Saatschale damit füllen, mit EM angefeuchtet bei 18 bis 22 Grad Celsius aufstellen. Erde kurz vor Aussaat nochmals mit EML überbrausen.

Variante: Die Schalen oder kleine Töpfe dünn mit Aussaaterde belegen, darauf eine Schicht feines Düngebokashi (maximal 2 Zentimeter hoch) geben und mit Aussaaterde bis zum Rand auffüllen

Links
Saatschale füllen:
1. Schicht = dünne Lage mit Aussaaterde,
2. Schicht = feines Düngebokashi.
Oberste Schicht = wieder Aussaaterde.

Rechts
Aussaat im Freien:
Rillen von 5 Zentimeter Tiefe ziehen, mit Futterbokashi bestreuen (max. 0,5 bis 1 Zentimeter dick). Rillen weitere 2 Zentimeter mit Erde auffüllen und etwas andrücken, dann säen.

Anpflanzungen mit Bokashi-Depot

Diese Bokashi-Methode eignet sich, wenn das EM-fermentierte Pflanzenmaterial bestehende Pflanzungen düngen soll.

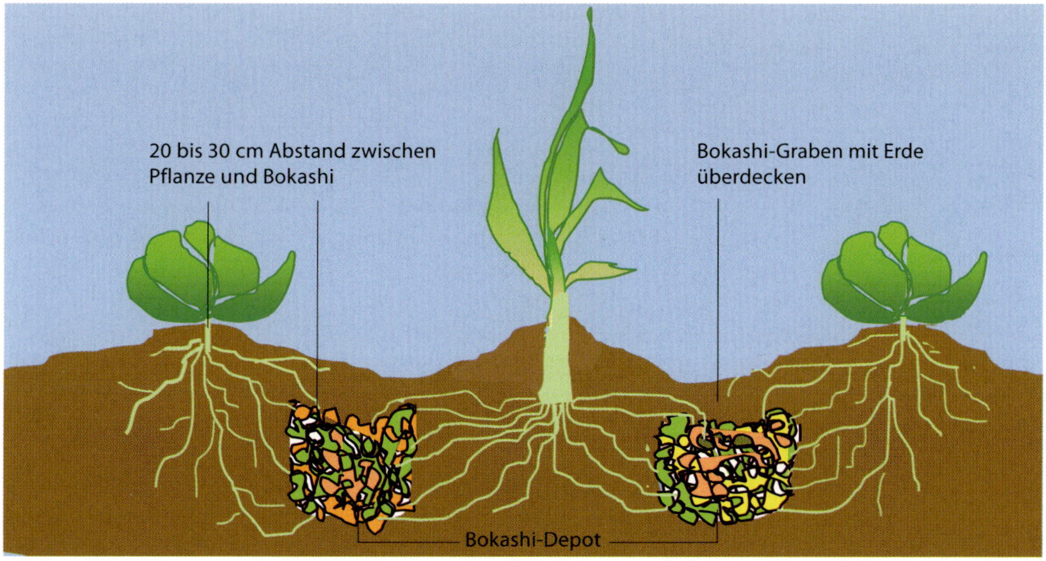

Ein Bokashi-Depot nach der Pflanzung ist möglich, wenn es in einen Graben zwischen den Reihen eingelegt wird.

Bei vorhandenen Pflanzungen: Weil frisches Bokashi ätzend sauer ist und Pflanzenwurzeln dadurch verbrennen, darf dieses Bokashi nur mit einem gewissen Abstand zur Wurzelscheibe ausgebracht werden. Deshalb bei bereits eingewachsenen Pflanzen

- 20 bis 30 cm vom Wurzelwerk entfernt einen Graben von 15 bis 20 cm Tiefe ziehen
- Bokashi etwa 5 cm hoch einfüllen, mit Erde bedecken

Die Wurzeln bekommen Signale, dass gutes Futter in der Nähe ist und wachsen zielstrebig darauf zu. Wenn sie das Bokashi erreichen, ist es bereits neutralisiert und bekömmlich. Diese Anwendung eignet sich auch, wenn eine EM-Bodenvorbereitung vor dem Anpflanzen nicht möglich war.

Lanzendüngung für Bäume: Ausserhalb des Kronendurchmessers bei kleinen Bäumen zwei Löcher bis zu zwei Spaten tief ausheben (bei grossen Bäumen mehrere Löcher).

Kontrolle: Frisches Bokashi ist bereits nach einer Woche bis auf die groben Teile vererdet.

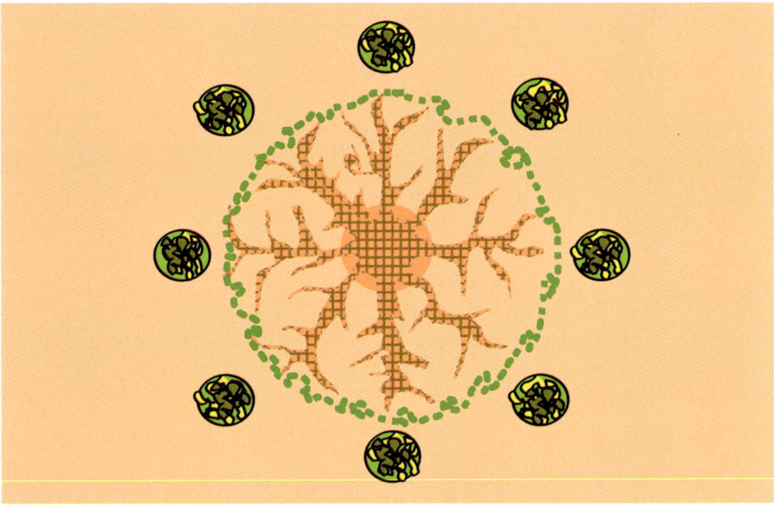

Bokashi – mit der Aushuberde vermischt – einfüllen. Mit EML reichlich begiessen. Die Wurzeln streben auf diesen Nährstoffvorrat zu und holen sich alles, was sie brauchen. Auf diese Weise können auch Bokashi-Gaben in den Traufbereich von gestressten oder schon erkrankten Bäumen eingegraben werden. Der Boden wird sehr schnell belebt, und damit auch der Baum.

Lanzendüngung mit dem Erdbohrer: Er ist eine grosse Hilfe und lässt sich auch mit Frauenpower leicht in den Boden eindrehen.

Arbeitsablauf der Lanzendüngung

Es eignet sich jede Grünmasse. Selbst schlimmste Wurzel-Beikräuter wie Girsch oder Ackerwinde werden problemlos umgewest, bevor sie wieder einwurzeln.

Zuerst eine Rasenscheibe abstechen und zur Seite legen. Mit dem Spaten oder wie hier mit dem Erdbohrer ein Loch von mindestens 50 cm Tiefe ausheben.

Das Loch mit organischem Material füllen und feststampfen, damit ordentlich viel Zellsaft aus den Pflanzenteilen austreten kann.

Jede Schicht Füllmaterial (10 bis 15 cm hoch) mit EM+U überstreuen, und mit etwas Aushuberde überdecken…

…mit EML begiessen. Jede weitere Schicht ebenso behandeln, bis das Loch fast voll ist.

Zum Schluss die abgehobene Rasenscheibe wieder auf das Loch zurücklegen und festtreten.

Welch eine Pracht: Blumen, Blumen, nichts als Blumen…

Unsere grünen Mitbewohner und EM

Die vielen Blumen um mich herum stimmen mich einfach fröhlich (Daveena Limonick)

Sollen Zimmer-, Balkon- und Kübelpflanzen über Jahre trotz engstem Wurzelraum vital bleiben und uns mit wohltuendem Grün oder mit überschäumendem Blütenfest beglücken, ist ein stattlicher Vorrat an Nährstoffen wichtig. Wenn das Wurzelwerk noch mit den Nährstoff-Aufbereitungsdiensten der Effektiven Mikroorganismen unterstützt wird, danken es unsere Pflanzenmitbewohner mit gesundem Wuchs und mit leuchtenden Farben. Sie halten Trockenperioden viel besser durch und kennen kaum Krankheiten oder Schädlingsbefall. Wenn sich doch mal Schildläuse einstellen sollten, scheinen die Zimmerpflanzen kaum darunter zu leiden.

Eine Wohltat für Zimmerpflanzen:
mit EM-Lösung besprüht, glänzen sie und setzen kaum Staub an.

Es gibt wie bei der Beetvorbereitung mehrere Möglichkeiten, die Erde für die Pflanzen mit EM anzureichern. Gekauftes Substrat, ganz gleich, ob es sich um Spezialerde für Zimmerpflanzen oder die Balkon- und Kübelerde für Blütenpflanzen handelt: ein Zusatz mit Bokashi, EM-Keramikpulver oder mit einer EM-Lösung hilft in jedem Fall, den vorhandenen Nährstoffvorrat für die Pflanzen durch die Aktivitäten der Effektiven Mikroorganismen besser aufzuschliessen. EM+U verbessert die Krümelstruktur und erhöht die Wasserspeicherkapazität der Erde.

Erdevorbereitung

Drei Varianten bieten sich an:

❶ Für 100 Liter einer gekauften Erde noch 1 Tasse EM+U zusetzen und mit EML anfeuchten.

❷ Eigene Erde herstellen: Für 100 Liter Blumenerde

60 Liter Gartenerde 30 Liter gesiebter, reifer Kompost 10 Liter Torf oder Ersatz (Kokosfaser) 1 Hand voll Hornspäne 150 ml EM+U	gut miteinander vermischen

Vor Pflanzung mit EML anfeuchten.

❸ Für besonders gehaltvolle Erde, speziell für die hungrigen Kübel- und Balkonpflanzen: Drei Wochen vor Pflanzung kann für 100 Liter eigene oder zugekaufte Erde noch 3 Liter fein gehäckseltes, reifes Küchen- oder Gartenbokashi oder gekauftes Düngebokashi zugemischt werden.

Wichtig ist, dass das untergemischte Bokashi 1 bis 2 Wochen Zeit hat, sich aus der für Pflanzenwurzeln ätzenden, sauren Phase in die milde, pflanzenverträgliche umzubauen.

Tipp: Mit Bokashi-Zugabe kann ein Teil der Vorjahreserde nochmals verwendet werden.

Eintopfen

Wenn für die Vorbereitung keine 3 Wochen Zeit zur Verfügung steht, kann das Bokashi als Schicht im untersten Drittel des Erdvolumens als Vorratsspeicher eingelegt werden: Das Loch im Gefäss mit einer Tonscherbe abdecken, damit es nicht verstopft und das überschüssige Wasser gut abfliessen kann. Dann in Schichten einfüllen:

1. $\frac{1}{5}$ der Gefässhöhe mit Erde
2. $\frac{1}{5}$ Bokashi, mit etwas Erde vermischt
3. die restlichen $\frac{3}{5}$ der Gefässhöhe wieder mit Erde und alles gut anfeuchten

Ein wurzelloses Kindel der Grünlilie (Chlorphytum) wurde mit Bokashi (helle Schicht) eingetopft. Nach drei Wochen sind kräftige Wurzeln in die Bokashi-Schicht eingewachsen.

Beim Einpflanzen darauf achten, dass der Wurzelballen nicht direkt in die frische Bokashi-Schicht gelangt, sondern etwas Erde (3 bis 4 Zentimeter) dazwischen liegt. Die Wurzeln scheinen ein Signal zu bekommen, dass im Bokashi reiche Nahrung zu finden ist. Sie wachsen zielstrebig darauf zu.

Geranien mit Dünger-Bokashi: Links ist die helle Schicht gut zu sehen, rechts haben die Wurzeln nach drei Wochen die vererdete Bokashi-Schicht «erobert». Die Pflanzen strotzen vor Vitalität, die Blüten entwickelten sich prächtig.

Pflege

Balkon-, Kübel- und Zimmerpflanzen wöchentlich mit einer EM-Lösung giessen oder übersprühen (10 Milliliter EM pro 1 Liter Wasser) und die Pflanzen machen einen herrlich vitalen Eindruck. Die Blätter glänzen und setzen kaum noch Staub an. Ein paar Keramikröhrchen in der Giessskanne machen aus Leitungswasser hochbekömmliches Nass für Pflanzen. In der Vegetationsperiode (Februar bis September) zweimal eine Prise EM+U auf die Erdoberfläche des Gefässes streuen und leicht einhäckeln. Auch Pflanzen wie Kakteen, die nur selten gegossen werden müssen, bekommt die Pflege mit EM-Zusatz sehr gut.

Orchideen: Ursprünglich wurden in Japan die ersten Versuche mit Mikroorganismen gemacht, um die Vitalität von Orchideenkulturen zu unterstützen, weil die Wurzeln dieser Gattung mit ganz speziellen Mykorrhizzen in Symbiose leben. Mit EML gegosssen und noch lieber: übersprüht, fühlen sie sich besonders wohl.

Neue Lebenskraft: Mit EM-Pflege haben sich strahlend klar gezeichnete Blätter entfaltet. Unten sind noch die alten, matt gezeichneten zu sehen.

Düngen: Wer eigenes Küchenbokashi herstellt, kann seinen Pflanzenzöglingen etwas Gutes tun und dem Giesswasser frischen Sickersaft zusetzen. Diese Flüssigkeit ist hochwertiger, pflanzenverfügbarer Dünger.

- Pro Liter Giesswasser nur 1 Teelöffel voll Bokashisaft zufügen, wenn wöchentlich ein- bis zweimal damit gedüngt wird.
- Wer seinem täglichen Giesswasser Bokashi-Sickerflüssigkeit beigeben will, nimmt nur ein paar Tropfen pro Liter Wasser.

Hydrokulturen: In das Wasserreservoir ein paar EM-Keramikpipes einlegen (pro Liter 1 Pipe). Mit der verdünnten EM-Lösung auffüllen (statt 200 ml nur 100 ml EM pro10 l Wasser). Die Pflanzen danken es mit freudigem Wuchs, das Wasser bleibt klar und stinkt nicht mehr.

Pflanzenschutz

Zimmerpflanzen leiden mitunter, wenn ihnen Rote Spinne, Läuse oder die gepanzerten Schildläuse den Lebenssaft wegsaugen. EM-Spritzungen können diese «Vampire» nicht töten, aber sie helfen, die Pflanzen so zu stärken, dass ihnen ein paar Läuse im Pelz nicht schaden oder der Befall ganz ausbleibt, weil diese Schädlinge im antioxidativen EM-Milieu nichts vorfinden, was sie «aufräumen» sollten.

Nassbiotop: Das Algenproblem ist gross. Hier kann EM erfolgreich zur Ausbalancierung eingesetzt werden. Eine der vielen möglichen Massnahmen ist, den Uferbereich mit EM auszugiessen.

Das gleiche Wasser, belebt und im Gleichgewicht, ist der Lohn für den EM-Einsatz.

Wasser mit EM

Mit dem Einsatz von Effektiven Mikroorganismen kann Wasser gesunden.

Basis aller Lebensvorgänge ist Wasser. Doch finden sich nur noch wenige Gelegenheiten, sauberes, unbelastetes Wasser zu bekommen. Eine Wasseraufbereitung wird immer wichtiger, und es gibt schon ganze Industriezweige, die ihre Mittel und Gerätschaften für die Gewinnung von einwandfreiem Wasser anbieten. Einer der vielen Wege zu guter Wasserqualität bietet sich uns mit der EM-Technologie an. Professor Higa sagt, dass die Effektiven Mikroorganismen die Kraft zur Reinigung und Gesundung haben, egal wie verschmutzt das Wasser auch sei.[1] Er hat es in gross angelegten Experimenten bewiesen:

- In Japan wurden bereits tote Binnenseen durch EM-Einsatz wiederbelebt.
- Aus EM-behandelten Abwässern und Kläranlagen fliesst sauberes, lebendiges Wasser bis ins Meer und saniert ganze Küstenregionen.

Die Reinigung von stark belasteten Gewässern setzt bei EM-Behandlung in den warmen Ländern sofort ein. In unseren Klimazonen wirkt sie vor allem in den warmen Sommermonaten, wenn auch alles andere Leben besonders aktiv ist.

Trübe Suppe, Algenbrei und fauliger Geruch sind in den Wasserbiotopen unserer Gärten allzu häufig anzutreffen. Mit «EM» können wir diesem Problemkreis biologisch zu Leibe rücken.

Das Wasserbiotop im Garten

Eine Rezeptur für klares Wasser in einem künstlich angelegten Nassbiotop gibt es nicht, denn jedes Biotop entwickelt sein ganz eigenes Leben, je nach umgebenden Bedingungen. Deshalb greift manchmal eine generelle Behandlung mit EM sehr gut, ein anderes Mal wieder gar nicht, so wie Menschen auch individuell verschieden auf ein Medikament reagieren können.

Wasser in Not

Das grösste Problem ist der Algenbewuchs. Das zeigt sich am deutlichsten in stickstoffreichen Wasser- und Feuchtbiotopen. Schwebealgen trüben das Wasser. Fadenalgen fangen in den ersten warmen Sonnentagen des Frühlings an zu wachsen und bedecken schnell die ganze Wasseroberfläche. Sie mit dem Kescher oder dem Rechen abzufischen, ist sicher eine gute erste Handlung, doch schon am

1 Higa 1994, S. 153

nächsten Tag schwimmen neue grüne Polster auf dem Teich herum, die Übung muss wiederholt werden. Dieses Problem ist zum Dauerthema geworden, und so kümmert sich ein wachsender Markt unter dem Begriff «Teichpflege» um die Klärung der trüben Gewässer mit chemischen und biologischen Präparaten bis hin zu aufwendigen physikalischen Anlagen (Filter). Ursachen für Probleme mit dem Wasser sind

- Dachwasser, einfliessendes Oberflächenwasser und Herbstlaub aus der Umgebung. Sie reichern den Teich mit Stickstoff und Phosphaten an
- Zunehmende Veralgung, der pH-Wert steigt dadurch in den alkalischen Bereich auf Werte über 8 an
- Anlagen mit flachem Wasserstand in voller Sonne. Sie erwärmen sich zu schnell. Warmes Wasser aber ist sauerstoffarm. Die vielfältigen Wasserkleinlebewesen leiden unter Atemnot. Die wuchernden Algen verbrauchen den restlichen Sauerstoff
- Faulschlämme (Sedimente), aus denen sich übel riechender Schwefelwasserstoff und giftiges Ammonium bildet

Schliesslich «kippt» das Wasser. Das bedeutet den Tod für alles Leben darin. Die abgestorbenen Algen liefern im erneuten Umwesungsprozess wieder reichlichen Dung, und der Kreislauf beginnt von vorn.

Ein Nassbiotop ist schnell angelegt, doch das ökologische Gleichgewicht stellt sich nur langsam, wenn überhaupt, ein. Dazu gehört

- ein pH-Wert zwischen 5,5 und 7,5
- keine Salzbelastungen aus Regenwasser und Umgebung (Phosphate, Stickstoffverbindungen, Chlor, Eisen und Schwefel)
- ausreichender Sauerstoff
- genügende Wassertiefe (mind. 1,5 m). Bei geringerem Wasserstand hilft die Wasserumwälzung, Sauerstoff ins Wasser einzuschleusen
- eine ausgewogene Bepflanzung (1/3 Bewuchs auf 2/3 Wasserfläche)
- keinen vollsonnigen Standort wählen oder für eine zeitweilige Beschattung sorgen, damit sich das Wasser nicht zu schnell erwärmt (Schattenwurf z.B. von Sträuchern, Bäumen, Schilf).

Idealer Zeitpunkt für EM-Einsatz: Wenn sich erste Algenschleier am Teichgrund und an den Steinen bilden. Schwimmende Algenplacken auf der Oberfläche so weit wie möglich vor EM-Behandlung abfischen.

Anwendungs-Hinweise

Abkürzungen für EM-Grundmengen. Sie gelten immer, **wenn nichts anderes vermerkt ist.** Sie sind auf der hinteren Buchumschlagsklappe aufgeführt.

Vorbereitung zur Sanierung

Schlammige Fäulnis durch organisches Material wie Blätter, Algen, Fischexkremente u.a. wird von den Effektiven Mikroorganismen reduziert, das Wasser erhält seine lebendige Qualität zurück, der pH-Wert wandert in den neutralen Bereich von 7. Das ökologische Gleichgewicht kann sich wieder einstellen, wenn verschiedene Beihilfen wie in einem Puzzle zusammengefügt werden.

Zuerst Algen abfischen.

Algen vor Behandlung abfischen: Die Algenfladen enthalten wertvolle Nährstoffe und dienen als Mulch auf den Beeten oder reichern den EM-Kompost mit nährender Substanz an, denn sie liefern bestes organisches Material für den Gartenboden.

pH-Wert senken: Die Effektiven Mikroorganismen sind im leicht sauren bis neutralen Milieu besonders aktiv. Bei Werten über 7 kann ein Jutesack mit reinem, ungedüngtem Torf in das Wasser eingelegt werden. Die in diesem Substrat enthaltene Huminsäure mindert den pH-Wert. Lackmuspapier oder ein Wassertest-Set gibt uns Auskunft über den Säuregrad bzw. den Wasserzustand.

pH-Wert an mehreren Stellen des Biotops messen. Das Lackmuspapier zeigt mit 8,5 alkalisches Milieu an. Der pH-Wert sollte im schwach sauren bis neutralen Bereich zwischen 5,5 und 7,5 liegen.

Ankerplätze für die Effektiven Mikroorganismen vorbereiten: In grösseren Anlagen (mehr als 5 Kubikmeter Wasser) Gesteine mit grosser, poröser Oberfläche mehrere Stunden in EM oder EMa einlegen und dann auf den Teichgrund absenken. Es eignen sich z.B.

- Ziegelhohlblocksteine
- in Körbe oder Leinensäckchen gefülltes Zeolith
- Blähton oder Lavagranulat
- Naturschwämme, zur Beschwerung an einen Stein gebunden
- In kleinen Gewässern (1 bis 3 Kubikmeter) 50 EM-Keramikpipes pro Kubikmeter, in ein Netzgewebe eingebunden oder auf eine Schnur aufgefädelt, verteilen. Die Schnur am Ufer mit Steinen verankern. So können die Pipes jederzeit aus dem Sediment wieder herausgelöst und neu platziert werden

Ankerplätze für Mikroorganismen: EM-Keramikpipes im Netz oder zur Kette aufgefädelt im Wasser verteilen. Die Schnur am Ufer mit einem Stein kaschieren.

Sanierungsrezepturen

Es muss ausprobiert werden, welches Rezept am besten taugt, um das zu sanierende Wasser wieder ins biologische Gleichgewicht zu führen. Es ist auch möglich, mehrere Massnahmen miteinander zu kombinieren, je nach dem wie stark die Verschmutzung und Veralgung ist.

Oben:
EM+U verstäuben. Besser wäre es hier gewesen, vorher den alten Brei abzufischen.

Mitte:
Kleine Dangos aus EM und Urgesteinsmehl für kleine Wasserflächen.

Unten:
Grosse Dangos für grössere Wasserflächen.

EM+U über die Wasseroberfläche verstäuben. Das EM+U sinkt langsam auf den Grund, geht mit den bereits angesiedelten Mikroben aus der Sanierungsvorbereitung in Resonanz und verstärkt deren Wirkung. Faulschlamm wird abgebaut.

EM-Dango: Sehr wirksam sind die «Dangos». Sie sind eine Erfindung der Sekei-Kyusei-Farm in Saraburi (Thailand). Diese EM getränkten Bälle senken den pH-Wert. Sie zerfallen im Wasser und sind willkommene Ankerplätze für Effektive Mikroorganismen. Anfangs können die Algen im Wuchs noch rasanter zulegen. Dieses «Aufblühen» beruhigt sich aber wieder. Bald danach stellt sich klares Wasser ein.

Rezepte für Dangos

1. Für kleine Wasserflächen pro Kubikmeter Wasser:

250 g Urgesteinsmehl
50 g EM-Keramikpulver
▶ mit EM verkneten und als kleine Bällchen im Biotop verteilen

2. Für grössere Wasserflächen pro 5 Kubikmeter Wasser:

1 l Getreidekleie
1 l Getreidespreu
1 l Sägemehl Kugeln
1 l Sand
1 kg EM+U
▶ mit EM zu tennisballgrossen Kugeln formen und im Biotop verteilen

Einbau eines EM-Naturwasserfilters für die Wasserkaskade

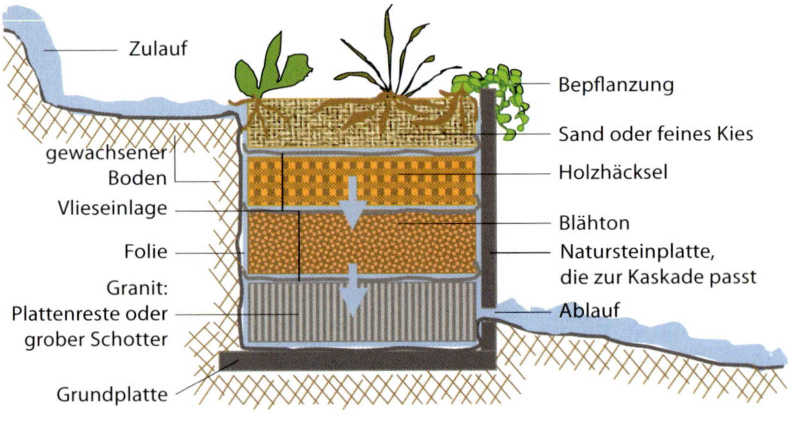

Wasserspiel und Bachlauf

Der Traum eines Gartenbesitzers ist das lebendige, sprudelnde Wasser oder ein Bach, der sich plätschernd und murmelnd durch das Gelände schlängelt.

Das Wasserspiel oder der Bach mit geschlossenem Wasserkreislauf: Meistens fehlt eine natürliche Wasserspeisung, und das Wasserspiel muss mit Leitungswasser über eine Umwälzpumpe betrieben werden. Durch die ständige Umwälzung und die Wasserbewegung kommt genug Sauerstoff ins Wasser, und so sind Algen weniger problematisch. Der Pumpenschacht oder das kleine Sammelbecken kann mit EM-Keramik bestückt und mit EML angereichert werden. (Mengen und Anwendungen Seite 219)

Der Wasserlauf mit einer natürlichen Speisung: Es ist schwierig, hier EM einzusetzen, weil das Wasser wieder abgeführt wird und die Effektiven Mikroorganismen mit sich nimmt. (Aber es tut dem Bach oder Fluss sehr gut, in den der Gartenwasserlauf mündet.) Legt man EM-Keramikpipes in Nischen oder hinter Steine, wo das Wasser weniger verwirbelt wird, hat man dennoch gute Wirkungsplätze für EM. Wenn man in den Einlaufschacht einen Beutel, eine grosse Kette oder ein kleines, selbst geknüpftes Netz aus EM-Keramikpipes einhängt, nimmt das durchlaufende Wasser in jedem Fall die EM-Informationen mit.

EM-Naturwasserfilter: Ein Filter aus Naturmaterialien kann die Effektiven Mikroben festhalten. Er leistet gute Dienste, wenn er dort eingebaut wird, wo sich das Wasser auf seinem Weg kurzzeitig

Einbau eines EM-Naturwasserfilters für den flachen Wasserlauf

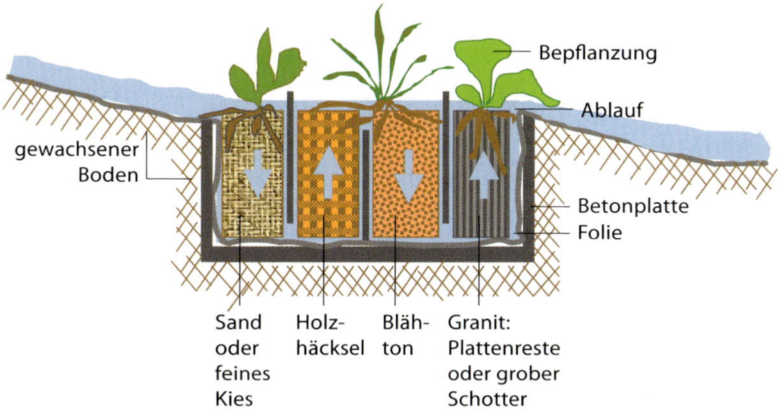

Links: Den Filter nahe am Wassereinlauf platzieren, damit der ganze Bach von der EM-Anreicherung profitieren kann.

Brunnentröge: EM-Keramikpipes – im Netz oder auf eine Schnur aufgezogen – verhindern Algenbewuchs. Bei sonnigem Standort muss der Trog seltener geputzt werden, am schattigen Platz bildet sich der grüne Belag ganz zurück.

Erste Reaktion auf EM: Algen bilden Blasen, klumpen verbräunt zusammen, sinken als «Pappe» auf den Grund, wenn sie nicht abgefischt werden. Das Wasser wird für ein paar Tage trüb, manchmal sogar schokoladenbraun, dann wieder klar.

EM-Einsatz sorgt für «klare Verhältnisse»: Das flache Biotop in voller Sonne erwärmt sich rasch und «kippte» vor EM-Impfung jeden Sommer um. Die EM-Behandlung muss bei solch extremen Bedingungen öfter wiederholt werden.

anstaut. Das sind die Regionen vor Wasserschwellen. Geschickt platziert, fällt er durch das Naturmaterial überhaupt nicht auf und wird zum Gestaltungselement.

Brunnen, wie sie auf vielen Höfen vor dem Haus anzutreffen sind, «vermoosen» gern. Eine Einlage mit EM- Keramikpipes oder ein kleiner EM-Keramikring verhindern den Bewuchs. Der Brunnen muss viel seltener ausgeputzt werden.

Sichtbare Reaktionen

Die Mikroben – im Wasser gelandet – beginnen sofort «im Topf zu rühren». Sie stürzen sich auf organische Substanzen, die sich ihnen mit Algen und Faulschlamm bieten, und trüben zunächst das Wasser. Es kann sich sogar zu schokoladenbrauner Suppe verfärben. Algen können sich nochmals stark vermehren, denn sie finden in der Zuckerrohrmelasse vorerst eine willkommene Stickstoffgabe. Werden aber die Mikroben aktiv und verbrauchen den Nährstoff für den eigenen Bedarf, klumpen die Algenfladen zusammen und sinken auf den Grund. Deshalb abfischen, bevor sie absinken, damit dem Wasser nicht erneut Stickstoff zugeführt wird. Nach drei Wochen sollte der ganze Spuk vorbei und das Wasser wieder geklärt und angenehm im Geruch sein. Bei sehr starker Veralgung muss die Behandlung wiederholt werden, bis sich das Ökosystem eingependelt hat und das Wasser klar bleibt.

Erhaltungspflege mit EM

Das Ökosystem Wasser reagiert sehr empfindlich auf Einflüsse von aussen. Nach reichlichen Regengüssen können sich erneut Algen bilden, weil in vielen kleinen Rinnsalen Nährstoffe aus der erdigen Umgebung eingeschwemmt werden. Bei ersten Anzeichen

- die Wasserfläche mit 10 Liter EML pro Kubikmeter Wasser überbrausen
- die flachen Uferzonen besonders sorgfältig ausgiessen

Verdunstetes Wasser möglichst mit Regenwasser ergänzen. EM mit mindestens ⅔ Wasser verdünnt ins Teichwasser giessen, nie pur, denn das wäre für viele Kleinlebewesen und Fische eine zu starke und unverdauliche Konzentration.

Grosse Schwimmteichanlage mit Pflanzenklärung: Sie wird mit EM-Technologie sauber gehalten. Im Wassereinlauf wurden Ketten mit grossen EM-Keramikpipes eingehängt (unten).

Schwimmbad-Hygiene mit EM

Zur Zeit wird erforscht, wie EM in Schwimmbädern die für Chlorzugaben halbieren oder ganz ersetzen kann, um Hautprobleme der Badenden auszuschalten. (Auf zusätzliche Chlorbleichlauge kann dann verzichtet werden.) Gute Erfahrungen wurden mit EM-Keramikpipes gemacht. Zum Netz verknüpft und in die Schwemmkammer eingehängt, filtern sie das Wasser auf energetischer Basis. Durch die Kraft der magnetischen Resonanzschwingung werden die belasteten Wassermolekülhaufen wieder in feinere Strukturen zergliedert und dadurch fähig, erneute Belastungen und Verunreinigungen aufzunehmen. Es erstaunt, dass sich in den Flutern der Umwälzanlagen kaum noch Schmutzsedimente oder Fettfilme von Sonnen- und

Körpercremes absetzen. Sie werden von den Mikroorganismen einfach weg gefressen. Die Keimzahlen liegen bei einer EM-Behandlung unter den Grenzwerten.

Rezeptur für kleinere, private Schwimmteichanlagen
Die Mengenangaben können aus den gemachten Erfahrungen und je nach Wasserqualität variiert werden:

- 5 kg EM-Keramikpipes in den Zulauf einhängen
- 1 kg EM-Keramikpipes vor die Umwälzpumpe platzieren
- im Pflanzenbereich jeden Monat und nach starken Regenfällen mit EML giessen

Im Swimmingpool, ohne Pflanzenklärung und mit Fliesen ausgelegt: Die Effektiven Mikroorganismen bilden einen Schutzmantel um sich herum, der als schlüpfriger Film den Boden und die Wände des Beckens überzieht.

Die glibbrige EM-Schutzschicht wegzuputzen, hiesse, die Mikroorganismen zu eliminieren. Deshalb sollte man diesen Überzug tolerieren und achtsam ins kühlende Nass einsteigen.

Im privaten Hallenbad wird der pH-Wert des Wassers mit Zitronensäure gesenkt und das Wasser über EM-Keramikpipes geflutet.
Im öffentlichen Bad: Die Anwendung mit EM-Technologie ist schon an verschiedenen Orten Realität geworden. (Kapitel Gewerbe Seite 283).

Kleinkläranlagen

In abgelegenen Gehöften oder Ferienhäusern gibt es noch die Klärgrube. Werden diese Gruben mit EM behandelt, setzen sich viel weniger Sedimente ab. Der chemische Sauerstoffbedarf (CSB) sinkt und die giftige, Sauerstoff zehrende Ammonium-Stickstoffverbindung (NH4/N) wird bis zu 90 Prozent umgewandelt.
Gefüllte Gruben mit EM behandeln: Die erste EM-Zugabe in doppelter Menge, d.h. 2 Liter EM oder EMa pro Kubikmeter gut einrühren. Für folgende EM-Gaben reicht 1 Liter pro Kubikmeter, der über die Toilette eingespült wird. So unterbinden die Effektiven Mikroorganismen Gerüche und reinigen gleichzeitig die Abwasserleitungen. Verkrustete Ablagerungen lösen sich mit der Zeit.
Entleerte Kleinklärgruben bei erster Anwendung allseits mit EM-Lösung (1 Liter auf 10 Liter Wasser) ausspritzen. Dann mindestens 3 Liter EM oder EMa - mit 20 Liter Wasser vermischt – in die erste

Kammer einleiten. Bei folgenden EM-Zugaben reicht 1 Liter pro Kubikmeter. Die Lösung wird immer über Zuleitungen (z.B. Toilette) im Verhältnis 1 Liter EM zu 3 Liter Wasser verdünnt – eingeleitet.

EM bindet Gerüche in Abflüssen: Manchmal treten üble Gerüche aus Kanaldeckeln oder aus den Abläufen von Wasserbecken oder Badewannen aus. Ein Guss mit EM oder EMa bindet den Geruch und verhindert Verstopfungen.

Wird für den Garten EM-behandeltes Regenwasser verwendet, braucht dem Giesswasser keine Extra-Portion EML zugegeben werden.

Regenwasser

Als Brauchwasser im Garten und Haushalt eingesetzt, wird Regenwasser durch EM-Keramikpipes und EM-Zusatz noch verbessert. So modert es nicht, wenn es längere Zeit im Tank verbleibt. EM reduziert die Schmutzpartikel, die vom Dach ins Regenwasserreservoir gelangen, um 90 Prozent. Die Tanks müssen statt alle 6 Monate nur noch alle paar Jahre gereinigt werden. Das Wasser hat eine feine Struktur, die den Pflanzen im Garten gut tut. Im Haushalt – z.B. in der Waschmaschine oder beim Putzen – lässt sich mit diesem Wasser alles leichter reinigen. Man rechnet mit

- 500 Gramm EM-Keramikpipes oder einem grossen EM-Keramikring auf 1000 Liter Wasser
- einem Liter EM pro 1000 Liter Wasser im Sommerhalbjahr

Die Landwirtschaft ist das wichtigste Fundament, auf dem die Entwicklung eines Volkes aufbaut.

Landwirtschaft mit EM

Für den Landwirt ist der Boden echtes Kapital, ist sozusagen sein Geld auf der Bank. Und mit biologischer Behandlung wird er immer mehr an Qualität und Wert gewinnen. *(B. Ahearn)*

Auch wenn es auf den ersten Blick gar nicht so aussieht und nicht sehr populär ist: Die Landwirtschaft ist das wichtigste Fundament, auf dem die Entwicklung eines Volkes aufbaut. Das galt für frühe Kulturvölker und ist bis heute so geblieben. Allerdings wurde die Landwirtschaft in den letzten Jahrzehnten in einigen Teilen der Welt so industrialisiert, dass man vor lauter Technik und Maschinerie gar nicht mehr an die Ackerscholle denkt, die uns alles an Lebensmitteln hergibt oder der wir alles für unseren gedeckten Tisch abverlangen. Und doch gibt es immer noch Menschen, die ihre Arbeitskraft und ihr Wissen der Mutter Erde widmen. Zwar folgt die biologisch ausgerichtete Landwirtschaft verschiedenen Richtungen und Vorgehensweisen, doch haben alle ein gemeinsames Ziel: den Organismus Boden und seine biologische Kraft zu erhalten. Nun rückt mit den Effektiven Mikroorganismen eine weitere Methode ins Blickfeld, die das Bodenleben pflegt und ohne Einschränkungen zu allen biologischen Anbauweisen passt.

Das ist doch erstaunlich: Ein Hektar gesunder, fruchtbarer Boden enthält etwa 10 000 Kilogramm Mikroben. Von diesem Boden können sich in etwa 4 bis 6 Rinder oder 8 bis 15 Schafe oder 500–700 Hühner ernähren.

EM im Nahrungskreislauf

Die Anwendungen von EM fordern ein ganzheitliches Denken. Es geht nicht mehr um Einzelfakten, sondern um das Bewusstsein, dass sich ein EM-Einsatz von der Stallpflege über die Tierfutterzugabe und die Tierverdauung bis in den Hofdung und von dort als Nährstoff bis in den Boden fortsetzt. Die daraus gewachsene pflanzliche Kost oder das Fleisch dieser EM-gepflegten Tiere beeinflussen auch unsere Grundgesundheit auf geniale Weise positiv. Reich an Vitaminen, sekundären Pflanzenstoffen und Spurenelementen, sorgt sie für unsere Gesundheit auf allen Ebenen.

Mit der EM-Technologie ist uns ein Handwerkzeug gegeben, das sich in alle Anschauungen über den «richtigen Weg» der Bearbeitung des Bodens einfügt. Gestaltet sich eine konventionelle Bewirtschaftung zunehmend komplizierter, wird sie durch die EM-Anwendungen einfacher. Die verschiedenen Mikrobenstämme dieser probiotischen* «Mischkultur» ergänzen sich in ihren Anforderungen und Lebensaufgaben im Mit- und Nebeneinander und dienen unserer Umwelt, dem Boden, im Wasser, den Pflanzen, Tieren und Menschen auf nützliche Weise.

Erinnern Sie sich an das Dominanzprinzip? (Seiten 132 und 149)

Die EM-Technologie reduziert die Betriebsmittelkosten

Ja, natürlich kostet EM auch Geld. Mit der eigenen EMa-Herstellung allerdings fällt der Anwenderpreis auf ein Zehntel. Das ist nicht der einzige Vorteil, der finanziell zu Buche schlägt:

- teure Mineraldünger und andere synthetische Zusatzstoffe werden am Anfang der Umstellung stark reduziert und später in den meisten Fällen ganz weggelassen
- der Ertrag im Ackerbau nimmt nach der Umstellung auf EM zu, ebenso die Qualität
- das Futter enthält mehr Eiweiss und insgesamt mehr Nährwerte in der Trockenmasse
- EM-Silagen gären nicht mehr so leicht nach und werden von den Tieren bevorzugt
- der Tierarzt muss seltener in Anspruch genommen werden, weil das Vieh sehr gesund und vital ist; auch die Kosten für teure Medizin reduzieren sich massiv
- Samen von Zuchtbullen und Ebern bleiben aufgrund der Tiergesundheit länger fruchtbar
- Lebensdauer und Legeperioden von Hühnern verlängern sich
- die Sterblichkeitsrate von Jungvieh verringert sich enorm

Das sind nur einige der auffallenden «Merkwürdigkeiten», die die Effektiven Mikroorganismen verursachen.

Genaue EM-Rezepturen gibt es nicht

Die aufgeführten Mengenangaben sind nicht in allen Fällen verbindlich. Zu unterschiedlich sind die Voraussetzungen der einzelnen Betriebsbewirtschaftungen. Aber die Angaben sind eine Richtschnur, an die sich jeder Anwender halten kann und die er für seine Bedürfnisse variieren soll und unter Umständen auch muss. Hier zwei Merksätze, um unsere Sinne zu schulen:

1. EM-Technologie mit Phantasie und Kreativität einsetzen: Wir sind gefordert, uns mit eigenen Überlegungen und dem vertieften Wissen übers Bodenleben und das Mikrobenverhalten von bisher gewohnten, festgelegten Anleitungen zu lösen.
2. Effektive Mikroorganismen sind Lebewesen und keine synthetische Materie, die man ins Regal stellt und bei Bedarf wieder herausholt. Weil mit EM so vieles möglich ist, müssen gewisse Grundsätze berücksichtigt werden.

Ein Landwirt, der noch das Gespür für Lebendigkeit und ihre Zusammenhänge hat, sollte deshalb keine grosse Mühe im Umgang mit den Effektiven Mikroorganismen haben und sich im Wald der Rezepturen schnell zurechtfinden, denn eine Bewirtschaftung mit EM ist im Grunde genommen eine grosse Arbeitserleichterung.

Umstellung vom konventionellem oder IP-Anbau auf EM

Üblich ist, dass die Umstellung vom konventionellem oder IP-Anbau auf eine biologisch ausgerichtete Betriebsführung mehrere Vegetationsperioden dauert und mehr Arbeitseinsatz sowie Ertragseinbussen mit sich bringen. Hier erleichtert der konsequente Einsatz von Effektiven Mikroorganismen in erhöhten Mengen die Umstellung. Ertragseinbussen müssen sich nicht zwangsläufig einstellen, auch nicht nach zwei bis drei Jahren, wenn der Anbau mit EM-Technologie von Anfang an mit genügend organischer Masse versorgt wird.

Karotten aus EM-Anbau sind äusserlich so vollkommen wie aus konventioneller Produktion. Ihre inneren Werte allerdings fallen um einiges besser aus.

In einem konventionell geführten Betrieb zeigen sich EM-Wirkungen am auffälligsten, während der Leiter eines Biobetriebes anfangs kaum Unterschiede erkennt, denn seine Böden sind schon recht lebendig. Aber er beobachtet, dass die Fäulnis im Boden und der Befallsdruck von Schad-Erregern nachlassen, dass die Produkte noch schmackhafter sind und der Ertrag noch eine Steigerung erfährt. Im IP-Betrieb werden das gesunde Wachstum und der gute Ertrag staunend wahrgenommen, obwohl keine grossen Kunstdüngergaben und kaum noch Pflanzenschutzmassnahmen nötig sind.

Aufbauende Dominanz: Nur mit ausreichend hohen EM-Mengen kann der Boden aus dem vorherrschenden Abbau in die Dominanz des Aufbaus geführt werden, und wenn ausserdem gleichzeitig genügend organisches Material wie Gründüngung oder Mistbokashi in die obere Bodenkrume eingearbeitet wird.

Bis der Boden aus dem oxidativen Milieu in den antioxidativen Zustand gelangt, sind konsequent durchgeführte Anwendungen mit erhöhten EM-Gaben und -Mengen nötig. Hat sich ein stabiles Fliessgleichgewicht* eingestellt, reichen sporadische Anwendungen, um das Bodenleben in Gang zu halten. Das gilt für den Ackerbau wie für das Grünland und für den Obst- und Weinanbau, denn die Effektiven Mikroorganismen wirken über den Boden am stärksten. In Viehzuchtbetrieben bringt eine kontinuierliche EM-Pflege – ohne Unterbrüche – die besten Ergebnisse.

Voraussetzung für eine erfolgreiche Kulturführung mit EM ist ein Boden, der noch über mindestens 1,5 Prozent Humusanteil verfügt, oder dass das Land vorgängig mit einer Zwischenfrucht bewirtschaftet wurde und diese, oberflächlich eingearbeitet, dem Boden und somit den Effektiven Mikroorganismen genügend organische Substanz liefert.

Links: Nein, das ist keine Idylle aus dem vorigen Jahrhundert. Dieser Landwirt striegelt seine EM-Kartoffeln mit dem Boden schonenden Pferdegespann. Seine Ernte ist von Konsumenten sehr begehrt, weil diese Kartoffeln einfach wunderbar schmecken.

Mitte: Das Brot aus diesem Korn enthält einen hohen Anteil an sekundären Pflanzenstoffen und gesunde Substanzen, wie andere Agrarprodukte sie kaum noch aufweisen können.

Rechts: Gemüseanbau mit EM-Technologie braucht keine Biozide* mehr. Die Lücken in den vorderen Reihen haben ein paar Krähen verursacht.

ACKERBAU

Der Begriff «biologisch» kann sinngemäss mit «lebensfolgerichtig»[1] übersetzt werden, und wer mit Effektiven Mikroorganismen arbeiten will, setzt sich folglich für den biologischen Anbau ein, auch wenn vorerst mit konventionellen Anbaumethoden weitergefahren wird. Früher oder später schwenkt jeder EM-Anwender auf den naturgemässen Anbau ein, weil dieser in Zukunft der einzige Weg sein wird, uns gesund zu erhalten.

Der Boden, «unsere Lebensgrundlage», kann auf mehrere Arten mit den Effektiven Mikroorganismen belebt werden:

- mit EMa oder mit EMa-Gülle
- mit Bokashi-Arten wie EM-Mistbokashi oder EM-Bokashi-Kompost

1 Voitl/Guggenberger/Willi 1980, S. 10
2 Daenecke 2004, www.emater.de

Ein Wort zur Frostgare

Immer wieder heisst es, dass eine lehmige Erdscholle am besten umgegraben und durch Frostgare gelockert wird. Das stimmt nur kurzfristig, denn diese Massnahmen tun dem Bodenleben gar nicht gut. Mikroben aus der dunklen Bodentiefe ans Licht gewendet, vertrocknen. Die regen Kleinlebewesen der obersten Krume ersticken, wenn sie tief in untere Bodenschichten hinein vergraben werden. So wird das Bodenleben getötet, und die feine Frostgare hält nur bis zum nächsten heftigen Regen, weil die Arbeit der Kleinlebewesen fehlt, die mit ihren Ausscheidungen die Feinerdeanteile elastisch zusammenkleben würden. Die Erdkrume verschlämmt nach kurzer Zeit, ist betonhart wie zuvor und zudem so gestört, dass sich das verbliebene Bodenleben nur sehr zögerlich erholt.

Ein ungeschützter Boden, das heisst, ein Boden ohne Schutzhülle gegen Sonnenbrand ist bald ein toter Boden.[2]

Mit Gründüngung mulchen oder den Boden mit Stickstoff sammelnder Zwischenfrucht bebauen, ist die beste Art, die Krümelstruktur zu verbessern, einen lockeren Boden mit hohem Porenvolumen zu erzielen, das Bodenleben zu fördern und die Kulturen mit einer ausreichenden organischen Substanz zu versorgen.

Anwendungs-Hinweis:
Abkürzungen für EM-Grundmengen: Sie gelten immer, **wenn nichts anderes vermerkt ist.** Sie sind auf der hinteren Buchumschlagsklappe aufgeführt.

- **Aus 1 Liter EM + 1 Liter ZRM werden durch die EMa Vermehrung 33 Liter.** Für 166 Liter EMa pro Hektar erfordert das nur 5 Liter EM und 5 Liter ZRM.
- **Eine EMa-Menge pro Hektar mit reichlich Wasser** verdünnen, im Minimum mit doppelter Wassermenge. Das ist ein Verhältnis von EMa zu Wasser von 1 zu 2. Der Grund: Die Mikroben müssen möglichst gleichmässig verteilt in den Boden eingeschwemmt oder oberflächlich eingearbeitet werden (max. 6 Zentimeter tief).
- **Bodenvorbereitung:** EMa erst beim 2. Bodenvorbereitungs-Arbeitsgang ausbringen, wenn der Boden eingeebnet ist.
- **Günstigster Zeitpunkt für EM-Einsatz:** Bei bedecktem Himmel, bei Regen oder morgens bei Tauniederschlag ausbringen, denn bei Sonnenschein sterben die Mikroben durch die UV-Strahlen des Sonnenlichtes, bevor sie in den Boden gelangen.
- **Schutzkleidung** ist bei EMa-Einsatz nicht erforderlich.

- **Pflanzenschutzspritze vor EM-Füllung** gründlich von Mittelrückständen reinigen, auch Filter und Düsen.
- **Der Druck darf nicht mehr als 3 Bar betragen,** denn Mikroorganismen sind Lebewesen und werden bei höherem Druck getötet.
- **Fungizid-Einsatz frühestens 3 Tage vor oder nach** einer EM-Behandlung.
- **Keine Bodenherbizide mit der Aussaat zusammen** einarbeiten.
- **Mondzyklus:** Arbeiten mit den Zeitangaben des Mondkalenders unterstützen die Wirksamkeit der Effektiven Mikroorganismen (Seite 152).
- **Biologisches Saatgut** verwenden, weil es an organische Nahrung gewöhnt ist. Samen aus mineralgedüngtem Anbau sind «kunstdüngersüchtig» geworden und tun sich auf biologisch gepflegten Böden erst einmal schwer, bis sie in Gang kommen.

Organische Düngung

«Bitte überlassen Sie den Transport von organischer Masse in tiefere Schichten den Regenwürmern. Die können das besser.»[3]

Der Ackerbau ohne Tierhaltung hat keinen Hofdünger. Hier muss mit Bokashi gearbeitet werden, um dem Boden genügend organische Masse zuzuführen. Effektive Mikroorganismen brauchen auch für den eigenen Stoffwechselbedarf organische Substanz, damit sie sich freudig vermehren können. Ihre Ausscheidungen und abgestorbenen Körper bilden aber eine beachtliche organische Masse, die in pflanzenverfügbarer Form wieder an die Wurzeln nachfolgender Pflanzen weitergegeben wird. Deshalb ist es so wichtig, dass dem Boden immer ausreichende Mengen organischer Materialien für seine Nährdecke zugeführt werden. (Seite 38).

Eine aufbauende Dominanz wird erreicht, wenn bei Erstanwendung pro Hektar mindestens 166 l EMa mit reichlich Wasser in den Boden gebracht werden. Dabei ist es wichtig, dass gleichzeitig genügend organisches Material wie Gründüngung oder Mistbokashi in die obere Bodenkrume eingearbeitet wird.

Gründüngung ist ein wunderbarer Nährstofflieferant und deshalb ein wichtiger Bestandteil einer mit Bedacht gelenkten Landwirtschaft geworden. Welche Gründüngungseinsaat ausgewählt wird, hängt von der Jahreszeit und davon ab, was erreicht werden soll. In den Boden eingearbeitet, nährt die Grünmasse die Rotteschicht (Zellgare) und das Bodenleben darin (ab Seite 38). Es hat sich gezeigt, dass sich die Nährstoffausbeute dadurch enorm steigert, denn Stickstoff, Phosphor und Kalium werden durch die Effektiven

3 Daenecke 2004, www.emater.de
4 Hennig 1983, S. 95

Mikroorganismen besser aufgeschlossen und für Pflanzen sofort verfügbar. Nach dem Abschlegeln muss man den Gründünger übersprühen, bevor er oberflächlich mit der Scheibenegge oder der Spatenmaschine in den Boden eingearbeitet wird (maximal 6 Zentimeter tief): pro Hektar

- im Herbst 166 l EMa mit 500 lWasser
- im Frühjahr / Sommer 66 l EMa mit 500 l Wasser

Die Rotte verläuft sehr schnell und macht den Wurzelraum frei für neue Aussaaten.

Zugekaufter organischer Dünger wie Hornspäne ist ein Langzeitdünger, weil er nur nach und nach vom Bodenleben aufgeschlossen wird. Das geht über den oxidativen Prozess, der Fäulnisbakterien fördert. Darum sollte ein Dünger wie Hornspäne vor der Verwendung erst mit anderen organischen Materialien bokashiert werden. So wird er auf eine Art «vorverdaut», und damit kommen die Pflanzenwurzeln rascher in den Genuss der Nährstoffe.

Hofdünger: Eine intensive Viehhaltung verursacht einerseits viel Gülle und Mist, andererseits steht zu wenig Land für eine vernünftige Ausbringung dieses Düngers zur Verfügung. Ein Zuviel auf Feldern und Grünflächen belastet das Grundwasser und vernichtet das elementar wichtige Bodenleben. «Aber wohin mit den Fäkalien?»[4] Hier setzen die Effektiven Mikroorganismen neue Massstäbe, denn durch den Fermentierungsprozess werden aus tierischen Fäkalien lebensfreundliche Pflanzennährstoffe. Die EM-beimpfte Gülle kann man in gleichen Konzentrationen und zu gleichen Zeiten wie gewohnt ausbringen.

EMa und Mistkompost: Aus Kuh-, Schweine-, Geflügel-, Kleintier- oder Rossmist wird gehaltvoller Dünger, weil er durch die EM-Fermentierung keine Nährstoffverluste aufweist. Stammt der Mist aus Ställen, die mit EM behandelt wurden, muss er nicht noch extra mit EMa übersprüht werden. (Kapitel Bokashi Seite 164)

Getreideanbau

Eine Feldbearbeitung mit EM kann zu jeder Zeit begonnen werden. Eine Erstanwendung nach dem Mähdrusch ist ideal, weil dann der Boden für die nächste Fruchtfolge gut vorbereitet werden kann.

Stoppelbearbeitung und Strohrotte, wenn die aufbauende Dominanz erreicht ist: Unmittelbar bevor die Stoppeln mit der Kreiselegge oberflächlich eingearbeitet werden, sollte man das Feld mit einer EMa-Lösung befeuchten. Pro Hektar

- 66 l EMa mit ca. 500 l Wasser mit der Feldspritze ausbringen.

Gründüngungen liefern viel organische Masse, die für den Anbau mit EM wichtig ist. Diese Mischung besteht aus Sonnenblumen, Alexandrinerklee, Ölrettich, Sommerwicken und Buchweizen.

Mit den vielen kurzen Schläuchen am Giessbalken wird Gülle ohne Verdunstungsverlust auf den Boden ausgebracht.

Bokashi-Mistkompost oder Bokashi von der Erdmiete werden schnell und wohldosiert mit dem Zetter verteilt: 5 bis 20 kg pro 10 Quadratmeter, je nach Bedarf.

Oben: Erntezeit.

Unten: Nach der Ernte reisst die Kreiselegge den Boden nur wenige Zentimeter auf.

Solange noch keine aufbauende Dominanz vorherrscht, den Acker pro Hektar mit

- 166 l EMa mit 500 l Wasser versprühen

Variante: direkt beim Eggen EMa-Lösung mit einer vorgesetzten Frontspritze versprengen.

Nach ein bis zwei Wochen keimt Beikraut, das wiederum mit der Egge oberflächlich beseitigt wird. Wenn nochmals 1 bis 2 Wochen Zeit vorhanden sind, diese Prozedur wiederholen. So werden schon einmal die erste Beikrautflut eingedämmt und Herbizidspritzungen eingespart. Die Neusaat (Wintergetreide) kann sich dann ungehindert entwickeln.

Wintergetreide: Im Frühling, wenn die Pflanzen einen geschlossenen Bestand gebildet haben und der Boden erwärmt ist, nochmals

- pro Hektar 66 Liter EMa – mit Wasser verdünnt – bei Regen oder geschlossener Wolkendecke ausbringen.

Nicht mit Wasser geizen, denn die Mikroben sollen ja in den Boden eingeschwemmt werden.

Sommergetreide: Vor der Sömmerung die Reste der Vorfrucht (Blattfrucht) mit der Kreiselegge oberflächlich einarbeiten und entweder gleichzeitig mit vorgeschalteter Frontspritze oder unmittelbar vor dem Eggen mit der Feldspritze die Effektiven Mikroorganismen in den Boden einbringen: pro Hektar

- 100 Liter EMa – mit viel Wasser verdünnt – versprühen

Eine 2. EM-Gabe bei Regen oder bedecktem Himmel versprühen, wenn das Getreide mindestens 20 cm hoch steht und einen geschlossenen Bestand gebildet hat. Wenn die aufbauende Dominanz im Boden erreicht ist, pro Hektar

- 66 Liter EMa mit mindestens doppelter Menge Wasser (130 l)

Feldfrüchte

Neben dem Getreide sind Feldfrüchte wie Zuckerrüben, Futterrüben, Mais und Kartoffeln ein wichtiger Erwerbszweig in der Landwirtschaft. Mit Effektiven Mikroorganismen wachsen die Pflanzen gleichmässig und vital heran. Nach einer winterlichen Gründüngung und herbstlicher EM-Gabe ist der Boden für die neue Saison bestens vorbereitet.

Nicht vergessen: EM im Boden immer mit genügend organischer Substanz versorgen!

Die EMa-Gabe im Frühjahr dämmt die Entwicklung von Fusarien* ein. Sollte dennoch eine Fungizid-Spritzung nötig sein, muss eine Zeitspanne von mindestens 3 Tagen vor oder nach der EMa-Behandlung eingeräumt werden.

Zucker- und Futterrüben: Im Frühling, wenn die Reste der überwinterten Gründüngung eingeeggt sind, zur Edaphon-Aktivierung vor der Aussaat den Boden durchfeuchten: pro Hektar

- 66 Liter EMa, verdünnt mit doppelter Menge Wasser (130 Liter) bis in 6 Zentimeter Tiefe ausbringen

Bei Regen oder bedecktem Himmel geht kein Wasser durch Verdunstung verloren. Die Mikroorganismen bleiben aktiv.

Mais: Die stattliche Pflanze braucht viel Kraft, wenn sie in der kurzen Vegetationsperiode viel organische Masse bilden soll. Als Stickstofffresser fordert Mais mehrere Düngegaben. Deshalb nach überwinterter Zwischenfrucht vor der Saat pro Hektar

- bis 25 Kubikmeter EM-Güllegaben (je nach Nährstoffgehalt)
- und/oder 12 Kubikmeter bokashierten Mistkompost in die Bodenkrume einarbeiten

Kopfdüngungen im Sommer: pro Hektar

- 1 Liter EMa pro Kubikmeter Gülle mit Schleppschläuchen ausbringen.

Wenn Mais so üppig dastehen soll wie dieser, braucht er für die kurze Vegetationsperiode viel «Kraftnahrung», das heisst grössere organische Düngemengen und höhere EMa-Dosierungen.

Kartoffeln: Die für das Frühjahr geplante Anbaufläche wird schon im Herbst zuvor mit organischer Masse gedüngt. Die Kartoffeln können vor der Pflanzung mit EM+U bemehlt werden. So überstehen sie nasskalte Wetterphasen besser. Im Frühling vor der Pflanzung zur Edaphon-Aktivierung wie bei Zucker- und Futterrüben den Boden bei bedecktem Himmel oder Regen durchfeuchten: pro Hektar

- 66 Liter EMa mit doppelter Menge Wasser (130 Liter) bis in 6 Zentimeter Tiefe ausbringen

Die Erntemengen und -qualitäten hängen sehr vom Witterungsverlauf des Sommers ab. Mit EM-Pflege haben die Kartoffeln eine viel stabilere Vitalität und leiden weniger unter «Wetterkapriolen».

Bohnen, Spinat, Karotten: Feldgemüse muss sich mit raueren Bedingungen auseinander setzen als unter Glas gezogene. Gemüse mit EM-Technologie sind allem Unbill besser gewachsen und weisen ausser höheren Erträgen auch eine hohe innere Qualität auf.

Feldgemüse

Biologisch angebautes Gemüse wird immer attraktiver, die Nachfrage steigt. Der Anbau wird mit EM-Einsatz und/oder Bokashi durchgeführt, wie in den Kapiteln «Bokashi» und «Garten» beschrieben, allerdings müssen alle Mengenangaben in Hektargrössen umgerechnet werden:

- Buschbohnen, Erbsen oder Spinat als Zwischenfrucht, danach Kohlarten
- Karotten auf dem Damm, nach Getreide

Anbauflächen im Herbst wie für den Feldfruchtanbau vorbereiten und im Frühling mit einem Bokashi-Dünger (ab Seite 184) oder mit EMa-Lösung versorgen:

- Mistbokashi oder Düngebokashi mit dem Mistzetter ausbringen. Menge pro Hektar wie bei bisherigen Mistgaben. Mit der Kreiselegge leicht einarbeiten und für die Neutralisierung 2 bis 3 Wochen vor Aussaat ruhen lassen

EMa-Lösung ausbringen, wenn keine Vorbereitungszeit mit Bokashi möglich ist: pro Hektar

- 66 l EMa zusammen mit mindestens 130 Litern Wasser oder noch mehr. Je nach vorliegender Bodenfeuchte bis zu 500 Liter. Der Boden muss mindestens 6 Zentimeter tief durchtränkt sein

Saatgutvorbereitung: kurz vor der Ansaat mit EM-Lösung beizen und mit EM+U überstäuben. Die 3 Schritte:

1. feinkörniges Saatgut mit EML übersprühen, gröbere Samen kurz in EML tauchen
2. Samen mit EM+U überstäuben
3. das Saatgut nur antrocknen lassen und sobald wie möglich aussäen

Mit der feinen EM+U-Ummantelung keimt der Samen sicher und schnell und ist in der kritischen Öffnungsphase der Samenhülle vor Pilzbefall geschützt.

Soll Samen rasch aufgehen, kann die Keimung mit einem EM-Bad zusätzlich angeregt (geweckt) werden:

- feine Samen (z. B. Karotten) mit EML übersprühen
- gröberen Samen (z.B. Radieschen) 1 bis 3 Minuten in EML baden
- grosse Samenkerne wie diejenigen von Bohnen, Erbsen, Zucchini, Gurken oder Kürbissen 40 bis 60 Minuten in EML quellen lassen

Saatgut nicht länger als angegeben in EML liegen lassen, weil die Mikroorganismen sonst anfangen, Samenkörner wie anderes organisches Material zu «kompostieren».

Das zur Keimung angeregte Saatgut nur antrocknen lassen, mit EM+U vermischen und unmittelbar danach säen, damit es zu keinem Unterbruch bei dieser «Geburt» von neuem Leben kommt.

Anpflanzungen mit EML giessen: pro Hektar

- 66 Liter EMa mit doppelter Menge Wasser (130 Liter) ausbringen und den Boden bis in 6 Zentimeter Tiefe durchfeuchten.

Bei Regen oder bedecktem Himmel geht kein Wasser durch Verdunstung verloren. Die Mikroorganismen bleiben aktiv.

Weitere Pflege mit EM: In der Anwuchsphase zwei- bis dreimal pro Woche mit EML giessen, später nur noch alle 14 Tage.

Grünland

Mit EM-Gülle oder EM-Mist gedüngt, wird die Grasnarbe nicht verbrannt und wächst ohne Schockunterbruch weiter. Das Gras bleibt dicht und ergibt üppiges, gehaltvolles Heu. Rotklee und andere Kräuter sind auch noch im zweiten und dritten Kulturjahr ausreichend vorhanden.

Mit EM fermetierte Gülle verbrennt das Gras nicht, weil das aggressiv wirkende Ammoniak durch die Effektiven Mikroorganismen bereits zum milden, pflanzenverfügbaren Aminosäure umgebaut wurde. Deshalb stinkt die Gülle auch nicht mehr.
Der Pfeil zeigt auf das Grünland eine Woche nach der Düngung. Normalerweise wäre es jetzt total gelbbraun.

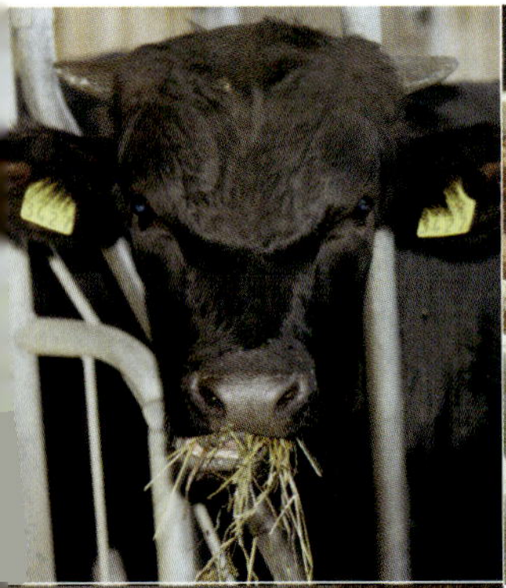

Wenn weder Gestank noch Fliegen plagen, fühlt sich das Vieh wohl. Das glänzende Fell zeugt von einer guten Gesundheit.

VIEHZUCHT

Massentierhaltungen entsprechen nicht den naturgemässen Lebensbedingungen und stressen das Vieh bis zuletzt. Dies beeinflusst auch die Produkte aus dieser Tierhaltung, die für den menschlichen Genuss bestimmt sind.

Hier wirkt sich der Einfluss der EM-Technologie sehr positiv aus, denn viele der zahlreichen Gesundheitsprobleme der Tiere verschwinden ebenso wie psychologisch begründete oder ernährungsbedingte Auffälligkeiten:

- EM bindet Gerüche; die Fliegenplage verschwindet, das Vieh wird ruhiger
- Schweine hören auf, ihre eigenen Artgenossen anzufallen, weil Mineralien, die ihnen vorher fehlten, wieder ausreichend zur Verfügung stehen
- Hühner hacken nicht mehr aufeinander ein und rupfen sich gegenseitig keine Federn mehr aus
- Das Federvieh gerät nicht mehr in Panik, wenn fremde Menschen die Ställe mit Legebatterien betreten
- Kühe sind weniger aggressiv und könnten wieder ihre Hörner behalten
- Degenerative Erkrankungen wie Hufkrankheiten und Arthrosen bei Pferden gehen zurück
- Der pH-Wert im Tränkewasser wird durch EM-Futterbokashi** und EM-Silage oder EM-Keramikpipes gesenkt, es bilden sich weniger pathogene* Keime aus
- Die Sterblichkeitsrate beim Jungvieh wird massiv nach unten korrigiert
- Die Lebensfähigkeit der Samen liegt normalerweise bei 2 bis 3 Tagen. Wenn 1 Tropfen EM zur Samenflüssigkeit zugegeben wurde, bleibt die Qualität des Samens 4 bis 6 Tage erhalten

Die Verwendung von EM als Zusatz zum Tierfutter ist nicht in allen Ländern erlaubt. Deshalb sind diese EM-Formen mit zwei ** gekennzeichnet (siehe hintere Umschlagsklappe.

Das sind wieder nur einige der auffallenden Merkmale, die der EM-Technologie zugeschrieben werden.

Weil Viehzuchtbetriebe mit sehr verschiedenen Zielen bewirtschaftet werden, bedarf es einer individuellen EM-Beratung vor Ort. Hier kann nur eine allgemeine Übersicht gegeben werden.

«EM im Stall und überall»

Materialien wie Wände und Eisenteile nutzen sich in mit EM ausgespritzten Ställen weniger rasch ab. Die aggressiv wirkende Ammoniakbelastung fällt weg, die Antioxidationskraft lässt keine Korrosion mehr zu. Wenn Boden, Wände und Decke wöchentlich mit EM eingenebelt werden, können sich die Mikroben in alle Ecken und Ritzen niederlassen. Die Einstreu wird auf diese Weise gleich mitgeimpft. Zur Geruchsbindung kann man zusätzlich EM+U über die Einstreu verstäuben. Die Tiere atmen leichter, weil giftige Ausdünstungen von den Mikroben gebunden werden. Es stinkt nicht mehr, und die Fliegen finden keine faulende Zersetzung mehr vor. Sie reduzieren sich auf ein tolerierbares Mass. Das Vieh ist weniger geplagt. Den Spinnen fehlt die Beute. Sie ziehen aus. Für die Stallpflege haben sich verschiedene Einrichtungen bewährt:

- die Rückenspritze ist praktisch bei kleineren Ställen
- Nebler, wie sie zur Desinfektion üblich sind, erreichen auch die Stalldecken. Durch die feinen Wassertröpfchen verteilt sich EM sehr gut. Dem Vieh tut der Nebel sichtlich gut (für mittlere Stallgrössen)
- Sprühleitungen an der Decke mit Pralldüsen oder Butterflydüsen (Gewächshaustechnik) sind in grossen Stallungen eine sinnvolle Investition

Ein weiterer EM-Einsatz in der Einstreu hat sich bewährt.

Nach Umstellung des Betriebes auf EM-Technologie fressen diese Kühe ihr Heu viel lustvoller.

Tiere werden krank, weil sie in engen Boxen auf dem eigenen Mist stehen, der giftiges Ammoniak ausgast. EM im Futter pflegt den Darm, EM im Stall versprüht und in den Schwemmkanal gegossen, bindet das Ammoniak und lässt die Tiere freier atmen.

Tiere zeigen die gleichen degenerativen Zivilisationskrankheiten wie sie beim Mensch auftreten[5]

5 Sharamon/Baginski 2004, S. 51

Erstanwendung mit EM: Vor Neubesetzung den ganzen Stall rundherum gründlich mit dem Hochdruckreiniger säubern und anschliessend mit EMa ausspritzen. Zur weiteren Pflege anfangs häufiger (jeden 2. Tag) mit EMa aussprühen, bis sich das Milieu aus der Oxidation mit starker Geruchs- und Fliegenbelästigung in die Antioxidation mit wenig Geruch und Fliegenbesatz gekehrt hat.

Fortlaufende Anwendung mit EM: Die Stallungen nur noch ein- bis zweimal pro Woche mit EMa aussprühen oder vernebeln: im Sommer grössere Mengen EMa-Lösung, im Winter weniger.

EMa-Lösung für die Stallpflege ansetzen:

10 l EMa 50 l Wasser 15 Gramm Bentonit pro GVE	miteinander verrühren

(oder 2 kg Bentonit pro Kubikmeter Gülle)
Bentonit bindet die Gärsäure in der Gülle. Von diesem Gemisch jede Woche pro Quadratmeter Stallfläche 25 ml versprühen oder vernebeln.
Einstreu mit EM: Auch wenn die Einstreu immer wieder aufgefrischt wird, bildet sich in der «Matratze» viel Fäulnis. Sie bietet ein ausgesprochen günstiges Milieu für Krankheitskeime. Hier können die Effektiven Mikroorganismen eine grosse Hilfe und Erleichterung sein.

Pro Kubikmeter Einstreu

1 bis 2 l EMa 1 bis 2 l ZRM,	mit 200 l Wasser gut vermischen in warmem Wasser aufgelöst

Eine praktische Hilfe ist auch hier der Einsatz eines Futtermischwagens.

EM- Keramikpipes in Trinkwassertanks halten das Wasser rein, verbessern die Gesundheit der Tiere. Verunreinigungen im Behälter werden abgebaut.

Silage

EM ist ein Mittel, mit dem Futteranteile aus preiswerten Materialien wie Getreideschrot, Mais oder/und Heu gut siliert werden können. Das EM-Silofutter hat eine längere Haltbarkeit und dadurch auch eine bessere Ausbeute als eine Silage ohne EM-Behandlung. Das erspart Arbeit, weil keine verdorbenen Schimmelnester ausgeräumt werden müssen und Nachgärungen kaum noch vorkommen. Das EMa-Silofutter ist

- sehr gut verdaulich
- riecht gut
- vom Vieh bevorzugt und steigert die Fresslust
- umweltfreundlich

Daraus resultiert eine höhere Grundfutteraufnahme (mehr Nährstoffaufnahme). Gut ernährte Kühe leisten mehr. Die erfreulichen Folgen sind:

Da bleiben alle Inhaltstoffe erhalten: Der Mais wird erntefrisch sofort zur Silage weiterverarbeitet.

- eine höhere Milchleistung
- eine bessere Fruchtbarkeit
- die Kosten für die Tiergesundheit reduzieren sich

Eine erfolgreiche Silierung mit wenig Zuckerverlust und wenig Sickersaft setzt voraus, dass die Frischmasse

- schnell anwelkt (30 bis 40 Prozent Trockenmasse innerhalb 35 Stunden Trocknungszeit)
- der Mais nicht zu trocken ist
- alles kurz geschnitten ist
- gründlich verdichtet wird
- wenig Schmutzanteile hat (Erde)
- unter Luftausschluss gut abgedeckt wird

EM als Siliermittel bildet mit seinen Milchsäurebakterien Antioxidantien, die eine Nachgärung verhindern und die Verdauung der Tiere günstig beeinflussen.

Fahrsilo: Diese Silierung erfordert keinen teuren Hochbehälter, nur einen sauberen, betonierten Untergrund. Pro Lage 1 bis 2 Kubikmeter angetrocknetes Gras mit

- 1 l EMa + 0.5 l Zuckerrohrmelasse – mit 6 l Wasser verdünnt – übersprühen, und das Heu dabei gleichzeitig wenden.
- jede Lage mit dem Traktor zur Verfestigung überfahren.

Gut mit Folie abgedichtet, kann diese Silage reifen. Sie wird im Winter portionenweise heruntergeschnitten.

Jede Lage wird übersprüht und verdichtet. Zum Schluss kommt eine mehrlagige Folienabdeckung drüber, die man mit alten Reifen und am Rand mit Sandsäcken beschwert.

Hochsilo: 50 Prozent angewelktes Gras oder Mais werden gehäckselt, gemischt und mit EMa angefeuchtet. Gute Erfahrungen wurden mit einer Dusche gemacht, die mit einem Dosiergerät vor dem Vortex (vor dem Gebläse) angebracht wird. Pro Kubikmeter Silage

- aus Gras: mit 1 l EMa und 6 l Wasser kontinuierlich anfeuchten
- aus Mais: mit 1,5 bis 2 l EMa und Wasser benetzen
- zusätzlich kann das Material vorweg auf dem Futtermischwagen mit 10 l EMa-Lösung überbraust werden (pro Wagen eine Giesskanne voll)

Mit der Dusche vor dem Gebläse wird das Silomaterial gleichmässig angefeuchtet.

Silo-Kontrolle, ob alles richtig eingeschichtet und verdichtet wird.

Ballensilage: Nachdem der Grasschnitt angetrocknet ist, wird das Schwad vor der Bergung mit EMa übersprüht. Dazu einen 35-l-Kanister mit Pumpe und Düse an die Ackerschiene an der Front des Traktors, also vor dem Schwader montieren. (Stromanschluss über den Zigarettenanzünder am Traktor). Trotz der Feuchte überhitzt das ballierte Heu nicht mehr. Es bildet sich kein Schimmel und das Heu hat eine lange Haltbarkeit.

Das wird gutes Winterfutter.

Gülle

Als Futterbeigabe über EM-Silage oder Futterbokashi** und mit EM-Keramik-Wasser oder EM-FKE** in die Tränke gegeben, gehen die Effektiven Mikroorganismen in den Nahrungskreislauf der Tiere ein, werden als Dung wieder ausgeschieden und gelangen in den Mist oder in die Gülle, wo sie weiter ihre geschätzten Dienste verrichten. EM-beimpfte Gülle stinkt nicht mehr zum Himmel. Aber sie hat noch weitere verblüffende Merkmale: Sie ist besonders wertvoll, denn der gasförmige Stickstoff (Ammoniak) wurde von den Effektiven Mikroorganismen gebunden und entweicht nicht mehr als Umweltbelastung in die Luft, sondern bleibt für den Boden erhalten: Diese Silage

- ist mild und verbrennt das Gras nicht mehr
- schont die Regenwürmer und belebt den Boden
- bleibt flüssiger und bildet keine dicke Schwemmdecke mehr. Sie lässt sich leichter aufrühren. Das Rührgerät benötigt nur noch ein Drittel der üblichen Zeit und verbraucht deshalb zwei Drittel Kraftstoff weniger als bei nicht EM-beimpfter Gülle

Zur Erstbehandlung wird in die Grube pro Kubikmeter Gülle

- 1 l EMa gegeben

Danach folgen EMa-Gaben in regelmässigen Abständen: pro Woche

- 1 bis 2 l EMa auf 20 Kühe in den Schwemmkanal einführen

Wenn die Grube zur Hälfte gefüllt ist, pro Kubikmeter Gülle

- 30 Kilogramm Steinmehl oder Korallenalgenkalk einrühren

Mit diesem Zusatz entsteht zusammen mit den Effektiven Organismen ein rundum guter, mild wirkender, organischer Flüssigdünger.

Für die Reifung der Gülle

- pro 100 Kubikmeter Gülle 100 l EMa und 100 l Wasser einrühren

Die Gülle ist bei Temperaturen über 15 Grad Celsius in 14 Tagen reif. Liegen die Temperaturen tiefer, dauert es bis zu 30 Tagen. Unter 6 Grad Celsius sind die Effektiven Mikroorganismen nicht mehr aktiv. Die Reifung ruht.

Mist ist nicht gleich Mist

Ein EM-gepflegter Misthaufen stinkt nicht mehr und nährt keine Fliegenbrut. Der Stapelmist muss stark verdichtet werden und kann durch die EM-Beimpfung gut fermentieren. Er ist in der warmen Jahreszeit bereits nach zwei Monaten für den Gebrauch fertig. In der kalten Periode dauert es länger.

Mistpflege: Jede Schicht (20 Zentimeter dick) wird

- pro Quadratmeter Misthaufenfläche mit 200 ml EMa – vermischt mit 2 l Wasser – besprüht
- pro Kubikmeter Mist 1 bis 2 l EMa und 3 kg feines Urgesteinsmehl zugeben. Den Mist gut verdichten

Der EM-Mistkompost wird in gleicher Menge und zu gleichen Zeitpunkten wie bisher ausgebracht.

Jede Schicht mit EMa benetzt, und die Arbeit der Effektiven Mikroorganismen setzt sich segensreich fort.

Grossvieh

Die Hektik und Unruhe durch Fliegenplagen ist weg. Die Bildung giftiger Gase wie Ammoniak, Methan und Schwefelwasserstoffe wird drastisch verringert, der typische «Landluftduft» bleibt dadurch aus. Das glänzende Fell und der gesunde Allgemeinzustand der Tiere fallen auf. Das Vieh bevorzugt EM fermentierte Silage. Das zeigt sich auch an der guten Gewichtszunahme.

Diese Kühe dürfen noch Hörner tragen. Mit EM sind sie friedvoller und weniger angriffslustig.

Klauenbäder

EM ist sehr hautfreundlich und eine Wohltat für das Klauenbein, das ja durch die ständige Kot- und Harnverschmutzung sehr strapaziert wird. Weil diese Verunreinigungen eine Lieblingsspeise für die Effektiven Mikroorganismen ist, bleibt das Bad länger sauber:

- 20 bis 50 ml EMa auf 1 l Klauenbad zusetzen

Das Klauenbad muss nur ein- bis zweimal pro Woche erneuert werden, und es reichert nach Gebrauch die Gülle mit EM an. Ein Nachteil ist, dass ein EM-Klauenbad im Winter unter 6 Grad Celsius nicht mehr wirksam ist, weil die Effektiven Mikroorganismen ihre Arbeit erst wieder bei höheren Temperaturen aufnehmen.

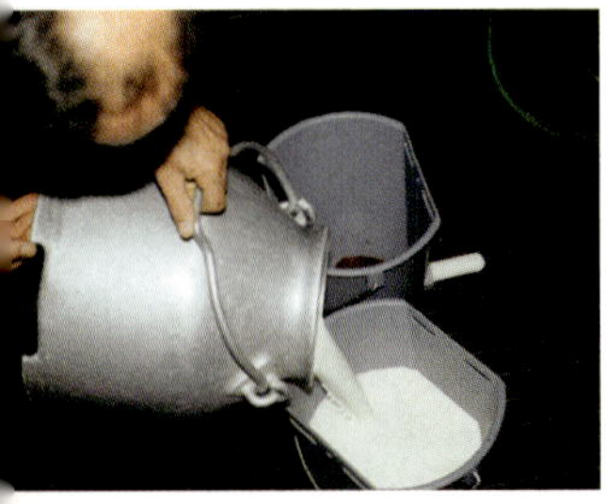

Leere Kannen und Milchgeschirre werden vor der Füllung mit EM ausgespült.

Dieses Vieh, mit EM gepflegt, erfreut sich bester Gesundheit und Vitalität.

Fütterung

Bereits der ersten Kolostralmilch wird EM tropfenweise zugegeben und sorgt für

- «süffige» Kälber
- weniger Verdauungsstörungen
- guten Zuwachs

Milchvieh und Muttertiere stehen mit EM-Zugaben gut im Futter. Sie erbringen eine höhere Milchleistung mit grösseren Mengen an Milchinhaltsstoffen wie Fett und Eiweiss. Es gibt in diesem Zusammenhang noch mehr erfreuliche Tatsachen:

- die Serviceperiode sinkt von 175 auf unter 100 Tage
- die Zellzahlen reduzieren sich erheblich
- die Kosten für die Tiergesundheit gehen massiv runter, weil Pansenpufferung, Lebendhefe und andere Ergänzungen reduziert oder ganz weggelassen werden können

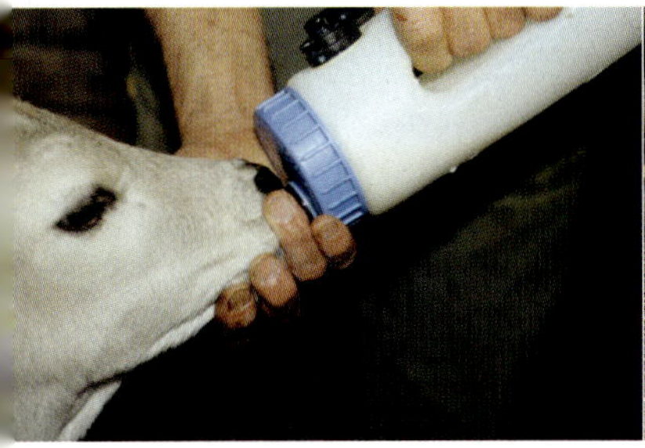

Fütterungsbeispiel für Grossvieh

Kälber	**Futterbokashi****	**EMa****	**EM-Silage****
ab 3. Lebenstag		10 ml pro Trank	
ab 1. Lebenswoche	100 bis 150 g pro Tag	10 ml pro Trank	
Jungvieh			
bis 6 Monate	150 g pro Tag	1 % zum Kraftfutter	satt füttern
6. bis 12. Monat	150 g pro Tag		satt füttern
ab 12. Monat			satt füttern
Milchvieh			
laktierend	500 g pro Tag	0,1 % ins Wasser	satt füttern
trocken stehend	200 g pro Tag	0,1 % ins Wasser	satt füttern

(Angaben aus Eminent natural.com)

In Stresssituationen kann die Futterbokashi-Gabe für kurze Zeit erhöht werden.

Schweinemast

Die Geruchsbelästigung durch einen Schweinemastbetrieb ist enorm hoch. Gesetzlich wurde festgelegt, wie gross der Abstand einer Schweinemaststallung von Wohngebieten sein muss. Mit dem Einsatz von Effektiven Mikroorganismen verschwindet der penetrante Gestank. Wie wirkt sich das auf die Tiere aus? Auch ihnen geht es mit der EM-Stallpflege wesentlich besser:

- in guter Luft fressen sie freudiger
- sie sind nicht mehr so aggressiv, Kanibalismus kommt nicht mehr vor
- die Sterblichkeitsrate verringert sich
- durch den guten Zuwachs verkürzt sich die Aufzucht um 7 bis 12 Prozent, das reduziert auch die Futterkosten
- Durchfall- und andere Erkrankungen reduzieren sich wesentlich und werden besser verkraftet

Oben und ganz unten: Herrlich, wenn sich Schweine in freier Natur bewegen dürfen. In der Massentierhaltung erleichtert die EM-Technologie das Leben dieser intelligenten Tiere.

Die klugen Tiere reagieren sehr sensibel auf positive wie negative Einwirkungen. EM gehört mit Sicherheit zu den positiven.

Luftfeuchte kontrollieren: Schweine können nicht schwitzen und reagieren auf Hitzestau sehr empfindlich, bekommen Atemnot und fressen weniger. Durch Vernebelung mit EMa-Lösung wird die Stalltemperatur gesenkt. Allerdings darf die Luftfeuchte nicht mehr als 80 Prozent betragen. Bei höherem Feuchtegehalt wird das Tier wiederum gestresst.

Fütterung

Schweine brauchen für ihren Verdauungsapparat viele Faserstoffe, und auch, um satt zu werden ohne viel Fett anzusetzen. Bei Absetzferkeln ist die Umstellung von der Muttermilch auf Festfutter eine kritische Phase. Mit EM-Gaben mittels Futterbokashi und EMa werden diese Probleme auf ein Minimum reduziert, denn EM unterbindet die Bildung schädlicher Pilzsporen und reichert durch die Fermentierung das Futter mit unterstützenden Enzymen* an.

Fütterungsbeispiel Schweine

Schweine	Futterbokashi	EMa
Zuchtsauen		
5 Tage vor bis 12 Tage nach dem Abferkeln	3 bis 5 % ins Futter mischen	100 bis 125 ml je Sau und Mahlzeit
übrige Zeit	3 bis 5 % ins Futter mischen	1 ml auf 1 l Trinkwasser
	oder 200 bis 400 g pro Wurf und Tag	10 l pro Tonne Futter zumischen
Ferkel		
gleich nach der Geburt		1 ml direkt ins Maul
in der Absetzphase	2 bis 3 % ins Futter mischen	1 ml auf 1 l Trinkwasser
während der Aufzucht	1 % zum Aufzuchtfutter	
Mastschweine		
Flüssigfütterung	3 bis 5 % zur Suppe mischen	2 l auf 1000 l Suppe
Trockenfütterung	3 bis 5 % ins Futter mischen	10 l pro Tonne Futter oder 100 ml pro 100 l Trinkwasser

In Stresssituationen kann die Futterbokashi-Gabe für kurze Zeit erhöht werden.

Geflügel

Der Stolz des Hahnes ist ein gesundes, legefreudiges Hühnervolk.

Das Federvieh fühlt sich mit EM-Pflege sichtlich wohler. Es behält sein volles Federkleid. Der Kamm ist frischrot ausgefärbt, die Dotterhaut des Eis fest. Hennen legen in ihrer produktiven Lebensphase bis zu 340 Eier und haben selbst nach 12 bis 14 Monaten Legeperiode noch eine Leistung von 65 Prozent, wenn sie Futter bekommen, dem Futterbokashi beigemischt ist. Mit dem Einsatz der Effektiven Mikroorganismen

- reduziert sich der scharfe Geruch
- verringern sich die möglichen Krankheitskeime ganz enorm
- entwickeln sich kaum Milben oder Fliegen
- ist der Kot fest
- wird eine glatte Eischale gebildet
- tritt kaum Durchfall in der Einstallphase auf
- steigt die Legeleistung und verlängert sich die Legeperiode
- die Tiere sind ruhig und «verlegen» keine Eier

Den Stall vor der Einstallung pro Quadratmeter Bodenfläche

- mit 200 ml EMa – mit 800 ml Wasser verdünnt – gründlich ausspritzen (einschliesslich Wänden und Decken)
- die Einstreu mit 100 bis 150 ml EMa-Lösung (100 ml EMa auf 1 l

Wasser) einsprühen. Das reduziert den Staub und ergibt eine angenehme Luftfeuchtigkeit

Fütterung
Das Futter bleibt mit EM-Anreicherung stabiler und wird vom Tier sehr gern angenommen:

Fütterungsbeispiel Geflügel

Geflügel	Futterbokashi	EMa
Hähnchen, Legehennen und Puten		
1. und 2. Tag		0,5 bis 1 l auf 10 l Trinkwasser
3. Tag		3 l auf 10 l Trinkwasser
4. und 5. Tag		Trinkwasser ohne EMa
6. Tag		3 l auf 10 l Trinkwasser
7. und 8. Tag		Trinkwasser ohne EMa
9 und 10 Tag		1 l auf 10 l Trinkwasser
Diesen Wechsel mit und ohne	EMa laufend wiederholen	
bis 3 Monate		7 l EMa pro to Legemehl
anschliessend		5 bis 7 l EMa pro to Legemehl
Pressfutter	1 bis 3 kg pro 100 kg Futter	
Enten, Gänse		
3 Tage mit, 3 Tage ohne EMa	im Wechsel	1,5 bis 2 l auf 10 l Trinkwasser
Pellets oderGetreideschrot	2 kg pro 100 kg Futter	
Getreidekörner 12 bis 24 Stunden einweichen		200 ml auf 10 l Wasser

Futterbokashi kann auch direkt in die Einstreu untergemischt werden. Das Federvieh pickt sich die «Leckerbissen» heraus.

«Glückliche Hühner legen glückliche Eier» – dieser Werbespruch könnte auch auf die Tierhaltung mit EM-Technologie angewendet werden.

Schafe, Ziegen

Auch bei ihnen wird durch die Stallpflege mit EMa durch die mit EM-Keramikpipes bestückte Tränke und durch Futterbokashi-Gaben der scharfe Geruch gemindert (Seiten 238 und 239). In Käsereien erkennen die Mitarbeiter sofort, welche Milch aus einem EM-Stall kommt. Schaf- und Ziegenmilchprodukte sind bekanntlich für Kuhmilchallergiker eine gute Alternative. Aus EM-gepflegter Tierhaltung sind sie wegen des ausgezeichneten, feinen Geschmacks sehr beliebt, was sich auch auf den Absatz günstig auswirkt. Auch der Milchertrag erhöht sich, wenn die Weiden mit EMa-Gülle gedüngt werden und dem Beifutter etwas Futterbokashi zugesetzt wird. Gesundheitliche Probleme sind kein Thema mehr, Tierarztkosten belasten somit auch nicht mehr das Budget.

Gutes Weideland und liebevolle Zuwendung sind für diese Tiere rar geworden.

Obst- und Weinbau mit EM

Es hat sich schnell herumgesprochen, dass Früchte, die mit EM-Technologie heranreifen, besonders aromatisch schmecken, gut ausgefärbt sind und sich lange halten. Der Konsument nimmt deshalb auch mal einen längeren Weg auf sich und zahlt gerne etwas mehr. Auch der Wein aus diesem Anbau gewinnt an Güte.

In wissenschaftlichen Untersuchungen konnten mit der Redoxpotentialanalyse nach Professor Dr. M. Hofmann* in Messungen nachgewiesen werden, dass der Antioxidationsgrad von EM-Obst sehr hoch ist. Das bedeutet eine gute Lebensmittelqualität, denn die Früchte bleiben lange frisch und gehaltvoll und weisen eine hohe Lager- und Transportfähigkeit aus. Das bedeutet auch eine viel geringere Quote an Ausschuss.

Die Umstellung von IP-Anbau oder vom biologischen Anbau auf EM-Technologie dauert etwas länger, als in der Landwirtschaft. Den Boden unter den Baum-und Strauchreihen zu bearbeiten, ist weder bei den flachwurzelnden Gehölzen, noch im Rebbau an Steilhängen einfach auszuführen. Doch die Mühen lohnen sich allemal.

Eine wichtige Erkenntnis ist speziell in diesem Agrarbereich durch Erfahrungen erwachsen: Die beste und nachhaltigste Wirkung wird über die Behandlung des Bodens erzielt.

Links: Der EM-Berater begutachtet die Kirschblüte.
Rechts: Das Obst aus EM-Anbau ist eine Augenweide.

Obst- und Beerenanbau

Geschmackvolle, feste Früchte von Erdbeeren, Himbeeren und Kirschen, lagerfähige, makellose Äpfel und Birnen und gehaltvolle Säfte, die sich fast wie Sirup verdünnen lassen und dann immer noch herrlich schmecken, denn der Zuckergehalt dieser Früchte liegt über der Norm – das sind Resultate, die sich ein Anwender anfangs kaum vorstellen kann, die aber einige Obstbauern bereits erleben.

Anwendungs-Hinweise

Abkürzungen für EM-Grundmengen: Sie gelten immer, **wenn nichts anderes vermerkt ist.** Sie sind auf der hinteren Buchumschlagsklappe aufgeführt.

Bodenvorbereitung

Je besser der Boden belebt ist, desto besser kann er die langjährigen Kulturen wie Obstbäume und Beerensträucher optimal mit Vitalität und Widerstandsfähigkeit gegenüber Krankheiten und Schädlingsbefall ausstatten. Wechsel zwischen Trocken- und Regenperioden werden besser verkraftet.

Bei Neupflanzung hat es sich bewährt, den Boden eine bis zwei Vegetationsperioden vorher mit Gründüngungen, EMa-Gaben und Bokashi-Mist vorzubereiten, vor allem dann, wenn der Boden vom jahrelangen, intensiven Ackerbau strapaziert wurde. So vorbereitet, gibt es kaum Ausfälle (die normale Quote liegt bei 7 bis 10 Prozent).

In bestehenden Plantagen bringt die Bokashi-Düngung mit Mist und Mähgut vom Grasstreifen schnellen Erfolg, wenn am Anfang erhöhte Mengen EMa ausgebracht werden: Pro Hektar und Jahr

- vom ersten bis zum dritten Jahr 166 l EMa
- im vierten Jahr noch 100 l EMa
- zur Erhaltung der Bodenqualität nur noch 50 l EMa

Eine aufbauende Dominanz wird erreicht, wenn bei Erstanwendung pro Hektar mindestens 166 l EMa mit reichlich Wasser in den Boden gebracht wird. Dabei ist es wichtig, dass gleichzeitig genügend organisches Material wie Grasschnitt oder Mistbokashi zwischen die Baum- und Strauchreihen ausgelegt wird.

Laufende Bodenpflege

EM-Einsatz in der Vegetationsperiode beginnt im Herbst.

Winterpackung im Herbst anlegen: Die Baumstreifen bekommen einen Winterpelz aus organischem Material wie Grasschnitt und Rossmist plus EM+U. Am besten ist der schon bokashierte Rossmist, also aus Stallungen, wo die Effektiven Mikroorganismen bereits den Verdauungstrakt der Tiere durchlaufen haben und der Stall mit EM sauber gehalten wird. Um den Stamm herum einen Abstand von mindestens 5 Zentimetern freihalten, damit keine Stammfäule auftritt.

Bokashipackung auf den Baumscheiben einer Streuobstwiese.

Ab Frühjahr ist dieser Wintermulch ziemlich verrottet. Bei erwärmtem Boden mit EMa-Gaben beginnen. Wichtig ist, dass der Boden gut benetzt wird, damit Pilzsporen aus befallenem Laub des letzten Jahres rechtzeitig eingedämmt werden. Mengen und Häufigkeit richten sich nach dem Zustand des ganzen Bestandes und ist ganz individuell zu handhaben. Allgemein werden 3 Gaben empfohlen, können aber mehr oder auch weniger sein. Alle 8 bis 14 Tage

- 10 l EMa auf 1000 l Wasser (1 Prozent bzw. 1 : 100)
- pro 10 l EMa noch 40 g EM-Keramikpulver zusetzen

Oben: Eine wärmende EM-Spritzung schützt die Kirschblüten bei Spätfrostgefahr.
Unten: Der Grasstreifen zwischen den Reihen liefert stickstoffreiches Material für die Bokashierung im Baumstreifen.

Spätfrostgefahr: Die Effektiven Mikroorganismen entwickeln bei ihrer Arbeit Wärme. Das kann bei Frostgefahr in der Blütezeit genutzt werden, indem mit

- 4 l EMa und 4 l ZRM pro 1000 l Wasser über die Bestände gespritzt werden.

Die Zuckerrohrmelasse bietet den Mikroben Futter, sodass sie besonders aktiv werden und ihre Umgebungstemperatur um bis zu 4 Grad erhöhen.

Tipp: Kirschen satzweise ernten: Mit dem Wärmeeffekt, wie oben beschrieben, kann die Blüte von einem Teil der Kirschen vorverlegt werden. Die Wärme der Mikroben regt die Knospen zum Blühen an. So haben Versuche gezeigt, dass der behandelte Teil eines Bestandes um 8 Tage früher reift. Auf diese Weise könnte die kurze Kirschen-Erntezeit verzögert, bzw. verfrüht werden.

Im Sommer bei Trockenheit die Gehölzstreifen grosszügig bewässern. Der Boden muss gut durchfeuchtet werden:

- 10 l EMa auf 1000 l Wasser (=1 Prozent oder 1 : 100)
- pro 10 l EMa noch 40 g EM-Keramikpulver zusetzen
- Grasstreifen vor dem Schnitt mit EMa benetzen, dann mähen und als Mulch auf den Baumstreifen legen. Das unterdrückt Beikraut und nährt das Bodenleben. Mit der EMa-Behandlung fault die Grasauflage nicht und verpappt auch weniger.

Obst aus EM-Anbau mit makellosem«Out-fit» und gehaltvollem Inhalt.

Erntezeit: Auch hier kann eine EM-Spritzung kurz vor der Ernte dafür sorgen, dass das Obst in der Lagerung weniger Fäulnis aufzeigt. Beim maschinellen Waschen und Bürsten von Äpfeln und Birnen kann dem Waschwasser EMa zugesetzt werden:

- 10 l EMa auf 1000 l Wasser (=1 Prozent oder 1:100)

Spritzungen

Ob Winter-, Austriebs-, oder Sommerspritzungen, alle werden mit EM unterstützt oder bei geringem Befallsdruck sogar ganz mit EM ersetzt. So kann zum Beispiel die Kupferspritzung pro Hektar von 4 kg Mittel auf 1,5 kg gesenkt werden. Als Faustregel gilt, dass Spritzmittel im ersten Jahr der EM-Anwendungen um 25 Prozent gesenkt werden können, dann jedes Jahr weitere 25 Prozent weniger. Ab 4. Jahr sollten die bisher angewendeten Spritzmittel ganz weggelassen werden können. Aber solche Aussagen lassen sich nicht verallgemeinern. Es kommen zu viele individuelle Fakten ins Spiel, die eine spezielle Beratung erfordern.

Ergänzende EM-Spritzungen pro Hektar sind

- 1 l EM5 oder EM-FKE auf 100 l Wasser (1 Prozent oder 1:100) alle 7 bis 10 Tage.

Ein Zusatz von EM+U tut gut. Weil sich aber das Pulver schnell absetzt und Spritzdüsen verstopfen kann, ist es ratsam, das ganz feinkörnige Diabas-Gesteinsmehl und das feine, leicht rosé-farbene EM-Keramikpulver «Amron» zu verwenden oder ein Sprühgerät mit laufendem Rührwerk einzusetzen.

Wenn gefährliche Infektionen oder ein anderer Befall massiv auftritt und die Ernte gefährdet, hat die Erfahrung gezeigt, dass auch mal ein zugelassenes Mittel angewendet werden kann.

Beerenanbau

Viele Beeren lieben den etwas sauren Boden. Hier fühlen sich die Effektiven Mikroorganismen besonders wohl.

Ein Mulchmix aus Grasschnitt und Gehölzhäcksel – mit EM+U überstäubt und von EML durchtränkt – liefert den Beeren genau das, was sie zum gesunden Wuchs und für die aromatische Ausbildung der Früchte brauchen. Diesen Mulch von Zeit zu Zeit ergänzen. Es fehlt aber noch an organischer Masse, denn Gehölzhäcksel frisst viel vom Stickstoff des Grasschnittes wieder weg. Ideal ist deshalb, eine dünne Mistbokashi-Decke von 5 Zentimetern vor dem Herbstmulch auf den Sträucherstreifen aufzulegen.

Im Frühjahr den Boden einmal mit EM behandeln. Pro Hektar

- 60 l EMa mit 15160 bid 600 lWasser (je nach Trockenheit)
- 2 kg EM-Keramikpulver
- mit der Feldspritze ausbringen.

Im Herbst eine Lage Bokashi und Mulch ausbringen. Pro Hektar:

- 3 t Mistbokashi mit dem Mistzetter verteilen
- mit 60 l EMa und 2 kg EM-Keramikpulver auf 600 l Wasser den Boden durchtränken
- mit Mulch überdecken

Weinbau

Hier gelten die gleichen Voraussetzungen und Anwendungen wie im Obstbau: Zuerst den Boden beleben und mit den effektiven Mikroorganismen «in Ordnung» bringen. Durch die zur Sonne aus-

Herrliche Trauben: «reif» für die Lese.

gerichtete Exposition ist die UV-Einstrahlung besonders stark. Hier wirkt die Spritzung von EMa milder als bei den üblichen Essigbehandlungen und verbrennt das Laub kaum. Der Befallsdruck von Pilzerkrankungen und Schädlingen geht zurück, wenn sich der Boden in die aufbauende Dominanz wendet.

Wird jeder zweite Grasstreifen mit Kräutersaat ergänzt, sorgen diese für den ökologischen Ausgleich zur «Monokultur» der Reben: Es siedeln sich mehr Nützlinge an, und durch den Anteil an Heilpflanzen reduziert sich auch der Pilzbefall.

Im Herbst nach der Lese pro Hektar

- 3 t EM-Mistbokashi ausbringen
- 60 l EMa und 2 kg EM-Keramikpulver mit 600 l Wasser den Boden gut durchfeuchten

Im Frühjahr: 2 Wochen bevor die Knospen schwellen, bei frostfreiem Wetter spritzen. Pro Hektar

- 10 l EMa und 400 g EM-Keramikpulver auf 150 l Wasser

Spritzungen: alle 14 Tage bis zur Lese zur Vorbeugung und zur Stärkung der Stöcke pro Hektar einen Mix spritzen aus

- 4 l EMa + 200ml EM5 + 200 ml EM-FKE oder EM- FPE und 120 g EM-Keramikpulver mit 250 l Wasser

Giessen: drei- bis viermal pro Saison bei trübem Wetter, kurz vor Regen oder abends auf den feuchten Boden. Pro Hektar

- 66 l EMa mit 600 l Wasser

Die Erde muss mindestens 6 Zentimeter tief durchfeuchtet werden.

Erste Blüten zwischen noch kahlen Rebstöcken. Sie locken viele Nützlinge an (Weinbergtulpe Tulipa silvestris).

Arbeit und Genuss: Die Weinlese ist immer ein ganz besonderer Anlass.

Munter, quicklebendig und gesund.

Tiere und EM

**Tiere sind Freunde oder Feinde des Menschen.
Es liegt an uns.**

Haustiere erfüllen auf ihre Art soziale Aufgaben, die immer mehr geschätzt werden. Eine recht grosse Industrie nimmt sich der beliebten Hausgenossen an und bietet alles, was das Tierfreundherz für seinen Liebling begehrt. Die wichtigste Komponente in der Tierhaltung ist aber die Zuwendung des Menschen zur Kreatur.

Da freuen sich Katze, Hund, Hase und Vogel

Ein gemütliches Nest, freundliche Herrschaften, gutes Futter und viel Bewegungsfreiheit, so könnte die Idealvorstellung eines Haustieres für sein Daheim aussehen. Wenn es mit EM gepflegt und sein Platz damit sauber gehalten wird, fühlt es sich aus mehreren Gründen wohl, und das merkt man auch:

- die positive Schwingungsenergie von EM überträgt sich auf die Tiere. Das zeigt sich in einer ausgeglichenen und lebensbejahenden Vitalität. Sie sind quicklebendig
- das Fell- oder Federkleid ist gesund und glänzt in einem leichten Regenbogenschimmer
- die «Mauser» wird besser überstanden
- Kot und Ausdünstungen stinken weniger
- mögliche pathogene Keime werden reduziert und somit existiert kaum noch die Gefahr einer Erkrankung
- Wundheilungen verlaufen rascher

Anwendungs-Hinweise
Abkürzungen und EM-Grundmengen: Sie gelten immer, **wenn nichts anderes vermerkt ist.** Sie sind auf der hinteren Buchumschlagsklappe aufgeführt.

Körper- und Gehegepflege

Wie der Mensch auch braucht ein Tier zu seinem Wohlbefinden einen sauberen Aufenthaltsplatz. Zur Reinigung von Käfig, Stall oder Gehege, des Geschirres und Futterplätze

- 100 ml EM oder EMa pro 1 l Putzwasserzugeben
- Teile mit starken Verschmutzungen in EM einweichen und dann mit der Bürste reinigen
- Aufenthaltsplatz täglich mit etwas EML einsprühen
- Für Waschungen oder Bäder EML verwenden

Tiere zeigen manchmal, dass ihnen Mineralstoffe fehlen. Sie nagen am Holz, lecken am Fels.[1]

1 Sharamon/Baginski 2004, S. 27

Die Einstreu täglich leicht mit EML einsprühen. Das bindet Staub, Geruch, Ammoniakausgasung und verhindert Parasitenbesatz. Die Tiere fühlen sich einfach wohler.

Ob Kaninchen oder Hund: Sie lieben Futter mit EM. Der Hund hat mal wieder eine leckere Paprika aus der EM-Gemüsegärtnerei seines Herrchens stibitzt.

Futter mit EM

Futter, das aus EM-Anbau stammt, enthält mehr Mineralien und Vitalstoffe als üblich. Diese sind für das Tier voll verwertbar. Welche Menge EM oder Bokashi dem Futter zugegeben werden sollte, ist nicht festgelegt. Auch hier ist wie auf allen Gebieten der EM-Technologie Fingerspitzengefühl gefragt. Es muss beobachtet werden, wie unsere Haustiere auf EM reagieren. Wir gehen in der EM-Technologie mit lebenden Organismen um, die auf jedes Individuum dieser Erde unterschiedlich einwirken. Gute Erfahrungen wurden gemacht, wenn einem Tier sofort nach der Geburt eine winzige Gabe EM eingeflösst wurde. Je nach Tiergrösse

- 1 Tropfen bei Kleintieren und bis zu 5 Tropfen bei Grosstieren mit der Pipette einflössen. Danach kann in den ersten 3 Tagen des jungen Lebens die Menge bei Grosstieren langsam bis auf 10 Tropfen EM erhöht werden

Tiere heilen sich selbst, wir müssen sie nur mit Nahrung versorgen und pflegen.[2]

Generell gilt bei ausgewachsenen Tieren:

- pro Tagesration etwa 10 bis 15 Prozent Futterbokashi zugeben
- 1 bis 3 Pipes pro 1 l Wasser in den Trinkwassertank geben
- pro Tagesration 1 ml EM auf 1 l Wasser zufügen. Dieses Wasser muss täglich erneuert werden
- Zur Zeit der Mauser oder wenn die Tiere trächtig sind, die EM-Zufütterung etwas erhöhen.

Tiergesundheit: Viele Berichte erzählen von EM-Behandlungen bei Gesundheitsproblemen. Einige sind im Kapitel «Erfahrungsberichte» ab Seite 288 aufgeführt.

2 E. Pfeiffer in Tompkins/Bird 2000, S. 48

Nicht alle Pferde geniessen so ein freies Leben wie diese Islandponys.

Pferde

Eine Sonderrolle nimmt das Pferd ein. Einst in der Landwirtschaft ein unentbehrliches Arbeitstier, hat es heute in der Sportszene einen wichtigen Platz eingenommen. Immer mehr Menschen der begüterten westlichen Welt widmen sich dem Reitsport oder geniessen in ihrer Freizeit «das Glück dieser Erde auf dem Rücken der Pferde».

Wer Pferde in freier Wildbahn oder auf der grossen Pferdekoppel erlebt, spürt die unbändige Kraft, wenn diese Tiere als ganze Herde dahergaloppieren und sich ihre Energie unwillkürlich auf uns überträgt. Ursprünglich war das Pferd ja ein Steppentier, ständig auf Futtersuche und am kargen, aber auch kräuterreichen Gras rupfend fortwährend in Bewegung. Heute steht es mehrheitlich im Stall und werden seine Mahlzeiten, vom Menschen ausgewählt, und in bestimmte Fütterungszeiten eingeteilt. Durch diese widernatürliche Haltung ist das Pferd sehr anfällig für Erkrankungen aller Art. Andererseits ist es durch seine Intelligenz und Sensibilität ein wunderbarer Kamerad des Menschen, und es gibt viele berührende Geschichten von tiefen Freundschaften zwischen Menschen und diesen Tieren.

Wenn Boxen und Auslauf regelmässig mit EMa übersprüht werden, entsteht weniger Staub. Ammoniakausdünstungen werden von den Effektiven Mikroorganismen gebunden.

Links: Gesunde Pferde tragen ein glänzendes Fell.

Rechts: Der grossräumige und liebevoll gestaltete Pferdestall wird wöchentlich Mit EML ausgespritzt und mit Leinstroh ausgelegt.

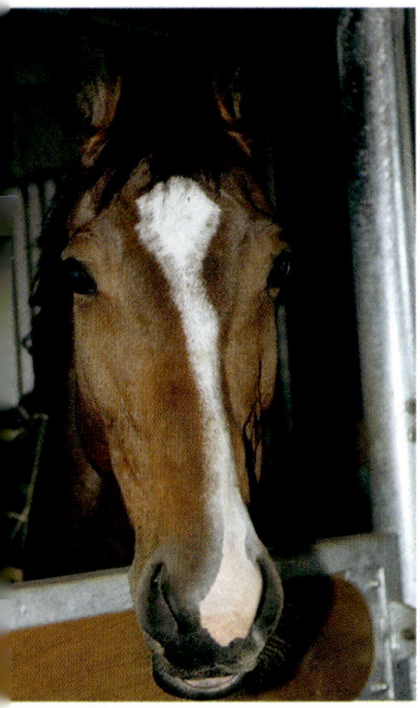

Ohne Staub lebt's sich leichter

Sägemehl, Stroh und Heu sind Staublieferanten, und gerade bei Pferden kann Staub eine Belastung sein. Die grossen Nüstern atmen bei der Futteraufnahme viele Staubpartikel ein, die sich auf die Atemwegorgane niederschlagen. Kommen noch grosse Mengen Pilzsporen aus Schimmelnestern im Heu oder in der Silage dazu, kann das zu ernsten Erkrankungen führen. Deshalb ist es wichtig, dass der Feinstaub in diesen Stallungen gebunden wird. Täglich EML in die Luft versprüht, lässt die Tiere buchstäblich aufatmen. Zusätzlich

- die Boxen und den Auslauf wöchentlich einmal ringsrum mit EML einnebeln
- alle zwei Wochen den Stall gründlich ausspritzen
- alle Monate den Auslauf mit 5 l EMa auf 25 l Wasser mit der Spritze überregnen
- jede neue Einstreu mit 100 ml EMa auf knapp 1 l Wasser übersprühen
- Futterkrippen, Geschirr und alle anderen Pferdeutensilien nach Gebrauch mit EML einsprühen und trocknen lassen
- Stärkere Verschmutzungen mit EMl und Bürste bearbeiten
- Auch das Putzzeug für einige Stunden in ein EML-Bad einlegen. Die Mikroorganismen fressen alle Schmutzteile, wie Hautschuppen, Tierhaare und Dreck, heraus

Dem Haflinger schmeckt das Heu, das bei der Bergung mit EML übersprüht wird.

Gutes Futter sorgt für gute Gesundheit

Das Pferd ist auf faserreiches Raufutter eingerichtet, und gutes Wiesenheu mit hohem Kräuteranteil wäre ideal. Aber das ist rar. Minderwertiges Futter, das von allerlei Fusarien* durchsetzt ist, verursacht Koliken, oft mit tödlichem Ausgang. Gutes Futter, mit EM zu Silage fermentiert, wird vom Tier sehr gern angenommen, wenn die Fermentierung gut verlaufen ist.

Merkmale für starke Immunkräfte sind

- das glänzende Fell und blanke Augen
- ein ruhiges, ausgeglichenes Verhalten
- die schnelle Regeneration nach hohen Arbeits- oder Sportleistungen
- die bessere Widerstandfähigkeit gegenüber Parasiten und Pilzerkrankungen
- eine Reduzierung der nötigen Wurmkuren bis zu 50 Prozent

Pferde leiden auf Transporten z. B. zu Tournieren, wo sportliche Höchstleistungen gefordert werden. Mit erhöhten Futterbokashigaben überstehen sie den Reisestress besser.

Auch in der Vorbereitung auf besondere Leistungen und in Stresssituationen wie Transporten oder Niederkünften kann die Zugabe von EM 14 Tage vorher erhöht werden. Bei Fellwechsel unterstützt die doppelte EM-Gabe die Fellerneuerung. Die richtige EM-Menge zu bestimmen, bedarf viel Feingefühl für das Tier und muss ausprobiert werden.

Liebevolle Pflege und Zuwendung gleichen den Verlust an Freiheit etwas aus.

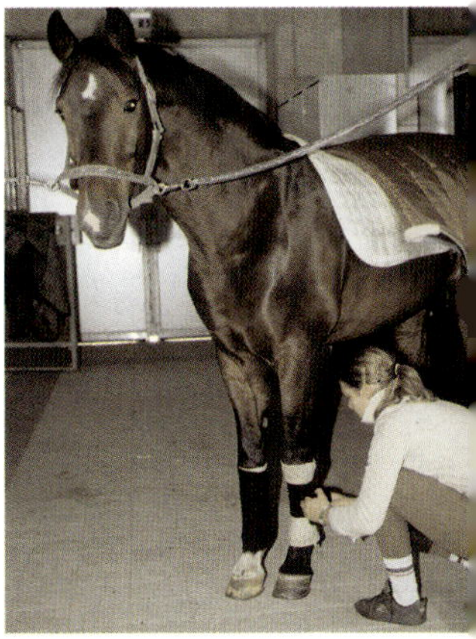

Beispiel für eine Zufütterung mit Bokashi

Pferde	Futterbokashi	EMa
Fohlen		
ab 3. Lebenstag		10 ml tägl. ins Maul
ab Futteraufnahme	100 bis 150 g pro Tag	10 ml tägl. ins Maul
erwachsene Tiere		
ohne Belastung	200g pro Tag	2 x 10 ml tägl. ins Maul
bei Arbeit und Sport	500 g pro Tag	2 x 10 ml tägl. ins Maul

Angaben aus eminentnatural.com

Die Tierkörperpflege mit EM ist besonders da wichtig, wo sich in Hautfalten Schmutz und schädliche Keime absetzen und zu Entzündungen führen können. Hier sind Waschungen mit EML wirksam.

Diese afrikanischen Zahnkarpfen, die «Diamanten des Regenwaldes» sind vom Aussterben bedroht. Eine besondere Aufgabe ist die Aufzucht dieses seltenen Fisches und erfordert viel Erfahrung. Mit EM-Keramik im Wassertank und EM im Aquarium gelingt die schwierige Vermehrung sicherer. Der Wasserwechsel wird sehr gut vertragen.

Aquarien

Die gläsernen «Schaukästen» immer klar und sauber zu halten, ist mit einer aufwändigen Prozedur verbunden. Bei einem Wasserwechsel werden die Fische gestresst und brauchen eine Weile, bis sie sich dem neuen Milieu angepasst haben. Mit EM-Einsatz

- reduziert sich der Reinigungstournus pro Jahr um mindestens die Hälfte
- wird ein Wasserwechsel besser vertragen
- scheinen sich die Fische im EM-geimpften Wasser sehr wohl zu fühlen und vermehren sich freudig
- sind sie «putzmunter» und tragen ein ausgesprochen gut ausgefärbtes Schuppenkleid

Zu Beginn einer EM-Pflege

- Zeolith mit 100 ml EM pro 10 l Aquariuminhalt tränken, dann den Zeolith im Aquarium auf dem Boden verteilen
- 1 EM-Keramikpipe pro 1 Liter Wasser auf dem Grund deponieren
- das Aquariumwasser mit 10 ml EM pro 10 l Wasser anreichern

Bei Wasserwechsel

- nur noch 5 ml EM pro 10 Liter Wasser zugeben

So bleiben die Fische gesund und erreichen ein höheres Alter als üblich.

Zur Behandlung des Wassers nur EM und kein EMa anwenden. Im aktivierten EMa ist zu viel ZRM vorhanden, weil es von den Effektiven Mikroorganismen noch nicht ganz aufgezehrt wurde. Der darin enthaltene Stickstoff würde das Teichwasser noch mehr anreichern.

Fische im Teich

Je grösser der Teich, desto besser für die Fische. Goldfische und der farbenprächtige Koi sind sehr beliebt, aber auch das Moderlieschen und andere kleine Fische können einen Teich beleben und dem stillen Betrachter eine ganz andere Welt vor Augen führen.

Durch das Fischfutter und die Exkremente der Fische wird das Wasser sehr mit Stickstoff belastet. Das führt zu Algenvermehrungen, Wassertrübungen und zu grossen Mengen Faulschlamm. Hier hilft EM, das Wasser wieder zu klären und sauber zu halten, denn für die Effektiven Mikroorganismen ist Stickstoff und fauliges Sediment ein herrliches Mahl. Für die Sanierung mit EM gelten die gleichen Massnahmenvorschläge wie im Kapitel «Wasser», Seite 219 beschrieben.

Dem Fischfutter zur Unterstützung der Widerstandskräfte der Tiere etwas Futterbokashi beigeben. Die Farben der Fische werden intensiver, was bei Kois besonders stark zum Ausdruck kommt.

Kleines Bild:
Kois, liebevoll versorgt, noch ohne EM.
Grosses Bild:
Das seit Jahren mit EM behandelte Wasser und EM-Futterbokashi sorgen für prächtige, gesunde Kois mit leuchtender Ausfärbung. Eine Filterung des Wassers ist dank EM nicht nötig (Wasseranlage in der Kyusei-Nature-Farming Center in Sara Buri/Thailand).

Haushalt und EM

«Die Verwendbarkeit von EM ist nur durch die [fehlende] menschliche Phantasie begrenzt.» *(Teruo Higa)*

Da wir unser Heim wohnlich und möglichst hygienisch rein halten wollen, bemühen wir uns, «alle Keime im Keim zu ersticken». Wir sind es so gewohnt. Dabei gehen Unmengen nützlicher Mikroben mit kaputt.

Einfach und schnell: Gute Luft und Energie für alle Räume mit EM-Luftbefeuchtung.

Die EM-Technologie nimmt in der Hygiene einen ganz anderen Weg. Wo die Effektiven Mikroorganismen eingesetzt werden, besiedeln sie ihre Umgebung wie «Platzhalter» und lassen somit keine anderen Keime zu. Durch ihre antioxidativ wirkende Kraft helfen sie auf vielen Ebenen, eine umweltfreundliche und aufbauende Atmosphäre in unserem Alltag zu unterstützen.

EM als Raumspray: EM-Spray so oft wie nötig anwenden. Weil die EM-Lösung nur begrenzt haltbar ist, sollte man eine kleine Sprühflasche verwenden oder nur eine kleine Menge zubereiten:

- für 0,5 l Wasser 5 ml EM oder EMa und ein paar EM-Keramik-pipes in die Flasche füllen

Bei Raumtemperatur hält sich die Lösung zwei bis drei Tage. Wenn sie anfängt, unangenehm zu riechen, kann man sie ins Abwasser giessen. Anwendungen:

- Kochdünste, Zigarettengeruch oder unliebsame Düfte im Bad, im WC und in Mülltonnen verschwinden
- die Raumluft befeuchen: Staub in der Luft wird gebunden, das Raumklima durch die Luftbefeuchtung angenehmer
- Wohngifte nach Malerarbeiten, Ausdünstungen neuer Möbel oder von Teppichen werden abgebaut
- Matratzen, Polster und Teppiche damit einsprühen. Das verhindert die Vermehrung der Hausstaubmilben und Motten
- bei Schweissgeruch in Schuhen und Schuhschränken

Zur allgemeinen Reinigung: Alles, was wir mit EM putzen, wird von Fliegen und ähnlichen Mitbewohnern gemieden, weil dann keine abbauenden Substanzen mehr vorhanden sind. Die Reinigungskraft liegt zum Teil auch darin, dass das Wasser mit EM eine feinere Struktur erhält und somit leichter in Verschmutzungen eindringen kann:

- 30 ml EM oder EMa für 10 l Putzwasser

Anwendungen:

- Küchenschränke, Arbeitsplatten, Kühlschränke
- bei starken Verstaubungen oder Fettfilmen auf den Möbeln
- Fussböden
- Glasflächen, Fenster und Rahmen
- Brillen
- Fliesen aller Art
- Armaturen in Bad und Küche
- Polster und Teppiche
- Auto-Innenreinigung: Polster und textile Verkleidungen mit EM-Lösung einsprühen (einwirken lassen). In der Zwischenzeit die Kunststoffteile und Fenster putzen. Dann die Polster und textilen Verkleidungen abbürsten

Starke Verschmutzungen: Hartnäckige Verkrustungen mit unverdünntem EM oder EMa eine Zeit lang einweichen (bis zu mehreren Stunden). Dann den Schmutz mit EM-Lösung abwaschen:

- Fettablagerungen von Dunstabzugshauben
- eingebrannte Speisereste in Töpfen und Backöfen

Fussböden, mit EM-Putzwasser gereinigt, verstauben nicht so schnell. Die Böden erhalten einen feinen Glanz.

Gegen Schmutz und Milben: Polster, Teppiche und Matratzen mit EM einsprühen, einwirken lassen, dann abbürsten.

Fenster bleiben länger sauber. Es gibt weniger Fliegendreck. Fliegen bleiben weg, folglich auch die Spinnen.

Kalkablagerungen an Armaturen lassen sich leicht abwischen. Starke Verkrustungen vorher mit EM einweichen.

EM im Geschirrspüler verringert fettige Ablagerungen. Die Spülmitteldosierung kann halbiert werden.

Fliesen in Bad und Küche mit EM reinigen. Bei starken Verschmutzungen EM pur aufsprühen, einwirken lassen, dann abwischen.

Backöfen und verrusste Ofentüren mit purem EM einsprühen, ein bis zwei Stunden einwirken lassen und dann abwischen.

Fettablagerungen an Dunstabzugshauben mit EM einsprühen, einwirken lassen, danach lässt sich klebriger Fettfilm leicht entfernen.

Zigarettenluft und Nikotinniederschläge können mit EM-Spray weggesprüht werden. Vorhänge mit EM waschen.

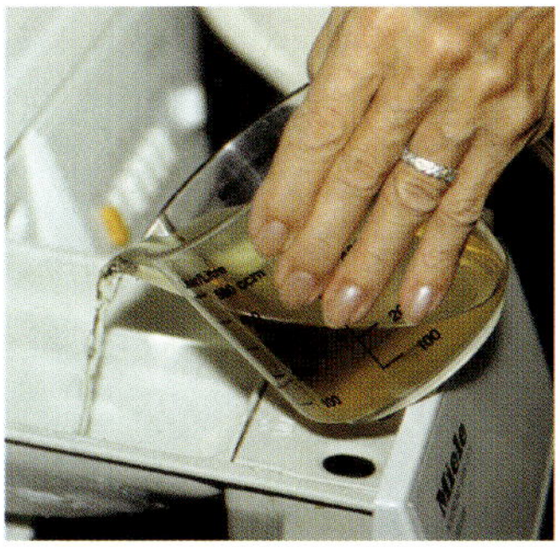

Ausser EM-Keramikpipes kann auch EM verdünnt, in die Waschmittelkammer eingelassen werden. Vorsicht bei hellen Textilien!

Mit EM wird das Wasser weich. Auch die Wäsche «verbrettert» nicht und verschleisst nicht so schnell.

Wäsche lässt sich, mit EM eingesprüht, leichter bügeln.
Gegen Kalk EM-Keramikpipes in den Wassertank einlegen.

Kunststoffteile im Auto ziehen den Schmutz nicht mehr so stark an. Auch die Polster lassen sich mit EM gut reinigen.

Dem Kühlschrankgeruch mit EM zu Leibe rücken. Mit EM-Keramikpipes und EM-Spray halten Esswaren länger.

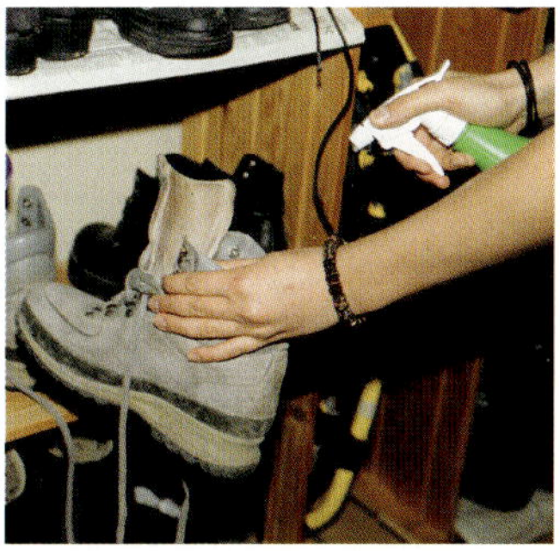

Wenn Schuhe innen mit EM eingesprüht werden, verschwindet der Schweissgeruch. Auch den ganzen Schuhschrank mit EM behandeln.

Salat, in EM-Keramikwasser gewaschen, bleibt länger frisch und knackig, weil Oxidation unterbunden wird.

Geschältes Obst, mit EM besprüht, verbräunt nicht mehr. In der Schale sind oben Apfelschnitzel mit EM, unten ohne EM besprüht.

Keine Obstfliegen mehr.
Sie bleiben weg, wenn Obst und Behälter mit Gemüseabfällen mit EM übersprüht werden.

- russige Glasscheiben von Öfen mit Sichtfenster und Heizeinsätze in Kaminen
- stark verschmutzte Waschbecken und WC-Schüsseln
- Nikotinniederschläge
- verstopfte Abwasserrohre
- stark verschmutzte Wäsche vorher einweichen
- Schmutzablagerungen im Scherkopf von elektrischen Rasierapparaten

Kalkablagerungen: Überall, wo sich Kalk ansetzen kann, löst EM wie Essig die Rückstände. EM-Keramikpipes mindern Kalkablagerungen. Die Kalkschicht lässt sich leichter entfernen. Anwendungen:

- in Wasch- und Geschirrspülmaschinen kann das Reinigungsmittel um mindestens die Hälfte reduziert werden: pro Waschgang 40 ml EM oder EMa zufügen
- Wasserkocher und einfache Dampfbügeleisen mit verdünntem EM auffüllen und über Nacht stehen lassen

Anwendungen mit EM-Keramikpipes:

- In den Toilettenspülkasten eine Kette aus 20 bis 30 Pipes einhängen
- für Waschmaschinen: 40 Pipes in einen Waschlappen einnähen (Seite 293) oder in eine alte weisse Socke einknoten.
- Hauswasser: Den Filter an der Hauswasserzuleitung mit Pipes füllen. Das Wasser wird feiner und setzt nicht mehr so viel Kalk ab

Das kaffeebraune EM kann Verfärbungen verursachen. Deshalb Vorsicht bei hellen Materialien, z.B. Wäsche: EM-Portion erst mit Wasser verdünnen und dann in die Waschmittelkammer der Waschmaschine einfliessen lassen.
Bei Flecken auf hellen Kleidungen, Polstern und Dingen mit empfindlichen Oberflächen wie z.B. weisses Leder: vorgängig an versteckter Stelle eine Probereinigung vornehmen.

Korrosionen entfernen: angerostete und oxidierte Teile werden im EM-Bad wieder blitzeblank, wenn man sie einige Stunden in unverdünntes EM einlegt. Dann die schwarz gewordenen Ablagerungen abwischen:

- angelaufenes Besteck und andere Silberteile
- verrostetes Handwerkzeug
- Gartengeräte

Hygiene: EM reduziert Krankheiten erregende Keime und kann an allen kritischen Orten im Haushalt angewendet werden.

1 Higa 2002, S. 111

Gemüse und Obst: Im mit EM-Keramik aufbereiteten Wasser Gemüse und Obst waschen und mit einem für den menschlichen Genuss zugelassenen EM-Präparat übersprühen:

- Früchte, Salate und Gemüse bleiben länger frisch
- geschältes Obst läuft nicht an und wird auch nach Stunden nicht braun

Brot backen: Die in EM enthaltenen Hefen ersetzen Backtriebmittel: dem Teig nur ein Drittel der vorgeschriebenen Hefemengen beigeben und dafür

- pro 1 kg Mehl 30 ml EMb verarbeiten

Das Brot wird sehr schön locker und schmackhaft und hält sich lange frisch.

Mit einem EM-Zusatz wird das Brot besonders locker und schmackhaft. Ein EM-Fermentationsgetränk (EMb) verwenden.

Elektrogeräte, PC, Telefon: EM-Keramik hat die Kraft, belastende elektromagnetische und ultraviolette Strahlungen unschädlich zu machen. Es unterdrückt statische Elektrizität und verringert den elektrischen Widerstand[1], so heisst es in Higas Schriften. Anwendungen:

- eine EM-Keramik-Kette im Ablagefach des Autos schützt uns vor Elektrosmog, wir ermüden beim Fahren nicht mehr so schnell
- EM-Keramikpads an alle vier Ecken des Bildschirmes geklebt, entlasten unseren Organismus. Je ein Pad am Telefonhörer und an der Festnetzstation verringert die Strahlenbelastung
- Eine EM-Keramikplatte im Mikrowellenofen filtert die Gesundheit schädigenden Abstrahlungen heraus.

Alles, was mit EM gereinigt oder behandelt wird, nutzt sich nicht so schnell ab, bleibt länger sauber und zieht weniger Staub an.

1 Oxidiertes Silber wird – mit EM geputzt – wieder blitzeblank und läuft nicht mehr so schnell an.
2 Kein Rost mehr an Handwerkszeug: Die Spitze der Säge wurde zwei Stunden in pures EM eingetaucht.
3 EM-Keramikpads, in jede Ecke vom Bildschirmrahmen geklebt, verringern belastende Strahlungen.

1

2

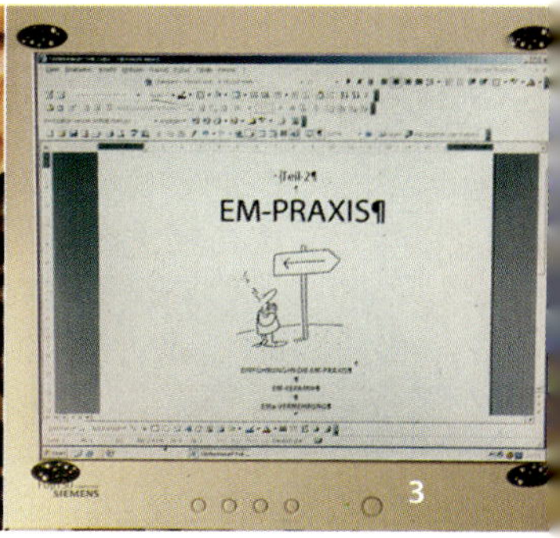

3

Körperpflege und EM

«Gesundheit ist nicht alles, doch ohne Gesundheit ist alles nichts.»
(Arthur Schopenhauer)

Von den vielen Mikroorganismen, die unser Leben begleiten, dienen uns die meisten unaufhörlich auf ihre geniale Weise. Ohne sie hätten wir keine Überlebenschance. Nur wenige der Mikroben können uns zur Gefahr werden. Und zwar immer dann, wenn ihre ausgewogene Zusammenarbeit mit allen anderen lebenden Substanzen aus dem Gleichgewicht gerät und entgleist, wodurch unter

«Wir bewegen uns in einem Meer von Mikroorganismen.»[1]

Ein Fussbad mit EM und EM-Keramikpulver belebt und erfrischt.

1 Hennig 1984, S. 113

Umständen Epidemien ausgelöst werden können. Diese «Entgleisungen» wiederum werden häufig mit Methoden der Vernichtung angegangen. Die Effektiven Mikroorganismen sind aufgrund ihrer Zusammensetzung in der Lage, «Auswüchse» wieder ins Lot zu bringen. Mit der EM-Technologie geht es auch ohne die bisher gewohnten Entkeimungsmittel.

«Wellness» mit EM

Die Räume, in denen wir uns aufhalten, sind nach der Haut und der Kleidung unsere dritte Umhüllung. Diese dritte Haut trägt ganz wesentlich dazu bei, wie wir uns fühlen. Wird unser Aufenthaltsort

Das tut strapazierten «Gärtnerhänden» gut: nach dem Waschen mit EML einreiben.

Bücher von Shigeru Tanaka, Teruo Higa und Ryuichi Chinen zum Thema EM und Gesundheit sind auf Seite 308 aufgeführt.

Oben: selbstgemachte Hautcreme kann mit EM zubereitet werden.
Mitte: Schampoo mit etwas EM vermischen: So kommt Glanz auch von aussen ins Haar.
Unten: Wasser mit EM-Keramikpipe-Einlage schmeckt und tut dem Organismus gut.

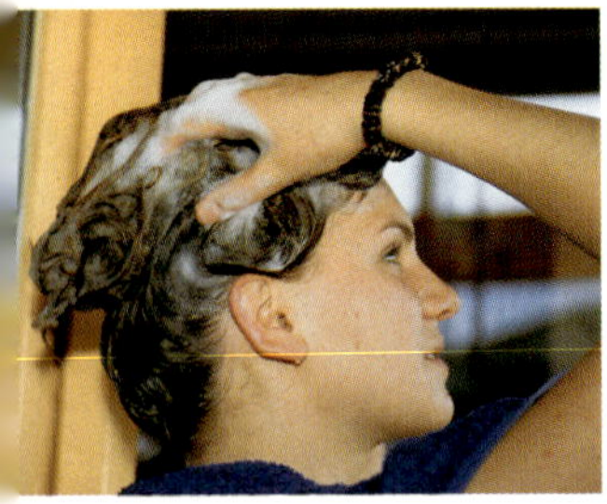

mit EM gereinigt und die Luft damit befeuchtet, ist das für unseren ganzen Organismus eine Wohltat. Räume, die schon beim Bau mit EM-Technologie hergerichtet werden, lassen Allergiker aufatmen, weil die Effektiven Mikroorganismen Wohngifte eliminieren.

Mit EM gewaschene Kleidung – unsere zweite Haut – ist ohne Weichspülmittel angenehm zutragen. Wir brauchen keine allergischen Reaktionen zu befürchten.

Unsere erste Haut als das grösste und wichtigste Organ des Menschen ist von einem leicht sauren Schutzmantel überzogen, den wir mit vielen anerzogenen «Pflegemasssnahmen» ständig angreifen. Die Effektiven Mikroorganismen können mit ihrem sauren Milieu dazu beitragen, diesen Schutzfilm zu stabilisieren. Mit ihrer starken Schwingungsenergie helfen sie uns aus Müdigkeit und Erschöpfung wieder heraus:

Ein Fuss- oder Vollbad ist an sich schon eine Wohltat. Mit einem Zusatz von EM und EM-Keramik bringen wir uns noch besser in Schwung:

- fürs Fussbad dem körperwarmen Wasser je 1 Teel. EM und EM-Keramikpulver oder ein paar Keramikpipes und – wenn möglich – etwas Kristallsalz oder EM-Salz zugeben und die Füsse 12 bis 20 Minuten darin baden. Das Salz erhöht die Leitfähigkeit des Wassers und die Wirkung der Zusätze
- Fürs Vollbad dem körperwarmen Wasser 50 ml EM und einen Keramikring oder eine Hand voll Pipes zugeben und 12 bis 20 Minuten darin verweilen

Pflege: Es sind Körperpflegemittel mit EM-Zusatz auf dem Markt, deren Palette von der fein duftenden Seife, Hautcremes und Haarschampoo bis zum Zahnputzmittel und Mundwasser reicht. Wer seine Kosmetikcremes selber herstellt, kann eine Prise EM-Keramikpulver und ein paar Tropfen eines Fermentationsgetränkes als «Kraftverstärker» zusetzen.

Die Ernährung ist auch Teil unserer Körperpflege

Nahrung aus einem Anbau mit EM-Technologie liefert uns alle notwendigen Substanzen, die der Körperhaushalt braucht, um uns leistungsfähig und gesund zu erhalten.

Trinkwasser: das Wasser mit EM-Keramikpipes aufbereiten:

- pro Liter Wasser 1 bis 10 Pipes zugeben und mindestens eine halbe Stunde vor Genuss reifen lassen. Dieses Wasser fällt durch seinen guten, quellfrischen Geschmack auf und ist wegen der fein aufgeschlossenen Cluster für den menschlichen Organismus besonders bekömmlich.

Wer Milchsauer vergorenes Gemüse wie Sauerkraut und solches aus Bohnen, Gurken, Zucchini, Kürbis, Sellerie, Karotten und Rote Beete mit dem Zusatz von EMb und der Beimischung von EM-Salz herstellt, bemerkt, dass diese Kost sehr schnell fermentiert, einen volleren Geschmack hat und zudem eine stabilere Haltbarkeit aufweist.

Brot backen: Hefe oder Sauerteig zur Hälfte durch EMb ersetzen. Das Brot geht wunderbar auf, wird schön locker und sehr bekömmlich und bleibt lange frisch.

Gibt es etwas Besseres als frisches selbstgebackenes Brot?

EM für unser Innenleben

EM-Fermentationsgetränke** sind in einigen Ländern von der Behörde als Zusatz für Fruchtsäfte oder als Nahrungsergänzung zugelassen. Sie tun unserer allgemeinen Kondition gut und stärken wegen der hohen Anzahl von Antioxidantien die Immunkräfte. Die Fermentationsgetränke unterstützen Heilungsabläufe und stärken den Gesundungsprozess. In der Kombination mit Nahrungsergänzungen (solche mit natürlichen pflanzlichen Inhaltstoffen) werden diese besser aufgeschlüsselt und dadurch vom Körper leichter aufgenommen.

Im westlichen Kulturraum liegen noch zu wenige wissenschaftliche Arbeiten vor, um einen seriösen Nachweis für die Wirkung der Effektiven Mikroorganismen vorzeigen zu können. Doch die Forschungen in Japan und die Erfahrungen vieler europäischer Anwender würden – gesammelt und aufgeschrieben – ganze Bände mit positiven Erlebnisse füllen (Kapitel Erfahrungsberichte Seite 285).

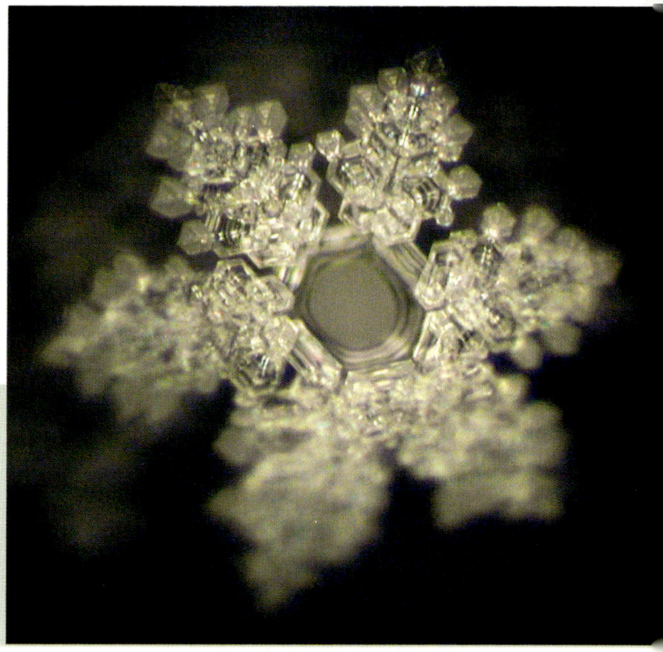

Aus einem Tropfen des Leitungswassers mit EM-Keramikpipe (im Foto auf der gegenüberliegenden Seite) hat sich dieser wunderschöne Wasserkristall gebildet.[2]

2 Braun, www.wasserkristall.ch

Die EM-Technologie bietet Alternativen

Die Welt von morgen gehört dem, der heute eine Vision hat.

Ja, die Effektiven Mikroorganismen sind nicht nur für den Hobbygärtner, den Tierliebhaber oder den Landwirt eine Hilfe. Sie machen sich auch in Gewerbe und Industrie auf vielerlei Art nützlich. Sie räumen auf, wo Verschmutzungen die Umwelt belasten, wirken auf viele Materialien antioxidativ ein und haben die ersten Einsätze im grossen Stil mit Bravour bestanden. Hier sind einige, aber längst nicht alle möglichen EM-Anwendungen genannt.

Anwendungs-Hinweise
Abkürzungen für EM-Grundmengen: Sie gelten immer, **wenn nichts anderes vermerkt ist.** Sie sind auf der hinteren Buchumschlagsklappe aufgeführt.

Gärtnerei

Es liegt nahe, dass die Effektiven Mikroorganismen vermehrt in Betrieben, die der Landwirtschaft verwandt sind, eingesetzt werden. Einige Betriebsleiter haben es gewagt, die EM-Technologie Schritt für Schritt einzuführen und sind erfolgreich.

Erdaufbereitung: Es hat sich bewährt, dass dem bisher verwendeten Substrat ein bis zwei Wochen vor Gebrauch Bokashi zugemischt wird. Üblich sind

- 20 kg Düngebokashi pro Kubikmeter Erde

Nach spätestens 14 Tagen ist das zugeführte Bokashi so weit vererdet und mild geworden, dass es den Jungpflanzenwurzeln nicht mehr schadet.

Gemüseanbau: Selbst empfindliche Gemüse wie Tomaten, Paprika oder Gurken wachsen ohne Krautfäule oder Mehltaubefall heran, wenn sie in Erdmischungen mit Bokashi wachsen dürfen:

- wöchentlich 15 ml EMa plus 10 ml EM-FKE auf 5 bis 10 l Wasser spritzen

Selbst Paprikapflanzen zeigen über die ganze Vegetationsperiode hinweg gesundes Laub vom Boden bis zur Triebspitze.

Topfpflanzen in Erdkultur: Mit der Beimischung von Düngebokashi wachsen die getopften Jungpflanzen besser als ohne Bokashi. Alle Nährstoffe werden verwertet, es entstehen keine Salzschäden, auf die z. B. Poinsettien sehr empfindlich reagieren. Die Pflanzen bleiben ohne Wuchshemmstoffe gedrungen. Die Blätter zeigen ein sattes

Oben: Diese besondere Gärtnerei hat mit biologischem Anbau und EM-Technologie erstaunliche Erfolge erzielt.

Mitte: Paprika, mit EM-Pflege angebaut, wächst üppig und gesund heran.

Unten: Mit reifem Bokashi-Zusatz in der Erde ist der Topfballen in kürzester Zeit durchwurzelt.

Cyclamenanzucht mit Ebbe-Flutbewässerung und EM-Einsatz kennt keine Pilzerkrankungen mehr.

Grün, das Wurzelwerk entwickelt sich unglaublich stark, und die Brakteen sind von grosser Leuchtkraft. Dem Giesswasser wird über ein Dosiergerät kontinuierlich EMa zugeführt. Weitere Dünger sind nicht nötig. Beim Kunden halten diese Pflanzen auffallend lange durch. Anscheinend sind ihnen mit den Effektiven Mikroorganismen grosse Widerstandskräfte mitgegeben worden.

Topfpflanzen im geschlossenen Kreislauf: EM kann in der Ebbe-Flut-Bewässerung sinnvoll eingesetzt werden. In diesem Anstauverfahren werden

- dem Wasser 2 Prozent EMa zugesetzt
- und bei Krankheits- oder Schädlingsbefall die EMa-Zugabe auf 5 Prozent erhöht

Die Pflanzen wachsen mit grosser Lebenskraft heran.

Imkerei

Imker wehren sich seit Jahren gegen die aus Asien eingeschleppte Varroa-Milbe. Den üblichen Mitteln gegenüber werden diese Milben immer resistenter. Biologisch arbeitende Imker setzen Oxalsäure* ein, die den Bienen nicht schadet. Kommt noch eine Behandlung mit einem EMb dazu, ist die pflanzliche Säure noch effizienter. Gleichzeitig erstarkt das Bienenvolk, weil es Zuckerwasser und Tränke mit EMb-Zugabe bevorzugt:

- 2 ml EMb pro 1 l Wasser
- Oxalsäure-Tabletten, mit EM-Keramikpulver gepresst, verdampfen ein besonders feines Aerosol
- Krankheiten wie Nosema, Amerikanische Faulbrut und Kalkbrut treten kaum mehr auf

Die Völker gehen gesund und stark in den Winter. Folglich müssen keine grosssen Verluste hingenommen werden, und es sind im zeitigen Frühjahr mehr «Arbeiterinnen» unterwegs, um rechtzeitig genug Pollen für die neue Brut zu sammeln.

Den Bienenstock innen und aussen immer wieder mit EMb behandeln. Ausserdem:

- Bei Arbeiten am Bienenstock anstatt Tabakrauch einen «Hauch» von 5 ml EMb auf 1 l Wasser über die Bienen und Waben zerstäuben

- Das Einflugloch mit EMb bestreichen, gewissermassen als EM-getränkte «Fussmatte», damit die Bienen keine Krankheiten von aussen in den Stock eintragen
- Anpflanzungen, die gezielt von Bienen aufgesucht werden sollen, gewinnen an «Anziehungskraft», wenn sie mit EML gespritzt werden

Die Bienen waren fleissig.

Alles zusammen stärkt die Widerstandskraft der Immen.

Tipp: Es wurde beobachtet, dass sich Schwärme häufig auf Bäumen niederlassen, die mit EM gepflegt werden. Warum nicht Ende Mai, wenn sich ein neuer «Bienenstaat» formiert, die nähere Umgebung der Stöcke mit EM besprühen? Die Schwärme bleiben dann eher auf dem eigenen Grund.

Fischzucht

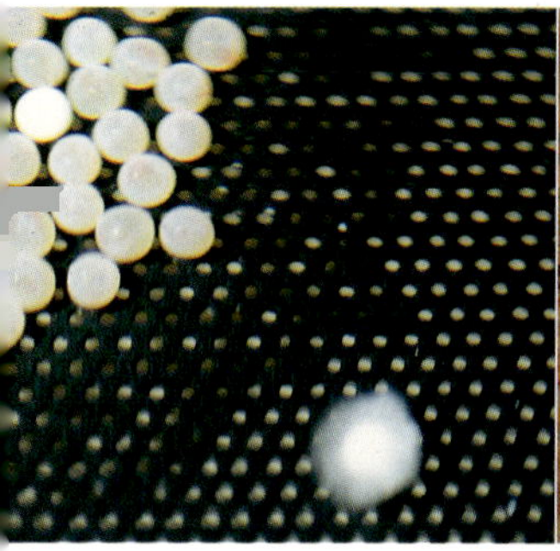

Vom Ei zum Fisch müssen viele Hürden genommen werden. Mit EM-Einsatz reduziert sich der Ausfall auf 10 Prozent.
Links: Ein einzelnes Ei mit Pilzbefall.

Köstlichkeiten aus dem Süsswasser, wie Forellen, Barsche, Karpfen, Welse oder Edelkrebse, sind auch im Zeitalter des überflutenden Konsums eine Delikatesse. Die meisten dieser Wasserbewohner, die auf unserem Teller landen, stammen nicht aus natürlichen Seen und Flüssen, sondern kommen aus Zuchtbetrieben.

Mit EM-Technologie sind die Fische wegen der guten Wasserqualität nicht so gestresst wie in vergleichbaren Zuchtbecken ohne EM.

Die EM-Technologie in stehenden Gewässern ist besonders effizient, weil die Effektiven Mikroorganismen reichlich organische Nahrung vorfinden und sich im Sediment aus Futterresten und Exkrementen niederlassen können. Bei kleinen Becken mit einem starken Fischbesatz

- 1 l EM pro Kubikmeter Wasser vor der Besetzung einrühren

- bei besetzten Becken die vorgenannten EM-Mengen vorsichtig in mehreren Etappen einführen

In grossen Teichen mit über 50 Quadratmeter Fläche und Bepflanzung:

- 1 l EM pro 10 Kubikmeter Wasser und 3 kg Diabas (feinstes Urgesteinsmehl) einrühren
- grosse EM-Keramikpipes in der Nähe von Wasserwirblern (zur Belebung des Wassers) platzieren. Die positiv schwingende Information der Keramik wird so überall hingetragen

Eine prächtige Forelle zieht ihre Kreise –, wie lange noch?

Anlagen mit fliessendem Wasser, wie es z.B. für die Forellenzucht nötig ist, können auch mit EM-Technologie bewirtschaftet werden, obwohl viele der Mikroben wegen des Durchflusses wieder abwandern. Haferstroh in Jutesäcken (mit einem Stein beschwert) bieten Nistplätze für die Effektiven Mikroben, sodass in den Anzuchtbecken doch immer noch eine gewisse Menge der Mikroben verbleibt.

Vorstreckanlage: in EM-geimpftem Wasser gedeihen Brütlinge sehr gut. Mit EM reduziert sich der übliche Ausfall von 30 Prozent bis auf 10 Prozent. In der warmen Jahreszeit jede Woche

- 500 ml EM pro 1 Kubikmeter Wasser zuführen

Aufzuchtteiche: Das Wasser 2 Wochen vor Besatz mit EM vorbereiten:

- 200 ml EM pro Kubikmeter Wasser einrühren

In manchen Käsereien besinnt man sich wieder auf eine natürliche Fussbodenhygiene durch Mikroorganismen; sie halten krankheitserregende Keime mit Hilfe von EM in Schach.

Hygiene in Käsereien und Brauereien

In den Alpkäsereien ging es früher nicht sehr steril zu. Die Hygiene besorgte da die Molke, die wie EM reich an Milchsäurebakterien ist. Mit Molke wurde alles gereinigt, und so hielt man pathogene Keime in Schach.

In einigen Käsereien werden die Keimzahlen in den Abwassergullis bereits mit EM weit unter der Toleranzgrenze gehalten, nachdem konventionelle Mittel nicht mehr gegen die resistent gewordenen Keime ankamen. In Österreich ist es erlaubt, den Schmierkäsebereich mit EM zu reinigen. Milch aus EM-Betrieben hat einen besonders guten, reinen Geschmack. Der daraus hergestellte Käse ist überaus beliebt.

Es gibt bereits Brauereien, die die Fussböden mit EM-Putzwasser sauber halten und so die hohen Reinhaltevorschriften erfüllen: Die Keimzahlen liegen unter den Grenzwerten. Andere Putzmittel sind nicht mehr nötig.

Gastronomie

Das Gastgewerbe ist ein Haushalt im Grossformat: Der Einsatz von EM ist auch hier auf vielen Ebenen möglich.

Die vielseitigen EM sind überall zu gebrauchen:

- der typische Gaststättenduft nach Biertheke und dickem Tabakqualm verschwindet, wenn in den Räumen täglich EML versprüht wird
- hartnäckige Nikotinniederschläge auf Vorhängen können mit EM-Zusatz in der Waschmaschine beseitigt werden
- Flecken von Rotwein, Kaffee oder Schokolade in der Tischwäsche sind mit EM-Einsatz kein Problem mehr. Aber Achtung: bei hellen Stoffen das braune EM nur stark verdünnt verwenden

In der Küche bewährt sich die EM-Technologie auf mehrere Arten:

- der Fettabscheider muss mit EM-Einlage nur noch sporadisch statt alle 6 Wochen geputzt werden und stinkt nicht mehr
- Klimaschränke duften nach der Reinigung mit EM-Putzwasser wieder frisch, es setzt sich kaum noch Schimmel an

Ein Problem ist der tägliche Gemüseabfall, der leider noch allzu oft in die Grünabfuhr wandert. Stattdessen könnte ein wunderbarer EM-Kreislauf entstehen: Der Gemüseabfall könnte bokashiert und dem zuliefernden Gemüseanbauer als wertvolle organische Substanz für seine Erde wieder zurückgegeben werden, aus der wiederum frisches Gemüse für das Restaurant heranwüchse.

Die Hygiene in den Toiletten lässt sich mit EM ebenso einhalten. Die Ideenpalette könnte noch mit weiteren EM-Einsätzen ergänzt werden, wie sie im Kapitel «Haushalt», Seite 267, aufgezeigt sind.

Auto, Autowaschanlagen und Ölabscheider

Die Waschanlage für grosse LKWs stinkt nicht mehr nach Chlor. Der Wasserwirbler (nach dem Prinzip von Schauberger) unterstützt die Wirksamkeit der Effektiven Mikroorganismen.

Die Effektiven Mikroorganismen fressen Schweröle und Fette weg. EM-Keramikpipes halten mit ihrer antioxidativen Wirkung Korrosionen auf, EM-Keramikpads verringern Elektrosmog. Diese Fähigkeiten werden schon in verschiedenen Erwerbszweigen genutzt.

Auto: EM-Keramikpipes im Motorraum sorgen für eine bessere Verbrennung und weniger Verschleiss der Materialien. Der Motor läuft ruhiger. Immer wieder wird berichtet, dass EM-Keramikpipes im Benzintank den Brennstoffverbrauch und auch Auspuffgase reduziert haben. Es ist aber riskant, einfach Pipes in den Tankstutzen einzufüllen. Für EM-Anwendungen am Auto sollte der Fachmann zu Rate gezogen werden.

Autowaschanlagen und Ölabscheider: Der Zusatz von Chlor im Abwasser belastet mit seinen Abgasungen die Mitarbeiter und führt zu ernsten Gesundheitsschäden. Mit EM und einer Wasserverwirbelungsanlage kann das Chlor ersetzt werden. Die Belastung durch die stinkenden Chlorgase entfällt.

Fauliger Schlamm und schimmelnde Wände sind die Folgen einer Überschwemmung. Hier kann EM bei der Gebäudesanierung besonders gute Resultate erzielen.

Gebäudereinigung und Wasserschäden

EM lässt sich sehr gut in die Serie der alternativen Reinigungsmittel einreihen. Bauschäden durch Wasser können mit EM saniert werden. Modergeruch und Schimmelbildung werden auf biologische Weise unterbunden.

Professionelle Gebäudereinigung: Im Grunde genommen läuft die gewerbliche Gebäudereinigung wie im Privathaushalt ab, nur geschieht alles im grösseren Massstab. Allerdings wird hier sehr viel mehr mit Reinigungsgeräten statt von Hand gearbeitet. Das ist für die Effektiven Mikroorganismen nur dann ein Problem, wenn per Wasserdampf mit mehr als 3 Bar gearbeitet wird und dieser hohe Druck die Mikroben zerstört. Das Klima in Räumen, die mit EM-Zusatz gereinigt werden, strahlt eine angenehme Atmosphäre aus. Der scharfe Geruch frisch gereinigter Teppichböden und Polster ist Vergangenheit.

Beton, mit EM und EM-Keramikpulver angereichert, weist eine hohe Dichte und Stabilität auf.

Wasserschäden an Gebäuden: Nach Überschwemmungen gleich welcher Art ist der Schaden gross. Modergeruch und Faulschlammgestank sind fast nicht auszurotten. Schimmelpilze und Salzausblühungen im Mauerwerk verschlimmern den Schaden. Sanierungsfirmen erreichen mit EM-Technologie, dass der belastende Geruch sofort weicht und Verpilzungen wirksam begegnet wird.

Bauwesen

Die EM-Technologie kann bei einigen Problemstellungen im Baugewerbe mit überraschend einfachen Lösungen aufwarten.

Beton: Statisch anspruchsvolle Bauten wie Brücken oder hohe Wände bleiben länger stabil, wenn dem Beton EM-Keramikpulver zugemischt wird. Soll der Beton besonders dicht sein und so wenig wie möglich Sauerstoff in den Poren verbleiben, damit Armierungseisen nicht so schnell verrosten, ist EM ein probates Mittel. Der Beton härtet schnell und sicher aus. Wegen der unterschiedlichen Reaktionen der Zemente kann keine Rezeptur aufgeführt werden. Die Dosierung muss im industriellen Herstellungsverfahren vorab ausgetestet werden.

Kleinere Wandschäden im Gebäude: Ausbesserungen mit Moltofill trocknen schneller aus, wenn

- 2 bis 3 Prozent EM-Keramikpulver zugesetzt werden

Der Gips wird härter und stabiler als ohne EM-Zugabe.

Ammoniak-Ausblühungen: Als Erstes die Ursache beheben, das heisst, die Wand möglichst mit biologischen Isolierungsmitteln vor der eindringenden Feuchtigkeit abdämmen. Dann die Ausblühungen immer wieder mit EML abbürsten und befeuchten, bis sie nicht mehr auftreten.

Hartnäckige Ammoniakausblühungen im Mauerwerk fleissig mit EM-Lösung abbürsten.

Wasserflecken: Mit EM besprüht, verschwinden die Flecken.

Algen und Vermoosungen am Betonmauerwerk: Alles abbürsten und mit EM oder EMa übersprühen. Es dauert lange, bis sich wieder Begrünung ansetzt. Dann den Vorgang wiederholen.

Putze trocknen rasch aus und sind bei einem Auftrag von bis zu 2 Zentimetern Stärke schon nach 2 Tagen durchgetrocknet und bereit für den Farbanstrich:

50 g EM-Keramikpulver pro 10 kg Putztrockenmasse untermischen

Die Zugabe von EM-Keramikpulver im Putz für Ruheräume auf 10 bis 30 ml/kg Trockenmasse reduzieren. Für Schlaf- und Ruhepausen könnten die Werte der Resonanzschwingung von EM-Keramik zu hoch ausfallen und die Ruhe suchenden Menschen zu sehr aktivieren.

Lehmputze sind wunderschön, aber auch sehr stossempfindlich. Sie könnten mit EM-Keramikzusatz stabiler werden.

Farben: Die ausgleichende Schwingung von EM wirkt sich auch auf das Raumklima aus. Die Oberflächenfeuchtigkeit bei Kalk- und Silikatfarben zeigt auf dem Feuchtemesser 0 Prozent an. Wände, die mit dem Zusatz von EM in der Farbe oder im Putz behandelt wurden, haben eine angenehme Feuchte von 30 bis 40 Prozent.

- Farben mit Zusatz von EM-Keramikpulver trocknen schneller aus. EM-Keramikpulver nicht direkt in die Farben einrühren, sondern vorher einsumpfen

Tipp: EM-Keramikpulverportionen nicht mit einem Metalllöffel in die Farben geben. Metall könnte die Schwingung der EM-Keramik ableiten.

Alles bereit zum Mischen: In den Folienbeuteln: graues und helles, feines EM-Keramikpulver.

Das EM-Keramikpulver «einsumpfen», dann sorgfältig in die gesamte Farbmenge einmischen.

Mitte: Besichtigung eines Holzverarbeitungsbetriebes, wo der unangenehme Leimgeruch durch EM-Technologie verschwunden ist.

Unten: Viele Versuche waren nötig, bis die Rezeptur mit EM-Zusatz stimmte.

Bei hellen Farben wird das rosafarbene, feinkörnige EM-Keramikpulver verwendet, weil mit dem grauen Keramikpulver in hellen Farben dunkle Pigmente erscheinen können. Bei Naturfarben können Zusätze von EM oder EMa die organischen Substanzen angreifen und die Farbzusammensetzung verändern oder schädigen.

Lasurfarben: pro Liter Farbe

- 50 ml EMa oder EM-Keramikpulver einmischen

Bei Lasurtechniken wird die Farbe mit der weichen Bürste in mehreren Schichten aufgetragen und verwischt. Hier ist die Beigabe von EM-Keramikpulver nicht so geeignet, weil die Farbe zu schnell auftrocknet.

Lehmfarben strahlen eine besondere Lebendigkeit und Vitalität aus. Mit EM-Einmischung, nach den Mondphasen ausgebracht, wird die wohltuende Ausstrahlung des Lehmes noch verstärkt.

Kontaktkleber: Aufgeklebte Bodenbeläge dünsten noch nach Monaten problematische Gase von Lösungsmitteln aus. Mit dem Zusatz von EMa trocknet der Kleber schnell auf, der Geruch bleibt weg. Es ist nicht ganz einfach, das wässerige EMa unter die zähe Klebemasse zu rühren.

Holzverarbeitung

Holz wird oft veredelt oder verleimt und mit allerlei Zusätzen «haltbar» gemacht. So gibt das an sich natürliche und gesunde Baumaterial manchmal belastende Ausdünstungen ab.

Ein Beispiel ist die Verleimung von Mehrschichtplatten: Der Leim aus Knochenmehl riecht penetrant und unausstehlich und ist eine enorme Belastung für die Mitarbeiter. Wenn EMa in den Leim eingerührt wird, verschwindet der Geruch.

Töpferwaren

Gefässe, die mit EM und EM-Keramikpulver in Ton und Glasur hergestellt werden, energetisieren und beleben das Wasser, wie die Biophotonenmessung* nach Prof. Popp bescheinigt. Der Schlicker*, mit dem Tonwaren geglättet und Einzelteile zusammengefügt werden, klebt wunderbar. Dieser Tonschlamm hält sich länger frisch und geht nicht so schnell in Fäulnis über.

Kommunale Einrichtungen

Es gibt Länder im ostasiatischen Raum, in denen die EM-Technologie von der Regierung unterstützt oder sogar verordnet wird. In Europa gilt die Gemeinde Sand in Taufers im Südtiroler Ahrntal als Vorzeigeprojekt, weil die ganze Kommune seit 2002 EM umfassend einsetzt. Die aufgeführten Beispiele aus diesem Ort können als Anregung und zur Nachahmung dienen:

Die Grünabfuhr reift, mit EM aufbereitet, zu wertvollem Düngebokashi heran.

Der Gemeindekompost aus der Grünabfuhr wurde von den Einwohnern kaum genutzt. Seit die Grünabfallmieten mit EMa bearbeitet und übersprüht werden, gibt es wegen des Geruchs keine Reklamationen mehr. Die Mieten vererden sehr schnell und brauchen in den warmen Monaten nur noch die halbe Zeit zur Reifung. Der bokashierte Kompost findet reissenden Absatz, weil die Einwohner realisierten, dass damit gedüngte Gemüse und Blumen einfach besser wachsen.

EMa für alle: Wer Grünabfälle bringt, bekommt dafür EMa. Das wird für die allgemeine Haushaltsreinigung verwendet und über die Gemüseabfälle gesprüht. Bereits so vorbehandelt, gelangt die Grünabfuhr zurück zur kommunalen Kompostierung.

Sport- und Grünanlagen werden mit EM-Giesswasser und Bokashi gepflegt.

Mitte: Herbstaspekt des Freibades.

Unten: Sickerwasserbecken des EM- Müllplatzes. Das Wasser «lebt», nirgends eine Spur von Geruch (Vietnam).

Freischwimmbad: Die Gemeinde erstellte ein grosszügig angelegtes öffentliches Freibad (Schwimmteich mit Pflanzenklärung). Die Klärung reichte schon nach kurzer Zeit nicht aus. Mit EM-Keramikpipes im Zulauf und in der Pumpenkammer und mit EM-Zusatz in der bepflanzten Zone wurde das Wasser wieder klar und die Keimzahlen unter die Grenzwerte gesenkt.

Reinigung der öffentlichen Anlagen: Alles wird nur noch mit EM-Zusatz sauber gehalten.

Kläranlagen und Müllabfuhr

In vielen Ländern der warmen Klimazonen werden Kläranlagen und Müllhalden mit der EM-Technologie bearbeitet. Die Umwesung geht dort sehr rasch vonstatten. Auch in den gemässigten Zonen Europas ist es durchaus möglich, die EM-Technologie einzusetzen, wie Professor Higa in seinen Schriften immer wieder betont.

Je drei Weidenruten wurden zum Torbogen gesteckt und mit einer Prunkwinde bepflanzt. Nur die rechte Seite bekam EM, die linke nicht. Nach zwei Monaten: Links blieben die Ruten kahl, die Winde klein. Rechts trieben die Ruten frisches Grün, die Winde entwickelte sich prächtig.

Erfahrungen, Ideen und Tipps mit EM

Menschen sind wie die Mikroben ein Teil der Schöpfung und sollten sich dem Zusammenwirken aller Teile widmen.

Was die Effektiven Mikroorganismen bewirken können, erscheint auf den ersten Blick einfach unmöglich und nicht sehr glaubhaft. Wer sich aber mit der EM-Technologie auseinandersetzt, merkt, dass diese Mikrobenmischung eben doch allerhand fertig bringt. Ganz schöne Erfahrungen, «Aha»-Erlebnisse und freudige Überraschungen kommen da zum Vorschein, wenn Anwender von ihren Arbeiten mit den Effektiven Mikroorganismen erzählen oder Ideen ausprobierten.

Die nachfolgenden Berichte sind Erfahrungen von EM-Anwendern, die nicht überprüft oder wissenschaftlich begleitet wurden. Sie konnten aus diesen Gründen auch nicht in die vorgängigen Anwendungs-Kapitel aufgenommen werden.

Körperpflege von A bis Z

Die Wirkung der EM-Fermentationsgetränke liegt im Abbau der freien Radikale, im Aufbau von Antioxidanzien und in der durchgreifenden Verbesserung der Darmflora. Das bedeutet Unterstützung zur Gesundung des gesamten Organismus in vielen pathologischen* Bereichen. EM-Keramik unterstützt aufbauende Kräfte. Nachfolgend einige Auszüge aus Berichten:

Allergien: Hautausschläge mit EMb-Umschlag lindern. Menschen, die an MCS (Multiples Chemikalienunverträglichkeitssyndrom) leiden, gewinnen an Lebensqualität, wenn sie ihre Wohnräume, Textilien und Möbel mit EM einsprühen. Ausdünstungen von Wohngiften werden erfolgreich gemindert.

Atemwegserkrankungen mit EMb oder EMg «weggurgeln», die ausgetrockneten Schleimhäute verschnupfter Nasen mit EMb oder EMg spülen oder anfeuchten. Das legt die Nase frei. Die Nasenflügel entzünden und verkrusten nicht.

Chemotherapien und Bestrahlungen sollen durch EM-Unterstützung stärker wirken und besser vertragen werden: EMg oder EMb, je nach Verträglichkeit, oder auch beide kombiniert in Wasser verdünnt oder in Fruchtsäften einnehmen.

Darmprobleme: Viele Menschen berichten von sehr guten Erfolgen, wenn EMb zur Unterstützung der Darmflora eingesetzt wird.

EM-Keramikketten und Armbänder geben kraftvolle Energie ab, wirken ausgleichend und bauen Stress ab.

Die riesigen Fermentationstanks der Produktionsstätte für EMg in Japan beeindrucken.

Die Energieausstrahlung von EM-Keramik stärkt und entspannt.

Anwendungs-Hinweis
Abkürzungen für EM-Grundmengen: Sie gelten immer, **wenn nichts anderes vermerkt ist.** Sie sind auf der hinteren Buchumschlagsklappe aufgeführt.

EM-Fermentationsgetränke

Diese EM-Form gibt es in verschiedenen Zusammensetzungen. Sie sind als Nahrungsmittelergänzung oder als Zusatz zu Erfrischungsgetränken zugelassen. Aus Gründen der Neutralität, die dem Anwender überlässt, welches EM-Fermentierungsgetränk ihm zusagt, wurde auf die Nennung der einzelnen Produkte verzichtet:

1. **Ohne Mikroorganismen.** Die werden herausgefiltert. Ihre Energie bleibt aber erhalten. So wirkt dieses Fermentationsgetränk sehr stark als «Aktivator» auf Antioxidantien ein. Dieses Filtrat hat eine goldgelbe Farbe und ist beinahe geschmacksneutral. Es besteht aus Reiskleie, Seetang und Wasser und wird in 500-ml-Flaschen angeboten. Der Einfachheit halber wird es abgekürzt zu
EMg = **g**oldfarbenes **EM**-Fermentationsgetränk

2. **Mit Mikroorganismen, Hefen und Pilzen,** Zuckerrohrmelasse und Kräuterauszügen unterstützt es die Darmflora. Es hat wie EM eine dunkelbraune Farbe. Das Fermentationsgetränk riecht und schmeckt wie EM auch ähnlich süsssäuerlich. In den Berichten wird diese Art EM der Einfachheit halber abgekürzt zu
EMb = braunes **EM**-Fermentationsgetränk

Beide EM-Fermantationsgetränke können auch zur Einnahme miteinander kombiniert werden.

Für die Einnahmemengen gibt es keine Rezepturen, sondern nur Empfehlungen. Die Erfahrungen haben gezeigt, dass vom Verdauungsapparat anfangs kleine Mengen besser verarbeitet werden, bis sich der Körper auf EMg oder EMb eingestellt hat. Wer zuvor noch nie ein EM-Präparat eingenommen hat, sollte langsam und mit kleinen Mengen (von Tropfen bis zu einem Teelöffel) beginnen und darauf achten, wie es vertragen wird:

- Anfangs ein paar Tropfen oder 1 Teel. bis zu dreimal täglich, pur oder in Wasser verdünnt, je nach Bedarf und Verträglichkeit.
- Nach ein paar Tagen kann die Dosierung auf 1 Essl. pro Gabe erhöht werden (bis zu 60 ml pro Tag). Bei guter Verträglichkeit und je nach Bedürfnis auch mehr.

EM-Ring in der Hosentasche: Die Schwingungskraft harmonisiert und beruhigt. Wie es beim Tier zu beobachten ist, soll EM auch auf den Menschen ausgleichend einwirken. Es kann Aggressionen abbauen und die Bereitschaft zur Akzeptanz erhöhen sowie auch Toleranzgrenzen im Miteinander erweitern.

Fusspilz: Gummistiefel mit EM bis auf Knöchelhöhe füllen und 3 bis 4 Stunden einwirken lassen. Dann ausleeren und ausspülen und EMb einfüllen, aber nur 1 bis 2 Zentimeter hoch. Diese vorbereiteten Gummistiefel mit nackten Füssen 1 bis 3 Stunden tragen. Die Hornhaut lässt sich danach sehr gut ablösen, unter der auch Pilzgeflecht nistet, das sonst nicht erreicht wird. Weitere Vorbeugung: Schuhe innen immer wieder mit EMb einsprühen.

Fussschweiss: Füsse in verdünntem EMb baden, Schuhwerk innen mit EML einsprühen.

Haare: Nach Einnahme von EMg oder EMb wächst im bereits ergrauten Haarschopf wieder das ursprünglich dunkle hervor, in neuer Fülle und Dicke und mit schönem Glanz.

Hautreizungen, Ekzeme: Mit EMb die angegriffenen Hautstellen mehrmals täglich benetzen und an der Luft abtrocknen lassen. Zusätzlich EMg oder EMb einnehmen.

EM kann die Fusshygiene wirksam unterstützen.

Ein kleines Sprühfläschchen mit EMg oder EMb in der Tasche ist jederzeit zur Hand und leistet bei vielen kleinen Notfällen erste Hilfe.

Herpes und Aften an den Schleimhäuten: z.B. Lippenbläschen rechtzeitig mit EMb betupfen, sobald die Bläschenbildung zu spüren ist. Meistens verschwinden sie sofort wieder oder entwickeln sich nicht so heftig. Die Heilung verläuft sehr schnell und ohne Juckreiz. Aften in der Mundhöhle ebenso mit EMb einstreichen.

Immunkräfte stärken: EMg und EMb eingenommen oder EM-Keramikpipes auf der Haut getragen, unterstützt die natürlichen Abwehrkräfte. Diese EM-Formen bauen ein Übermass an Freie Radikale ab und fördern Antioxidantien.

Insektenstiche: Wenn möglich sofort EMb auftupfen. Schwellungen bleiben gering oder treten überhaupt nicht auf. Die Einstichstelle juckt nicht bzw. lässt sich mit etwas EMb schnell beruhigen. Die Behandlung öfters wiederholen.

Magen- und Darmverstimmungen kommen mit einem Schluck EMb oder EMg pro Tag und Mahlzeit wieder ins Gleichgewicht.

Nagelbettentzündungen: Solange die Entzündung noch geschlossen ist, lindert EM. Bricht das entzündete Gewebe unter

Insektenstiche: Immer wieder mit EMb betupft, verschwinden Juckreiz und Schwellungen.

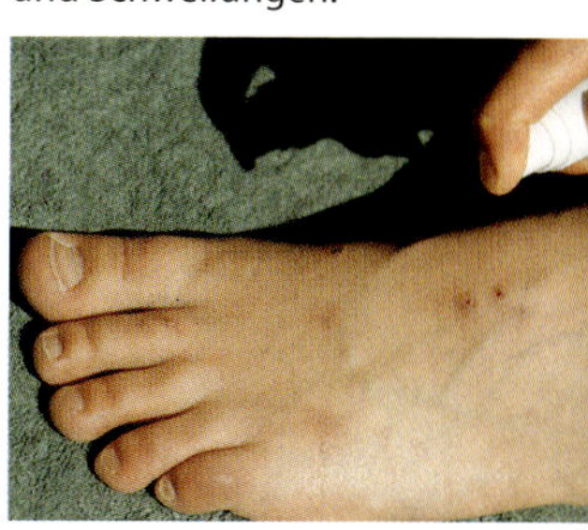

Eiterdruck auf, kann EM besser einwirken und die Heilung beschleunigen.
Sonnenbrand wird, mit EMb oder EMg übersprüht, sofort beruhigt und heilt rasch aus.
Ein Vollbad mit EM erfrischt und schenkt neue Energie.
Wadenkrämpfe: Bei nächtlichen Krämpfen in den Beinen, oder wenn die Beine oder Arme einschlafen: EM-Keramik-Armbänder um Hand- oder Fussgelenk legen (muss ausprobiert werden).
Wundbehandlung: Schürfungen und Schnittwunden mehrmals mit EMb betupfen. Es verhindert dicke Wundränder oder Entzündungen. Bei Schürfungen wird der Lymphfluss sofort gestillt, es bildet sich nur eine dünne Schorfkruste. Narben verheilen glatt und schön. Das Beste daran: Wundschmerzen klingen sofort ab.
Zahnfleischentzündungen, Zahnbehandlungen: Auch hier unterstützen die Effektiven Mikroorganismen den Verlauf der Heilung. Es gibt schon einige Zahnärzte, die EMg und EMb erfolgreich einsetzen. Mundspülung vor dem Zubettgehen mit EMg und nicht mit EMb. Das sauer wirkende EMb könnte auf Dauer den Zahnschmelz angreifen. Bei Entzündungen und zur Wundheilung nur die entsprechenden Stellen mit EMb betupfen.
Zahnschmerzen («Lochschmerzen» und Entzündungen) werden mit EMb gelindert.

Es wird immer wieder erzählt, dass Menschen einfach das normale EM einnehmen. Das tun sie auf eigene Verantwortung, denn dieses EM ist nicht für den menschlichen Genuss zugelassen. In den Berichten werden deshalb alle Anwendungen bei Menschen und Tieren mit EMg oder EMb aufgeführt. Die Erfahrungen wurden in Kurzform und ohne Namensnennung in Sachgruppen zusammengefasst

Tierpflege

Hier scheinen die Effektiven Mikroorganismen genau die gleichen Wirkungen zu erzielen wie beim Menschen. Wenn unsere Lieblinge erkrankt sind,

- etwas EMb einflössen. Wenn das Tier EMb im Trinkwasser ablehnt, mit etwas Apfelsaft verdünnen oder EMg geben
- Futterbokashigaben pro Tag bis auf 10 Portionen erhöhen.

Antibiotika: Seit EM-Einsatz im Stall und im Futter kann auf Antibiotika verzichtet werden. Treten trotzdem mal Krankheiten auf, werden die Tiere mit Naturheilarznei oder homöopathischen Mitteln behandelt. Die Tierarztkosten konnten massiv gesenkt werden.

Augenentzündungen: Die Augen brennen und jucken, Das Tier reibt sich ständig und verschlimmert die Situation. Fliegen werden lästig, weil sie von den eitrigen Tränen angelockt werden. Mit EMb-Waschungen bleiben die Fliegen weg, der Juckreiz wird augenblicklich gestillt, die Entzündung heilt ab. Das Tier wird wieder ruhiger.

Eitrige Entzündungen: Das Euter bei Ziege und Kuh ist nach der Erstgeburt sehr anfällig für eitrige Entzündungen. Gute Erfahrungen wurden mit einer Paste aus Tannenharz und Schweinefett als Zugsalbe gemacht. Erst wenn sich die Eiterbeule öffnet und der Eiter abgeflossen ist, zur Wundheilung EMb aufsprühen.

Erkrankungen der Luftwege entstehen häufig durch Staub und Ammoniak-Ausdünstungen, vor allem Pferde sind sehr empfindlich. Im Stall den Luftraum, den Boden und die Wände immer wieder mit EML einsprühen. So können die Effektiven Mikroorganismen das giftige und stinkende Ammoniak in die milde, ungiftige Aminosäure umarbeiten. Dadurch verschwindet eben auch die «typische Landluft».

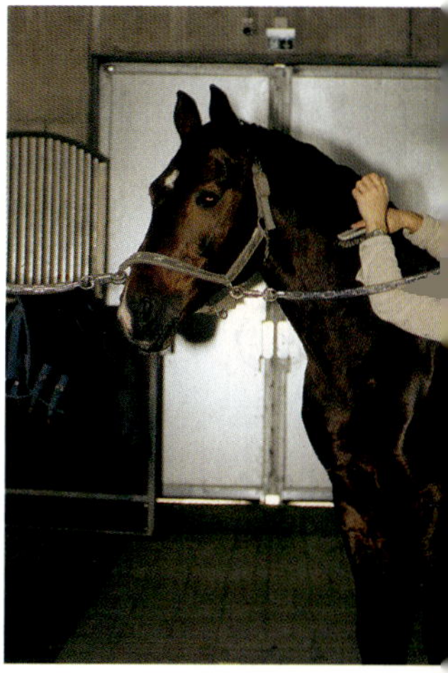

Ein Merkmal für Gesundheit ist beim Tier das glänzende Fell.

Fellpflege wird einfacher, weil das Haar weniger stark verfilzt und mit seidigem Schimmer gesund und stark nachwächst. Pelztierfarmen in Dänemark erzielen höchste Preise wegen der hervorragenden Pelzqualitäten mit wunderbarem Lüster auf dem Fell.

Durchfälle sind bei Jungtieren in der Futterumstellungsphase sehr häufig und schwächen das Tier. EM-FKE oder EMb, ins Maul gespritzt, hilft rasch.

Dem Katzenbaby werden gegen Durchfall ein paar Tropfen EMb ins Maul gespritzt.

Gebärmutterspülungen mit EMb nach Geburten bannen die Gefahr für «Kindbetterkrankungen» der Muttertiere.

Hautparasiten, Entzündungen und Ekzeme: Befallene Stellen mit EM betupfen.

Hohe Milchleistung bei Ziegen, bis zu 8 l pro Tag. Für die sehr gesunde Ziegenmilch aus einem EM-Betrieb wird von Privatkunden ein höherer Preis bezahlt, weil sie so gut schmeckt.

Huferkrankungen, die bis zum Tod der Tiere führen können, wurden mit EM erfolgreich behandelt und gerettet.

Prächtige, EM-gepflegte Ziegen liefern feine Milch in grossen Mengen.

Hufrehe: Im Frühjahr ist der Fruktangehalt* des Frischgrases sehr hoch und kann bei Pferden die sehr schmerzhafte Grasrehe auslösen. Mit EM im Futter und EM-Keramik in der Tränke wird die Konstitution der Pferde allgemein gestärkt und die Bereitschaft für Huferkrankungen herabgesetzt.

Koliken durch minderwertige oder falsche Futterrationen führen oft zum Tod. Hier eine besonders dramatische Geschichte: Eine sehr wertvolle Zuchtstute hatte sich wegen einer heftigen Kolik stundenlang vor Schmerzen gewälzt, sich dabei tiefe Schürfungen an Schul-

Wenn Vögel «Federn lassen» deutet es auf einen Mineralstoffmangel hin.

Die Platzwunde über dem Auge war nach einer Woche schon verheilt.

Bequem: Einen Sommer lang Zinnenblüten auf Brusthöhe schneiden.

tern, Hüften und Nasenbein zugezogen und bis auf die blanken Knochen aufgerieben. Das Tier war völlig erschöpft und konnte sich nicht mehr auf den Beinen halten.

Es sollte vom Tierarzt von seiner Qual erlöst werden. Aus der Nachbarschaft kam Hilfe: Als allerletzte Hoffnung wurde dem todgeweihten Tier ein Liter EMb eingeflösst. Innerhalb einer Stunde stand die Stute wieder auf ihren Beinen und erholte sich sehr schnell. Die Wunden wurden ebenfalls mit EMb gepflegt und schlossen sich rasch: Nach 10 Tagen wuchs bereits das Fell nach. Man merkte dem Tier die vorangegangene Strapaze nicht mehr an.

Mineralstoffmangel: Das Federpicken bei den Hühnern oder in der Vogelzucht und der Kanibalismus bei den Schweinen hören auf, wenn EM dem Futter und der Tränke zugegeben und der Stall mit EM gereinigt wird. Offensichtlich werden Mineralien im Futter mit Hilfe der Effektiven Mikroorganismen besser aufgeschlossen.

Verletzungen: Platzwunden und Quetschungen verheilen mit EMb-Behandlung sehr rasch. Eine Paste aus EM und EM-Keramikpulver ist ein heilsamer Wundverschluss. Eine Hündin hatte sich eine schlimme Schnittwunde an der Pfote zugezogen. Die Wunde wurde mit EMb betupft und mit EMb-Umschlägen verbunden. Kurz danach frass das Tier etwas Unverträgliches und musste spucken. Bei der EMb-Behandlung der Verletzung erbettelte es sich regelrecht etwas EMb zum Schlucken. Offenbar hatte die Hündin erkannt, dass die Effektiven Mikroorganismen, nicht nur äusserlich angewendet, eine wunderbare Sache sind.

Wurmkuren: EM gepflegte Tiere werden seltener von Parasiten befallen. Die belastenden Wurmkuren sind nur noch halb so oft nötig.

Vogelgrippe in Thailand: Es ist bekannt, dass viele Hühnerfarmen ihren gesamten Geflügelbestand vernichten mussten. Keiner der Geflügezuchtbetriebe, die mit EM arbeiten, waren von dieser Aktion betroffen, weil bei ihnen die Vogelgrippe nie aufgetreten ist.

Garten

Krautfäule: Tomaten wurden vorbeugend jede Woche mit EM5 und EM-FKE (25 ml pro 5 bis 10 l Wasser) gespritzt. Die jedes Jahr auftretende Krautfäule an den Tomaten war verschwunden. Saatkartoffeln vor dem Pflanzen mit EM+U einstäuben.

Zinnien und Astern bekommen schnell Mehltau und andere Pilzerkrankungen. Schnecken lieben junge Zinnientriebe. Mit Bokashi im Boden und mit EM gegossen, gibt es kaum noch Ausfall. Mittelgrosse Zinnien (bis 80 cm hoch) wuchsen bis auf 1,30 Meter heran.

Wasser

Teich mit natürlicher Speisung: Das Wasser enthielt vom Jaucheeintrag aus der Landwirtschaft viel Stickstoff. Goldfische und Kois, Schleie und Moderlieschen im Teich trugen ihren Anteil dazu bei, dass sich bei diesem Stickstoffüberangebot ein dicker Algenteppich ausbreiten konnte, der sich auch nicht verkleinerte, wenn täglich ganze Karretten voll abgefischt wurden. Alle bisher möglichen Massnahmen halfen nicht. Erst als der Landwirt sein Abwasserproblem sanierte und Naturschwämme, vollgesaugt mit EM, als Ankerplatz für die Mikroben abgesenkt wurden, verschwanden die Algen, das Wasser bleibt seither klar, wenn immer wieder EM nachgegossen wird, denn ein grosser Teil der Mikroben wird durch den natürlichen Ablauf in den Bach wieder weggeschwemmt.

Mit EM «zu klaren Verhältnissen» gekommen.

Landwirtschaft

Dieselöltank: Ein grosser EM-Keramikring im Tank nimmt den aufdringlichen Dieselgeruch. Die Motorgeräte stinken nicht mehr. Der Russpartikelausstoss sinkt erheblich, weil der Kraftstoff besser verbrennt.

Heuernte: Das Heu wird bei der Bergung mit EMa besprüht. Trotz der Feuchtigkeitszufuhr erhitzt es sich nicht. Das Gras wird auch beim Eingrasen mit EM behandelt. Das Ergebnis der Dürrfutteranalyse fällt mit besten Werten auf.

Gras, das mit EM-Gülle gedüngt wurde, zeigt hohe Werte in der Dürrfutteranalyse auf.

Erdbeeranbau: Bei Neupflanzungen den Wurzelballen mit EM anfeuchten, Nach Pflanzung mit EMa giessen. Alles wächst gut heran. Bothritis* ist kein Thema mehr.

Organische Masse für den Boden: Getreide mit Kleeeinsaat in breiten Reihen liefert viel organische Masse. Der Klee wird mehrmals mit kleinen Rasenmähern – an einem Anbaurahmen in einer Reihe nebeneinander montiert – gemäht und mit EMa übersprüht. Dieses Mähgut wird sehr schnell abgebaut und steht dem Boden und dem Getreide wieder zur Verfügung. Aus magerem, sandigem Boden wurde fruchtbare Erde, die sehr gut Wasser halten kann und nicht verdichtet ist.

Gehaltvoll: Der Saft aus diesen EM-Äpfeln kann mehrfach verdünnt werden und schmeckt dann immer noch herrlich.

Saatgut aus EM-Anbau läuft früher auf. Das ist bei Getreide (2 Tage eher) und auch beim Ackersalat (bis zu 8 Tagen früher) beobachtet worden.

Wasserspeicherung im Boden: EM hilft, die Wasseraufnahmefähigkeit des Bodens zu steigern. Im Frühling beginnt ein Landwirt und Obstanbauer mit EM-Behandlung und spritzt bis in den Sommer regelmässig EMa. Er versorgt den Boden aussserdem mit Bokashi und bedeckt ihn mit Mulch. Im Sommer trocknet der

EM-Keramikpipes im Gemüsefach oder in Tupperware hält den Inhalt taufrisch.

Mit EM-Keramikpipes im Ölfilter wird der CO_2-Aussstoss verringert.

Boden nicht so rasch aus. Dafür steigt die Trockensubstanz der Äpfel; denn «Tiere und Menschen brauchen ja nicht Wasser vom Feld (gemeint war aufgeblähtes Gemüse), sondern Stärke und Eiweiss». Der Obstsaft ist so gehaltvoll und süss, dass er sehr begehrt ist.

Haushalt

Haltbarkeit von Frischkost erhöhen: Käse und Wurstwaren, Früchte und Gemüse, Speisereste und vorbereitete Menüs bleiben im Kühlschrank länger frisch, wenn in ihrer Umgebung EM-Keramikpipes ausliegen, am besten als Kette aufgefädelt.

Heizöl sparen: In Ölheizungsanlagen können EM-Keramikpipes im Ölfilter eingelegt werden. Der CO_2-Ausstoss wird deutlich heruntergesetzt.

Holzpelletsöfen: Um den Brennertopf einen Ring aus Keramikpipes legen, auf Draht gefädelt. Den Brennerraum mit EM aussprühen. Russablagerungen verschwinden, der Wirkungsgrad der Verbrennungsleistung erhöht sich.

Neue Möbel, Ledersofas, Teppiche: Mit Farben und Behandlungen für die Haltbarkeit ausgerüstet, geben neue Wohnutensilien viel Wohngifte ab. Immer wieder mit EM-Lösung sprühen.

Obstfliegen: Überreifes Obst und Faulstellen an Früchten sind unwiderstehlich für Obstfliegen. Sie verschwinden, wenn die Früchte mit EM benetzt werden. Ebenso gesammelte Gemüseabfälle, die noch eine Weile in der Küche bleiben und nicht gleich bokashiert werden, sofort mit EM übersprühen.

Vorsicht bei hellen Ledersofas, Teppichen oder anderen Materialien: EM kann wegen der braunen Farbe Flecken hinterlassen.

Wäsche und EM: EM-Keramikpipes, lose in einem Socken oder in einem Säckchen eingebunden, zerbröseln mit der Zeit. Auch der Stoff verschleisst durch die scharfen Pipekanten schnell, wenn die Pipes im Waschgang ständig durcheinander gewirbelt werden. Pipekrümel können beim Abpumpen in die Pumpe geraten und sie beschädigen

Tipp: **Ein Pipe-Kissen schont die Wäsche,** die Waschmaschine und die EM-Keramikpipes. Weil durch die Zwischenknoten die Pole der Pipes getrennt sind, kann die EM-Keramik ihre volle Wirkung entfalten:

- Ein Stück helles Baumwollfrottée auf 12 x 24 cm zuschneiden
- 20 EM-Keramikpipes auf eine Schnur mit Zwischenknoten wie abgebildet auffädeln (grüne Linie)

- Die Pipekette auf einer Hälfte des Stoffstückes platzieren (feststecken). Die zweite Hälfte des Stoffstückes über die Pipes klappen
- Mit der Nähmaschine eine Naht zwischen jede Pipereihe steppen (rote Linie). Obere und untere Stoffhälfte (mit den aufgenähten Pipes) zum geschlossenen «Pipekissen» zusammennähen (rote Linie aussen herum).

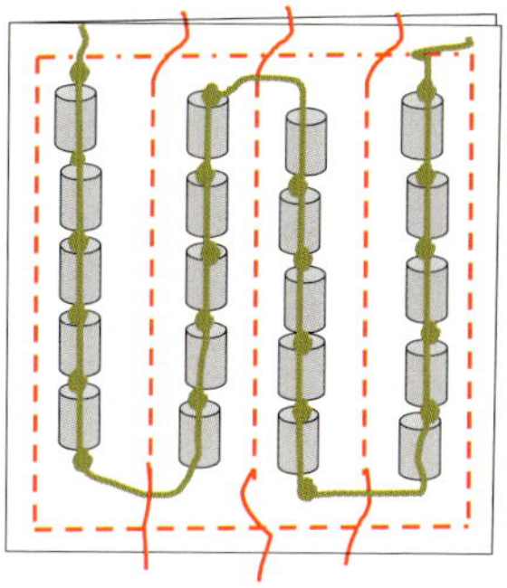

Die Waschmaschine braucht pro Hauptwaschgang etwa 40 l Wasser und somit auch 40 EM-Keramikpipes, deshalb zwei EM-Keramikpipekissen anfertigen.

Gewerbe

Autowaschanlagen: Mit Zuführung von EMa ins Waschwasser kann die Dosierung von Reinigungsmitteln und Pflegewachs reduziert werden. Das entlastet die Umwelt. Trotzdem glänzen die Autolacke und bleiben lange sauber. Die Reinigungsbürsten der Anlagen wetzen sich nicht mehr so schnell ab.

Mit EM ist eine umweltfreundliche Autopflege möglich.

Hygiene in Käsereien: Es gab Probleme mit Keimen, die aus dem Abflussgulli aufstiegen und sich durch die nassen Böden immer wieder stark vermehren konnten. Kein Mittel half dauerhaft. Seit die Fussböden und der Abfluss mit EMa sauber gehalten werden, gibt es keine Probleme mehr. Die Keimzahlen sehen wieder gut aus.

Imkerei: Die Bienenschwärme liessen sich jedes Jahr auf dem höchsten Obstbaum der Umgebung in den obersten Kronenteil nieder. Die Bergung des neuen Volkes gestaltete sich äusserst schwierig und war immer ein gefährliches Unternehmen. Ende Mai spritzte die Imkerin EML in die niederen, noch jungen Obsthalbstämme am Bienenhaus. Prompt setzte sich die Bienenkönigin mit ihrem Volk im Halbstammobst ab. Der Schwarm konnte bequem abgenommen werden. Ein anderer Imker pflegt seinen kleinen Garten und die Blütenbäume darin mit EM. Ihm flogen in einem Jahr 18 fremde Bienenvölker aus der Umgebung zu. Er wurde also im Handumdrehen um 18 Völker reicher. Die energetische Ausstrahlung von EM muss wohl auf die Bienen unwiderstehliche Anziehungskraft ausüben.

«Wenn der Löwenzahn blüht, ist' s Zeit für den Hochzeitsflug».

Industriefette: Photosynthesebakterien bevorzugen Schweröle und Fette und bauen sie ab. Auch in Fleischverarbeitungsbetrieben oder bei Ölpressungen (Oliven, Sonnenblumenöl) ist die Entsorgung der öl- und fetthaltigen Abfälle mit einer EMa-Behandlung weniger problematisch. Das Abwasser eines Olivenöl-Herstellers war in der Kategorie des Verschmutzungsgrades hoch eingestuft und konnte um 2 ganze Werte auf «leichte Verschmutzung» verbessert werden, nachdem der Oliventrester* mit EM behandelt wurde.

EM-Kläranlage mitten im Wohngebiet: Keiner wollte mehr wegen des Gestankes hier wohnen. Inzwischen verwenden fast alle Haushalte EM, sodass bereits EM-geimpftes Abwasser in die Becken gelangt (Thailand).

Kläranlagen: Die Wasserreinigungskraft der Effektiven Mikroorganismen ist enorm und wird in verschiedensten Bereichen bereits genutzt. Was erstaunlich ist, dass in den Berichten betont wird, wie schnell und effizient die Klärung mit EM möglich ist. In den Becken sinkt der Klärschlammanteil von 100 auf bis zu 10 Prozent. Da die Entsorgungskosten des belasteten Sediments sehr hoch sind, wirkt sich die 90-prozentige Verringerung des Sedimentes auch auf die Finanzen günstig aus. In warmen Klimazonen läuft die Wasserklärung sehr rasch ab. In den mitteleuropäischen Ländern geht es wegen der niedrigeren Temperaturen nicht so rasant, aber es funktioniert auch hier.

Pelztierfarmen: Diese Farmen liegen ausserhalb von Wohngebieten, weil die Geruchsbelästigung nicht zumutbar ist. Seit der Umstellung des Betriebes auf Tierhaltung mit EM stinkt es nicht mehr «zum Himmel»: Das Fell der Tiere hat einen brillanten Glanz.

Mit EM-Keramikpipes im Frittenöl muss das Öl weniger oft gewechselt werden.

Restaurant- und Grossküchen: EM-Keramikpipes halten das Frittieröl länger frisch. Esswaren in Klimaschränken oder Torten in gekühlten Vitrinen bleiben mit EM-Keramikpipe-Einlagen länger haltbar.

Eine Spezialgärtnerei für Gardenien in Dänemark hat ein Pilotprojekt mit EM trotz der schwierigen Kultur konsequent und sehr erfolgreich durchgezogen. Das könnte andere Pflanzenproduktionsbetriebe ermutigen.

Basilikum vom Frühling bis zum Herbst: Normalerweise lässt Basilikum in seiner Wuchsleistung nach wenigen Schnitten nach. Bei der Kulturführung mit EM war selbst im Herbst noch eine gute Ernte möglich. Die Pflanzen standen im September immer noch in voller Kraft da.

Riesenkürbis, bis zum Herbst ohne Mehltau.

Saatzucht: Die Züchtung von Riesenkürbis setzt gesundes Ausgangsmaterial voraus. Nach EM-Einsatz blieben die Blätter der Samenträgerpflanzen bis in den Herbst gesund und vital und ohne den üblichen Mehltaubefall.

(Un)krautprobleme: Tritt ein Beikraut in Massen auf, ist der Boden nicht im Gleichgewicht. Eine Jauche von dem Kraut machen, dass verschwinden soll. Nach drei Wochen mit dieser Jauche auf das Beet spritzen, auf dem vorher dieses Beikraut stand. Die Masseninvasion weicht, selbst das hartnäckigste (Un)kraut geht zurück, weil der Erde das zurückgegeben wurde, was sie dringend für ihren Ausgleich braucht. Dabei unterstützen die Effektiven Mikoorganismen diesen Vorgang mit ihrer Umwesungsarbeit.

Mit den Effektiven Mikroorganismen und der EM-Technologie werden sicher auch in Zukunft noch viele bemerkenswerte Entdeckungen gemacht.

Danke

Mein Dank geht zuallererst an die Mikroorganismen, welche die Arbeit an diesem Buch so effizient unterstützten. Sie haben es geschafft, dass alle besuchten Anwender unwahrscheinlich offen waren und spontan so manchen Tipp aus ihrem EM-Erfahrungsschatzkästlein hervorzauberten. Auf diese Weise konnte dem Buch viel kostbares Wissen anvertraut werden. Ich hoffe, dass die Leserschaft diese Kenntnisse auf unkomplizierte Weise in ihren Alltag mit hinein nehmen kann und dass sich die Freude über die grossartigen kleinen Helfer weiter fortsetzt.

Während dieser «Buchgeschichte» begegnete ich wunderbaren Menschen, die auf ihre uneigennützige Weise das Projekt begleiteten. Ihnen ein ganz herzliches Danke

- für die viele Stunden selbstlosen Einsatzes
- für die Vermittlung von Adressen, wo ich auf meine Fragen kompetente Antworten erhielt
- für die zahllosen inspirierenden Ideen, die im Gespräch oft nur so heraussprudelten
- für die grosse Geduld der «Models», bis die Fotoserien auf den Film gebannt waren und dabei keine Mühe scheuten

Mein besonderer Dank richtet sich an die mitarbeitenden Berater, die sich ganz in den Dienst der Mikroorganismen gestellt haben,

- für ihre mitreissende Begeisterung und Freude
- für ihre kritischen Überlegungen
- für die konstruktiven Gespräche, die uns gegenseitig beflügelten und motivierten und unsere Arbeit befruchtet.

Als eine besondere Zeit wird allen Beteiligten die spannende Gestaltungsperiode des Buches in Erinnerung bleiben:

- da war kein Weg zu weit, mancher Abend sehr lang und die Qual der Wahl wegen der zahlreichen tollen Gestaltungsvarianten gross.

Mein Dank richtet sich nicht zuletzt an die vielen Helfer, die den Text mit Argusaugen durchleuchteten und einige «Freizeitstunden» dafür opferten.

Im Dienste der Effektiven Mikroorganismen – Anne Lorch.

Den Leitgedanken von Adolf Daenecke möchte ich an alle, auch an die Leserin und den Leser, weitergeben:

«Wir haben die Chance, alles wieder in die richtigen Bahnen zu lenken.»

Quellenverzeichnis

Berner, Hans-Günter	1999, An vollen Töpfen verhungern, Promedico Verlag, D-22359 Hamburg ISBN 3-9325-1605-2
Coats, Callum	1996, Naturenergien verstehen und nutzen (V. Schauberger), Omega Verlag D-52080 Aachen, ISBN 3-930243-14-8
Daenecke, Adolf	2004, Praktischer Einsatz von EM, www.emater.de
Emoto, Masaro/ Fliege, Jürgen	2004, Die Heilkraft des Wassers, KOHA-Verlag GmbH A-84424 Burgrain (A), ISBN 3-93682-48-6
Francé-Harrar, Annie	1957, Humus, Bodenleben und Fruchtbarkeit, Bayr. Landwirtschaftsverlag D-8000 München
Fukuoka, Masanobu	1985, Rückkehr zur Natur, Pala Verlag, D-64283 Darmstadt ISBN 3-923-176-46-5
Fukuoka, Masanobu	1988, In Harmonie mit der Natur, pala-Verlag, D-64283 Darmstadt ISBN 3-923-176-47-3
Hartwig, Norbert	1998, Probiotics, Kefir und Göttertrunk, Probiotic Fachverlag, D-42699 Solingen
Hendel, Dr. Barbara/ Ferreira, Peter	2004, Wasser und Salz, Ina Verlag AG, CH-6340 Baar
Hennig, Erhard	1983, Humus-Broschüre, Verlag Marc Tell, D-8000 München, ISBN 3-88015-069-9
Higa, Professor Teruo	1994, Eine Revolution zur Rettung der Erde, Organischer Landbau Verlag D-46500 Xanten, ISBN 3-922201-35-0
Higa, Professor Teruo	2000, Die wiedergewonnene Zukunft, Organischer Landbau Verlag D-46500 Xanten, ISBN 3-922201-42-3
Higa, Professor Teruo	2005, Effektive Mikroorganismen (EM), Organischer Landbau Verlag D-46500 Xanten, ISBN 3-922201-49-0
Higa, Teruo/ Chinen, Ruyichi	2004, EM-Salz, Wilhelm Goldmann Verlag, D-8000 München ISBN3-442-21696-6
Holford, Patrick	1997, The Optimum Nutrition Bible, Piatkus, London, Deutsche Übersetzung: Goldmann-Verlag, D-8000 München, ISBN 34-421-4174-5
Howard, Sir Albert	1943, Mein landwirtschaftliches Testament, Organischer Landbau Verlag D-46500 Xanten, ISBN 3 922201-01-6

Keyes, Ken jr.	1984, «The Hundreth Monkey», Devorss & Co, ISBN 09 4202401x
Konemann, Professor	2002, Am anderen Ende des Mikroskops, Elmer W., Spektrum Akademischer Verlag GmbH, D-69126 Heidelberg und D-1000 Berlin, ISBN 3-8274-1459-8
Koepf, Prof. Dr. Herbert / Pettersson, Lic. agr. Bo D. / Schaumann, Dr. med. vet. Wolfgang	1974/1980, Biologisch-Dynamische Landwirtschaft, Verlag Eugen Ulmer D-7000 Stuttgart, ISBN 3-8001-3046-7
Lau, Gabriele Freitag / Kurt Walter Lau	2005, EM Aussaattage nach kosmischen Rhythmen Organischer Landbau Verlag, D-46500 Xanten, ISBN 3-922201-52-0
Liebig, Justus von	1843, Familiar Letters on Chemistry and its Relations to Commerce, Physiology and Agriculture. New York
Popp, Professor, Fritz A.	www.biophotonen-online.de
Popp, Professor, Fritz A.	1999, Die Botschaft der Nahrung, Verlag 2001, D-60381 Frankfurt/Main ISBN 3-86150 319-0
Pommeresche, Herwig	2004, Humussphäre, Organischer Landbau Verlag, D-46500 Xanten ISBN 3-922201-50-4
Rusch, Dr. Hans Peter	2004, Bodenfruchtbarkeit, Organischer Landbau Verlag, D-46500 Xanten ISBN 3-922201-45-8
Rusch, Dr. Volker	1999, Bakterien, Freunde oder Feinde? Urania Verlag, D-70506 Stuttgart
Rusch, Kerstin / Rusch, Dr. Volker	2001, Mikrobiologische Therapie, Haug-Fachbuch Verlag D-69117 Heidelberg
Schauberger, Viktor	1936, TAU Nr. 146, Aufsätze und Schriften 1933–1958, J. Schauberger Verlag, A-4820 Bad Ischl
Sheldrake, Dr. Rupert	1999, Der siebte Sinn der Tiere, Scherz Verlag, D-8000 München ISBN 3-502-15681-6
Tanaka, Dr. Shigeru	1998, EM-X, Organischer Landbau Verlag, D-46500 Xanten, ISBN 3-922201-41-5
Tompkins, Peter / Bird, Christopher	1989, Die Geheimnisse der guten Erde, Omega Verlag, D-52080 Aachen ISBN 3-930243-10-5
Voit, Helmut / Guggenberger, Elisabeth / Willi, Josef	1980, Das grosse Buch vom Biologischen Land- und Gartenbau Verlag ORAC, A-1010 Wien, ISBN 385-368-864-0
Zerluth, Josef / Gienger, Michael	2004, Gutes Wasser, Neue Erde Verlag, D-66111 Saarbrücken ISBN 3-89060-071-9

Glossar

A

Actinomyceten: Strahlenpilze und Teil der Bodenflora.
Aerobe Bakterien: mit Sauerstoff lebende, abbauende, oxidierende Bakterien.
Aminosäuren sind «Bausteine» des Lebens und bilden Proteine.
Ammoniak: NH3, farbloses, stechend riechendes Reizgas entsteht, wenn Eiweiss und Harnstoff aus Exkrementen der Nutztiere zersetzt wird.
Ammonuim: NH4 entsteht, wenn sich Ammoniak zersetzt.
Anaerobe Bakterien: ohne Sauerstoff lebende, aufbauende, antioxidative Bakterien.
Anorganischer Dünger: Mineraldünger, synthetisch hergestellt.
Antigene: Substanzen, die im Blut und Gewebe Antikörper hervorrufen.
Artesische Quelle: Wasser, das aus eigener Kraft aus der Erde aufsteigt.
Authentische Technologie darf nur positive Ergebnisse bringen, muss aus sich selbst heraus negative Elemente ausschalten und darf nicht zu teuer sein.
Azot: lebloses Gas (griech.), lässt kein Leben zu, erstickt alles (Stickstoff).
Azotobakter binden aus der Luft jährlich pro Quadratmeter 0,5 Kilogramm Aminosäure.

B

Bentonit: Lehm, der Kalk bindet.
Biophotonenmessung: Biophotonen = Bausteine des Lichtes lebendiger Zellen. Je mehr dieses Licht in Lebensmitteln leuchtet, desto «lebendiger» und frischer ist es.
Biosphäre: Der gesamte Lebensraum unseres Planeten gliedert sich in die Atmosphäre (Luftraum), Hydrosphäre (Wasser), Humussphäre (Boden).
Biozide = gegen das Leben gerichtete Chemikalien. Oberbegriff für Pestizide, Herbizide, Wuchshemmmittel, Wuchshormone.
Bodenfauna: aktive Bodenwühler wie Regenwurm, Springschwanz, Milbe, Protozoen, Nematoden, Vielfüssler, Asseln, Insekten.
Bodenflora: Bakterien, Actinomyceten, Pilze, Algen, Flechten.
Bothrytis: Grauschimmel.

C

Chelat (griech) = Klaue, Krebsschere. Chelate sind eine Verbindung zwischen einem Mineral und einer Aminosäure (oder einem anderen Stoff)
Chelation: ein chemischer Mechanismus bei der Bildung von Bodenfruchtbarkeit.
Chlorophyll: Das grüne Blut der Pflanzen wird aus Eiweiss gebildet.
Chlostridien: stäbchenförmige Fermentationsbakterien.
Chromosomen: Ort der Erbanlagen.
Cluster: Zusammenballung, Büschel, Traube, Haufen, Menge, Gruppe.
CSB: chemischer Sauerstoffbedarf.

D

Darmzotten: winzige, zapfenförmige Ausstülpungen der Dünndarmschleimhaut.
DDT: Dichloritdiphenyltrichloräthan ist ein Pflanzenschutzmittel.
Diabas: ein Basalt des Erdaltertums. Urgesteinsmehl, so fast fein wie Puder.
Dioxine: Sammelbegriff für verschiedene Unkrautvernichtungsmittel.
DNA: Baupläne der Zellerbanlagen.

E

Edaphon: Das «Plankton» der Erde. Gesamtheit der Bodenorganismen, in Bodenflora und Bodenfauna unterteilt.
Eiweiss: Hauptbestandteil ist Stickstoff, als Protoplasma in die Zelle eingebaut.
Endosymbionten-Theorie: Lebendstoff-Theorie.
Endozytose: Einverleibung von Molekülen aller Grössen, auch Viren, Bakterien durch das Einbuchten der Zellwand nach innen und Abschnüren von Transportbläschen, in denen das Protoplasma eingeschlossen ist. Pflanzen können über Haarwurzeln von kleinsten NPK-Ionen über Aminosäuremoleküle bis zu den grössten Proteinbausteinen organischer Substanzen als Nahrung aufnehmen. Beweist, dass Pflanzen Substanzen aus der Umwelt aufnehmen.

Entropie: zunehmende Unordnung, Abbau, Oxidation, Tod.
Enzym: Eiweiss, das Stoffwechselvorgänge steuert.
Ernährungsbiotechnologie: ursprünglich stand die Fermentation von Lebensmitteln im Mittelpunkt. Dann kam die Entwicklung der Zusatzstoffe wie Enzyme, Genusssäuren, Farbstoffe Aromen hinzu. Ein neueres Forschungsfeld sind die gentechnisch veränderten Mikroorganismen.
Eutrophierung: übermässige Nährstoffanreicherung eines Wassers.

F
Fliessgleichgewicht: Zustand, den alle lebendigen Systeme anstreben, um in der Ordnung zu bleiben, ein labiler Gleichgewichtszustand.
Freie Radikale: radikal = an die Wurzel gehend, gründlich. Freie Radikale schädigen komplexe Verbindungen wie Eiweisse.
Fruktane: Energieträger mit wasserlöslichen Zuckermolekülen, die sich vor allem im Frühjahr tagsüber bei Sonnenschein in grossen Mengen im frischen Gras befinden. Werden vom Pferd über das Futter zu viele Fruktane aufgenommen, regen sie Gram-positive Bakterien an. Diese schädigen die Dickdarmwandung und geraten in die Blutbahn und können so die «Grasrehe» – eine Form der Hufrehe – auslösen.
Fungizid: Pflanzenschutzmittel für Pilzerkrankungen.
Fusarien: Getreideschimmelpilze, nahe verwandt mit dem Hausschimmel.

G
Gärspund: Mit Wasser gefülltes Ventil (Luftabschluss), das CO_2 hinauslässt, aber keinen Sauerstoff eindringen kann.
Gletschermilch: Schmelzwasser vom Gletscher, das vom feinen Abrieb des Urgesteins weiss-grau getrübt ist.

H
Herbizide: Unkrautvernichtungsmittel.
Huminsäure: Säure, die sich aus Reststoffen von Lebewesen bildet.
Hybriden: Nicht reinerbige Nachkommen aus Kreuzungen verschiedener Elternpflanzen einer Art.

I
Insektizid: Schädlingsvernichtungsmittel.
Ionosphäre: auch «Thermospähre» genannt, ist ionisierte Luft in der Atmosphäre in einer oder mehreren Schichten in einer Höhe von etwa 80 bis 640 Kilometern.

K
Kadmium: silbrig-weiss glänzendes Schwermetall, giftig und krebserregend.
Koexistenz: friedliches, jedoch unabhängiges Nebeneinander.
Kois: Japanischer sehr farbenfroher Zierbarsch.
Kolloide Tonminerale: feinste Tonteilchen, im Wasser nicht ganz aufgelöst.
Kolloide: winzige Partikel eines Stoffes, die kleiner als ein Nanometer sind (0,000 001 mm). Sie sinken in einer Flüssigkeit nicht ab, sondern schweben im Medium (z.B. Blut, Milch), ohne sich zu verändern (griech. Kolla = Leim).
Kolostralmilch: die erste Milch nach der Geburt, enthält viele Schutzstoffe.
Koprosperität: friedliches Miteinander ohne Konkurrenzverhalten.
Korallenalgenmehl: führt dem Boden Kalk zu.

L
Lackmuspapier: Indikator, färbt sich je nach Säure- oder Basengehalt.
Lactat: Ein Molekül, z.B. Na (Natrium) wird von einer bestimmten Aminosäure sternförmig umlagert, umhüllt.
Lebendverbauung: Kleinlebewesen verkitten Bodenteilchen zur stabilen Krümelstruktur.
Leguminosen: Schmetterlingsblütler, deren Wurzeln Knöllchenbakterien sammeln.
Lektine: Zucker bindende Eiweissstoffe .
Lithobionten: die sich vom Stein ernährenden Mikroorganismen.
Löss: fruchtbarster Boden (Ablagerung von Windverfrachtung oder Überflutungen). Magnetismus: positive und negative Ladung zieht sich gegenseitig an, ein unerklärbares Muster, aber beobachtbare Tatsache.

M

Makromoleküle: Zusammensetzung verschiedener Grundstoffe zu grossen Molekülhaufen z.B. Eiweiss, Mehrfachzucker.

Max Plank: deutscher Physiker und Nobelpreisträger.

Methan: farb- und geruchloses, brennbares, explosives Gas, entsteht bei der Zersetzung organischer Pflanzenstoffe.

Mineralstofftheorie: Pflanzen bauen sich aus den 93 Grundstoffen ihre Nahrung selber auf. Sie können nur anorganische Substanzen und wasserlösliche Salzionen aufnehmen, die durch Photosynthese in Eiweiss umgebaut werden.

Molekularbiologie: Stammzellenforschung.

Morphogenetisches Feld: Begriff für die Form gebenden Kräfte geistiger Natur. Morphe = Gestalt, Genesis = Zeugung, Schöpfung.

Mutation: sprunghafte und zufällige Veränderung der Erbanlage.

N

Nitrate sind Salze der Salpetersäure, werden im Boden durch Mikroorganismen gebildet und sind Hauptnahrungsstoff der Pflanzen.

Nitride: Metall-Stickstoffverbindung, z.B. Magnesiumnitrid ($Mg3N_2$).

NPK-Dünger: Kombination Stickstoff-Phosphor-Kalium in synthetischer Form.

O

Oliventrester: der ölige Fruchtrückstand nach der Pressung.

Organischer Dünger: Abfälle aus natürlichen Lebensprozessen (z.B. Hornmehl).

Oxalsäure: kommt in vielen Pflanzen vor (z.B. im Rhabarber).

Oxidativ: eine Verbindung mit Sauerstoff, herbeiführend oder erzwingend. Rost an Eisen ist das Produkt einer Oxidation.

Ozon: das «Duftende», der strenge Geruch von Sauerstoffbindungen

P

Pansen: erster Vormagen der Wiederkäuer, in dem über Gärung pflanzliche Zellulose abgebaut wird.

Pathogen: krank machend, Leid verursachend.

PCB: Polychloride Biphenyle in Bioziden und Bestandteil von Kunststofffolien.

Pestizide: Insektenvernichtungsmittel.

Phosphate: Salze aus der Phosphorsäure, verbunden mit anderen Stoffen.

Photosynthese: Ausnützung vom Licht durch die grüne Pflanze für die Umwandlung von CO_2 und Kohlehydrate.

Photosynthesebakterien, Hefepilze und Milchsäurebakterien sind nützliche Mikroorganismen, die schon seit Jahrtausenden in der Lebensmittelherstellung angewendet werden. Sie bilden Antioxidantien, verhindern Fäulnis, reduzieren die molekulare Struktur organischer Substanzen und erleichtern Absorption. Ihre Ausscheidungen enthalten grosse Mengen Nährstoffe wie Aminosäuren, organische Säuren, Polysaccharide und Vitamine. Zur anaeroben Gruppe gehören Lactobacillus bifidus und andere Stämme von Darmbakterien, Zymogene (Fermentbakterien), Schwefel- und Sulfat reduzierende Bakterien, Chlorobakterien und braungrüne Photosynthesebakterien. Gegenwärtig gibt es weitaus mehr aerobe Mikroorganismen wie die blaugrünen Algen, Azotobakter, Bazillus subtilis, Methanogene und Sulfurbakterien.

Poinsettien: Weihnachtsstern, beliebte Topfblume mit roten Hochblättern zur Weihnachtszeit.

Polysaccharide: aus Kohlenstoff und Wasser (Kohlehydrate).

Probiotisch: für das Leben.

Proteine sind Eiweissstoffe aus organischer Substanz.

Protoplasma: Träger aller Lebenserscheinungen.

R

Redoxpotenzial: gibt Auskunft darüber, ob sich ein Element oxidierend oder reduzierend verhält. Böden, die mit EM versorgt werden, haben ein niedriges Redoxpotenzial, sind also reduzierend (wegen der grossen Anzahl an Antioxidantien).

Resistenz: Widerstandsfähigkeit gegenüber Schädlingen und Krankheiten.

S

Salzionen: In unverstörter Erde gibt es so gut wie gar keine, weil sie als grosse organische Bauelemente (Moleküle) wie Proteine in Form von lebender Nahrung weiter gegeben und lebendig zu neuen Zellorganisationen umgewest werden.

Säuremoleküle aus negativ geladenen Säurerestionen und positiv geladenen Wasserstoffionen.
Schlicker: Ein flüssiges Gemisch aus Ton und Wasser, mit dem getöpferte Gegenstände glatt gestrichen oder einzelne Teile zusammengefügt werden.
Schwad: gemähtes Gras, zum Walm in Reihen zusammengenommen.
Sedimente: Ablagerungen von Feststoffen auf dem Grund von Gewässern.
Sekundäre Pflanzenstoffe: von Pflanzen gebildete Schutz- und Abwehrstoffe, Lock- oder Duftstoffe. Über die Nahrung aufgenommen, stärken sie beim Menschen u.a. die Immunkräfte, schützen vor Freie Radikale.
Selen: lebensnotwendiges Spurenelement.
Spurenstoffe: Mineralien, die nur in geringen Mengen vorkommen. Es sind wichtige Bestandteile von Enzymen, Hormonen und Metalleiweissen.
Stapelmisthaufen: Jede Schicht wird verdichtet. Dieser Mist fermentiert, ist also eine Rotte ohne Sauerstoff.
Stickstoff: N = Nitrogenium ist Hauptnährstoff aller Organismen. Der Name «Stickstoff» erinnert daran, dass er in reiner Form Flammen oder alles Leben erstickt.
Stickstoffbindung: der gasförmige Stickstoff aus der Luft wird durch Mikroorganismen und elektrische Entladungen (Gewitter) in Salpetersäure NO_9 und Ammoniak Nh_3 umgewandelt.
Sulfide: Schwefelverbindung eines Metalls, z.B. Natriumsulfid Na_2S.
Symbiose: Lebensgemeinschaft, die sich gegenseitig erhält.
Synthetisch: künstlich hergestellt, in der Natur nicht vorkommend.
Syntropie: Gegenbegriff zu Entropie. Syn aus dem Wort Synthese, -tropie aus Entropie.
Synthesis = Zusammensetzung, bedeutet Aufbau.

T
Talmud: Jüdische Bibel.
Totstofflich: anorganisch, z.B. chemische Grundstoffe im periodischen System.

Z
Zeolith: kristalisierte Silikate, die viel Flüssigkeit aufnehmen und abgeben können.
Zymogene: Ezymbildner, Fermentbakterien.

Stichwortverzeichnis

Weitere Bücher zur EM-Technologie bei OLV

EM-X
Über die heilende Kraft von Antioxydanzien aus Effektiven Mikroorganismen (EM)
Dr. Shigeru Tanaka
112 Seiten. Hardcover.
18,00 € (D)
Bestell-Nr. 415
ISBN 3-922201-41-5

Effektive Mikroorganismen (EM)
Eine revolutionäre Technologie geht um die Wel
Teruo Higa
144 Seiten. Hardcover.
18,00 € (D)
Bestell-Nr. 490
ISBN 3-922201-49-0

Die wiedergewonnene Zukunft
Effektive Mikroorganismen (EM) geben neue Hoffnung für unser Leben und unsere Welt
Teruo Higa
144 Seiten. Hardcover.
16,90 € (D)
Bestell-Nr. 423
ISBN 3-922201-42-3

Eine Revolution zur Rettung der Erde
Mit Effektiven Mikroorganismen (EM) die Probleme unserer Welt lösen
Teruo Higa
192 Seiten. Hardcover.
19,90 € (D)
Bestell-Nr. 350
ISBN 3-922201-35-0

Fit und vital mit Antioxydanzien
Dr. Shigeru Tanaka
208 Seiten. Hardcover.
19,90 € (D)
Bestell-Nr. 555
ISBN 3-922201-55-5

Weitere Bücher zum Thema Bodenfruchtkarbeit

Bodenfruchtbarkeit
Eine Studie biologischen Denkens
Hans Peter Rusch
256 Seiten. Mit Fototafeln. Hardcover.
24,80 € (D)
Bestell-Nr. 458
ISBN 3-922201-45-8

Humussphäre
Humus – Ein Stoff oder ein System?
Herwig Pommeresche
224 Seiten. Hardcover.
22,00 € (D)
Bestell-Nr. 504
ISBN 3-922201-50-4

Fachverlag für Garten und Ökologie

Über jede Buchhandlung, Internet oder direkt vom OLV Verlag

Postfach 1139
D-46500 Xanten,
Telefon 02801-71701
Fax -03

E-Mail:
info@olv-verlag.de

Internet:
www.olv-verlag.de

Geheimnisse der fruchtbaren Böden
Die Humuswirtschaft als Bewahrerin unserer natürlichen Lebensgrundlage
Dipl. Landwirt
Erhard Hennig
206 Seiten. Hardcover.
Farbfotos auf Kunstdrucktafeln
19,90 € (D)
Bestell-Nr. 091
ISBN 3-922201-09-1

4000 Jahre Landbau in China, Korea und Japan
Dr. F.H. King
208 Seiten. Hardcover.
119 Schwarzweissfotos.
5 Zeichnungen.
18,00 € (D)
Bestell-Nr. 059
ISBN 3-922201-05-9

** Zulassungsindex

EM entwickelt sich und es entstehen laufend neue Produkte. Deshalb wurde auf die einzelnen EM-Bezeichnungen verzichtet.

Jedes Land hat seine eigene Verordnung. So sind nicht alle Produkte überall zugelassen bzw. registriert, doch ändert sich auch hier vieles. Einiges ist noch in der Genehmigungsphase. Wir bitten Leserinnen und Leser, sich bei den jeweiligen Bezugsquellen zu erkundigen.

Gemeinnützige EM-Vereine

Deutschland:
EM e.V. Gesellschaft zur Förderung regenerativer Mikroorganismen
Am Dobben 43a, D-28203 Bremen
Telefon ++49 421 330 87 85, Fax ++ 49 421 330 87 95
info@EMeV.info
WWW.EMeV.info

Österreich:
EM e.V. Österreich
Angelika Rudolph
Stift 1, A-4582 Spital am Pyrhn
Telefon (Montag bis Freitag morgens und abends)
++43 7563 71 88
Angelika.Rudolph@gnx.at

Schweiz:
IG-EM-CH
Gaby Höfler
Milackerweg 9, CH-4655 Stüsslingen
Telefon ++41 62 298 21 45
gaby.hoefler@gmx.net

Bildnachweise

Cartoons:	Pfuschi-Cartoon, Heinz Pfister
Illustrationen:	Anne Lorch
Bildkompositionen :	Annukka Lindberg, Lars Ruf

Fotos

	Seite
Anne Lorch, 363 Bilder und	
Agroscope, Liebefeld-Posieux	278
Belser, Edmund	262
Braun, Ernst	137 (2), 273
Swani Benke	146
Eye of Science	114
Heissel, Kaspar	62
Höfler, Gaby	292
Kamber, Jürg	146, 285
Lau, Kurt Walter	128
Lauterwasser, Alexander	82
Mündle, Familie	230
Neukomm, Heinz	137, 274
Rothenbühler, Ueli	169, 243
Swissmilch	274
Über Hammes, Ernst	162, 196
Wäfler, Werner	96, 223, 283 (2)
Wepf, Elsi, Schweizergarten	82